MATHÉMATIQUES À L'UNIVERSITÉ

Collection dirigée par Charles-Michel Marle et Philippe Pilibossian

GÉOMÉTRIE DIFFÉRENTIELLE

avec 80 figures

niveau L3-M1

2e édition

Catherine DOSS-BACHELET

Maître de conférences à l'université Pierre-et-Marie-Curie (Paris 6)

Jean-Pierre FRANÇOISE

Professeur à l'université Pierre-et-Marie-Curie (Paris 6)

Claude PIQUET

Maître de conférences à l'université Pierre-et-Marie-Curie (Paris 6)

ellipses

Dans la même collection Mathématiques à l'université

L'algèbre discrète de la transformée de Fourier, G. Peyré, 2004.
Algèbre et théorie des nombres – cryptographie, primalité, S. Al Fakir, 2003.
Algèbre et théorie des nombres – théorie de Galois, codes, géométrie et arithmétique, S. Al Fakir, 2004.
Algèbre fondamentale – Arithmétique, G. Gras, M.-N. Gras, 2004.
Algèbre linéaire, R. Goblot, 2005.
Algèbre linéaire, F. Bories-Longuet, 2000.
Algèbre linéaire numérique – cours et exercices, G. Allaire et S. M. Kaber, 2002.
Analyse complexe, distributions, A. Yger, 2001.
Analyse de Fourier dans les espaces fonctionnels, M. El Amrani, 2008.
Analyse fonctionnelle – exercices et problèmes corrigés, B. Maury, 2004.
Calcul différentiel, G. Christol, A. Cot, Ch.-M. Marle, 1997.
Cours d'algèbre, R. Elkik, 2002.
Cours de calcul formel – algorithmes fondamentaux, Ph. Saux Picart, 1999.
Cours de calcul formel – corps finis, systèmes polynomiaux, applications, Ph. Saux Picart, E. Rannou, 2002.
Distributions – espaces de Sobolev, applications, M.-Th. Lacroix-Sonrier, 1999.
Éléments d'algèbre commutative, J. Briançon, Ph. Maisonobe, 2004.
Éléments d'analyse convexe et variationnelle, D. Azé, 1997.
Éléments de géométrie, A. Yger, A. Hénaut, 2004.
Éléments de théorie des anneaux – anneaux commutatifs, J. Calais, 2006.
Éléments d'intégration et d'analyse fonctionnelle, A. El Kacimi Alaoui, 1999.
Équations aux dérivées partielles et leurs approximations, B. Lucquin, 2004.
Extensions de corps – théorie de Galois, J. Calais, 2006.
Géométrie différentielle avec 80 figures, C. Doss-Bachelet, J.-P. Françoise, Cl. Piquet, 2011.
Les Groupes finis et leurs représentations, G. Rauch, 2000.
Initiation à la topologie générale, D. Lehmann, 2004.
Intégrales curvilignes et de surface, M. Lofficial, D. Tanré, 2006.
Intégration et théorie de la mesure – une approche géométrique, P. Krée, 1997.
Une introduction à la géométrie projective, D. Lehmann, 2003.
Introduction à la théorie des groupes de Lie réels, D. Chevallier, 2006.
Introduction à Scilab – exercices pratiques corrigés d'algèbre linéaire, G. Allaire, S. M. Kaber, 2002.
Logique, ensemble, catégories – le point de vue constructif, P. Ageron, 2000.
Méthodes algébriques en théorie des nombres, N. Zinn-Justin, 2010.
Méthodes d'approximation, équations différentielles, applications Scilab, S. Guerre-Delabrière, M. Postel, 2004.
Méthodes numériques directes de l'algèbre matricielle, Cl. Brezinski, M. Redivo-Zaglia, 2005.
Méthodes numériques itératives – algèbre linéaire et non linéaire, Cl. Brezinski, M. Redivo-Zaglia, 2006.
Précis d'analyse réelle – topologie, calcul différentiel, méthodes d'approximation, vol. 1, V. Komornik, 2001.
Précis d'analyse réelle – analyse fonctionnelle, intégrale de Lebesgue, espaces fonctionnels, vol. 2, V. Komornik, 2002.
Probabilités, M. Brancovan, Th. Jeulin, 2006.
Probabilités : variables aléatoires, convergences, conditionnement, Y. Lacroix, L. Mazliak, 2006.
Quelques aspects des mathématiques actuelles, ouvrage collectif, 1999.
Systèmes dynamiques – une introduction, Ch.-M. Marle, 2003.
Suites, Séries, Intégrales, S. Guerre-Delabrière, 2009.
Théorie de Galois, I. Gozard, 1997.
Topologie, G. Christol, A. Cot, Ch.-M. Marle, 1997.
La Topologie des espaces métriques, E. Burroni, 2005.

ISBN 978-2-7298-6446-0

32, rue Bargue 75740 Paris cedex 15

www.editions-ellipses.fr

Présentation de la collection
"Mathématiques à l'Université"

Depuis 1997, cette collection se propose de mettre à la disposition des étudiants de troisième, quatrième et cinquième années d'études supérieures en mathématiques des ouvrages couvrant l'essentiel des programmes actuels des universités françaises. Certains de ces ouvrages pourront être utiles aussi aux étudiants qui préparent le CAPES ou l'Agrégation, ainsi qu'aux élèves des grandes écoles et aux ingénieurs désirant actualiser leurs connaissances.

Nous avons voulu rendre ces livres accessibles à tous : les sujets traités sont présentés de manière simple et progressive, tout en respectant scrupuleusement la rigueur mathématique. Chaque volume comporte, en général, un exposé du cours avec des démonstrations détaillées de tous les résultats essentiels, des énoncés d'exercices ou de problèmes.

La mesure de la Terre (sens étymologique du mot géométrie*) est une des principales sources des mathématiques. Sans remonter jusqu'à l'Égypte ancienne, rappelons par exemple que ce sont des travaux de géodésie qui ont conduit Carl Friedrich Gauss à développer l'étude des surfaces et, notamment, à introduire l'application qui porte aujourd'hui son nom*[1].

La géométrie différentielle est à la base des théories physiques le plus actuelles, comme les théories de jauge, les théories des cordes et des supercordes. Outre son intérêt purement mathématique, c'est un outil puissant pour la représentation du monde physique. Son enseignement à l'université se développe actuellement de manière très sensible. C'est une heureuse évolution, car tout en développant l'imagination, l'étude de la géométrie différentielle permet souvent d'atteindre une compréhension à la fois plus intuitive et plus profonde des grands théorèmes d'analyse, comme par exemple le théorème des fonctions implicites. L'ouvrage de Madame Catherine Doss-Bachelet et Messieurs Jean-Pierre Françoise et Claude Piquet, dont la première édition a eu un grand succès, est une excellente introduction à ce domaine riche et passionnant. Le lecteur y trouvera une présentation progressive des concepts essentiels, avec une multitude d'exemples illustrés par de remarquables figures. Nul doute que cet ouvrage suscitera des vocations de géomètres.

Charles–Michel Marle — Philippe Pilibossian

1. C'est l'application qui associe, à chaque point de la surface du globe terrestre, la direction de la verticale ascendante en ce point. Le lecteur trouvera la définition générale, pour une surface quelconque, au Chapitre II du présent livre.

AVANT-PROPOS

Ce cours a été donné pendant plusieurs années à l'UPMC en module optionnel de licence puis comme module du L3. L'idée était de prolonger le cours optionnel de calcul différentiel du premier semestre par des applications géométriques. Le principe de l'organisation de ce cours est de partir progressivement des courbes, surfaces, systèmes différentiels pour aboutir à la définition des variétés, des fibrés et des connexions. Il couvre le programme de la géométrie différentielle de l'agrégation et propose quelques pistes aux étudiants qui souhaitent approfondir par la suite (théorie des singularités, équations différentielles, géométrie riemannienne, relativité générale,...). Il peut être utile aussi aux étudiants de physique pour lesquels des notions géométriques sont présentées comme modélisations (systèmes intégrables de particules sur la droite, flots géodésiques intégrables,...). Les progrès de l'informatique permettent de soutenir cette approche avec l'imagerie géométrique que nous avons suggérée dans les figures.

La nouvelle édition de notre livre nous permet de proposer au lecteur un texte adapté à l'enseignement au niveau du L3 de la géométrie différentielle et de la géométrie des équations différentielles.

Avec la mise en place du LMD, cet enseignement a connu un développement qui a confirmé les choix pédagogiques que nous avions faits il y a une dizaine d'années. Dans cette nouvelle édition, nous avons souhaité, en particulier, renforcer le chapitre sur les surfaces.

Nous avons pu ainsi donner explicitement une démonstration complète du « Theorema Egregium » de Gauss. Nous avons aussi éliminé un certain nombre de « coquilles » que contenait la première édition. À ce propos, nous remercions chaleureusement les collègues qui ont bien voulu nous faire part de leurs observations. Nous exprimons notre reconnaissance particulière à C.-M. Marle et P. Pilibossian d'avoir accepté ce livre dans leur collection.

TABLE DES MATIÈRES

IV – Formes différentielles sur un ouvert U de $\mathbb{R}^n$

V – Systèmes différentiels

VI – Champs de vecteurs

VII – Systèmes hamiltoniens et géométrie symplectique

VIII – Systèmes lagrangiens et calcul variationnel

IX – Variétés différentiables

X – Fibré sur une variété, le fibré tangent et le fibré cotangent

Chapitre premier
Courbes

1. Courbes dans $\mathbb{R}^n$, généralités

Soit $I =]a, b[$ un intervalle ouvert de $\mathbb{R}$ (fini, semi-infini ou infini) et $\gamma : I \to \mathbb{R}^n$ une fonction définie sur I. On écrit :

$$\gamma(t) = \big(\gamma_1(t), \ldots, \gamma_n(t)\big).$$

L'application γ est dite différentiable (de classe $\mathcal{C}^p$, $p \geq 1$) si et seulement si toutes les fonctions γ_j ($j = 1, \ldots, n$) sont différentiables (de classe $\mathcal{C}^p$). Dans la suite du cours, on supposera que $p = \infty$.

Définition I.1

On appelle courbe (paramétrée) de $\mathbb{R}^n$ la donnée d'une application différentiable $\gamma :]a, b[\to \mathbb{R}^n$. L'image de γ, notée $\mathcal{C}$, s'appelle la courbe géométrique associée. On dit que l'application γ définit une paramétrisation de la courbe géométrique. La courbe est qualifiée de régulière si γ est une immersion, c'est-à-dire si $\gamma'(t) \neq 0$ en tout point t de I. On peut aussi dire que γ définit une paramétrisation régulière de $\mathcal{C}$. Un point $\gamma(t_o)$ de $\mathcal{C}$ tel que $\gamma'(t_o) = 0$ est appelé un point singulier de la courbe $\mathcal{C}$.

Exemples I.2

a) L'application $\gamma : \mathbb{R} \to \mathbb{R}^2$ définie par $\gamma(t) = \big(t, t^2\big)$ a pour courbe géométrique associée $\mathcal{C}$ la parabole d'équation $y = x^2$. Cette paramétrisation est régulière.

b) L'application $\gamma : \mathbb{R} \to \mathbb{R}^2$ définie par $\gamma(t) = \big(t^2, t^3\big)$ définit une paramétrisation de la courbe $\mathcal{C}$ d'équation $y^2 = x^3$. Dans cet exemple, la courbe présente un point singulier en $(0, 0)$. Ce point singulier est appelé point de rebroussement de première espèce ou "cusp" (en anglais).

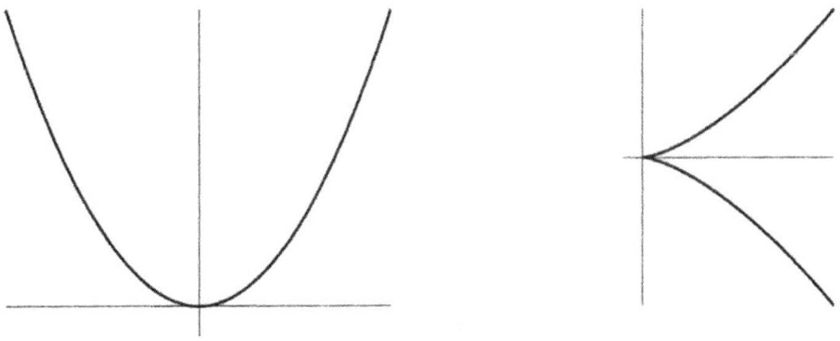

parabole $y = x^2$ cubique $y^2 = x^3$

Figures I.1

Définition I.3

Soit $\gamma(t_o)$ ($t_o \in I$) un point de $\mathcal{C}$ tel que $\gamma'(t_o) \neq 0$. La tangente au point $\gamma(t_o)$ à la courbe $\mathcal{C}$ est la droite affine passant par le point $\gamma(t_o)$ et de direction le vecteur $\gamma'(t_o)$. Le vecteur $\gamma'(t_o)$ s'appelle le vecteur vitesse. Un arc fermé d'une courbe $\mathcal{C}$ est l'image d'un intervalle fermé $[a, b] \subset I$ par $\gamma : I \to \mathbb{R}^n$.

Définition I.4

Un changement de paramétrisation (admissible) α de la courbe géométrique $\mathcal{C}$ est défini par une application différentiable $\alpha : I \to J$ telle que $\alpha'(t) \neq 0$ pour tout $t \in I$. Deux paramétrisations de la courbe $\mathcal{C}$ définissent le même sens de parcours de $\mathcal{C}$ si on passe de l'une à l'autre par un changement de paramétrisation tel que $\alpha'(t) > 0$.

2. Longueur d'un arc de courbe

Soit $\gamma : I \to \mathbb{R}^n$ une courbe et $\mathcal{A} = \gamma\big([a, b]\big)$ un arc fermé de la courbe $\mathcal{C}$.

Définition I.5

La longueur de l'arc $\mathcal{A}$ est $\displaystyle\int_a^b \|\gamma'(t)\|\, dt$.

On peut montrer que la longueur ainsi définie est la limite des longueurs de lignes polygonales inscrites dans l'arc lorsque le maximum de la longueur de chaque segment de la ligne polygonale tend vers zéro.

Lemme I.6

La longueur de l'arc $\mathcal{A}$ est indépendante de la paramétrisation de cet arc.

Preuve : On note $\alpha : I = [c, d] \to [a, b] = J$ un changement (admissible) de la paramétrisation et $\psi : \gamma \circ \alpha$ la nouvelle paramétrisation. La longueur de l'arc de courbe $\mathcal{A}$ calculée avec la nouvelle paramétrisation est

$$\int_c^d \|\psi'(u)\|\, du = \int_c^d \|\gamma'\big(\alpha(u)\big)\|\, |\alpha'(u)|\, du\,.$$

Posons $t = \alpha(u)$; d'après la formule de changement de variable dans les intégrales, on obtient :

$$\int_c^d \|\psi'(u)\|\, du = \int_a^b \|\gamma'(t)\|\, dt$$

qui est la longueur de l'arc $\mathcal{A}$ calculée avec la paramétrisation initiale. □

Exemple I.7

On considère l'exemple I.2.a donné précédemment et $[a, b] = [-1, 1]$. On obtient

$$\gamma'(t) = (1, 2t), \quad \|\gamma'(t)\| = \sqrt{1 + 4t^2}\,.$$

La longueur de l'arc $\mathcal{A}$ est $\displaystyle 2\int_0^1 \sqrt{1 + 4t^2}\, dt = \sqrt{5} + \frac{1}{2}\ln(2 + \sqrt{5})\,.$

3. Paramétrisation par la longueur d'arc

Définition I.8

On fixe un point $c \in [a, b]$. La longueur d'arc s comptée à partir du point $\gamma(c)$ est la fonction

$$s : t \mapsto \int_c^t \|\gamma'(u)\| \, du .$$

On suppose que γ définit une paramétrisation régulière. La fonction s définit un changement (admissible) de paramétrisation puisque $s'(t) = \|\gamma'(t)\| > 0$. La nouvelle paramétrisation obtenue ainsi s'appelle la paramétrisation par la longueur d'arc ou paramétrisation normale.

Exemple I.9

On considère cette fois-ci à nouveau l'exemple I.2.b où $q : \mathbb{R} \to \mathbb{R}^2$ avec $q(t) = \left(t^2, t^3\right)$. Cette paramétrisation n'est pas régulière puisque le point $(0, 0)$ est un point singulier. On se restreint à l'intervalle $]0, +\infty[$. La longueur d'arc comptée à partir de $(0, 0)$ est

$$s : t \mapsto \int_0^t u\sqrt{4 + 9u^2} \, du = \frac{1}{27}\left(4 + 9t^2\right)^{3/2} - \frac{8}{27} \cdot$$

Cette courbe fut le premier exemple connu (autre que la droite) de courbe algébrique dont la longueur d'arc est une fonction algébrique.

Proposition I.10

Soit $\psi : s \mapsto \psi(s) = \gamma \circ s^{-1}(s)$ la paramétrisation par la longueur d'arc. Le vecteur $\psi'(s)$ est unitaire.

Preuve : On a :

$$\|\psi'(s)\| = \|\gamma'\left(s^{-1}(s)\right) \frac{1}{\|\gamma'\left(s^{-1}(s)\right)\|}\| = 1 .$$

Réciproquement cette propriété caractérise la paramétrisation par la longueur d'arc (au choix près de l'origine et du sens de parcours). □

Proposition I.11

Soit $\alpha :]a, b[\to]c, d[$ un changement de paramétrisation (admissible) de la courbe $\mathcal{C}$ tel que γ et $\gamma \circ \alpha$ ont un vecteur vitesse unitaire. Alors nécessairement $\alpha(t) = \pm t + t_0$.

Preuve : Les égalités

$$1 = \|\gamma' \circ \alpha(t)\| = \|\gamma'(s)\| \, |\alpha'(t)| = |\alpha'(t)|$$

impliquent $\alpha(t) = \pm t + t_0$. □

4. Courbure des courbes du plan

Pour les courbes du plan $\gamma : I \to \mathbb{R}^2$, il est plus commode d'adopter la notation suivante :

$$\gamma(t) = \big(x(t), y(t)\big) .$$

L'équation d'un cercle $(x-\alpha)^2 + (y-\beta)^2 - R^2 = 0$ dépend de trois paramètres (α, β, R). On détermine ces paramètres de sorte que le cercle ait un contact d'ordre 3 au moins au point (x, y) avec la courbe. Ce contact s'exprime par :

$$\begin{aligned}(x-\alpha)^2 + (y-\beta)^2 - R^2 = 0 \ ,\\ (x-\alpha)x' + (y-\beta)y' = 0 \ ,\\ (x-\alpha)x'' + (y-\beta)y'' + (x'^2 + y'^2) = 0 \ .\end{aligned}$$

Des deux dernières équations on tire (si $x'y'' - y''x' \neq 0$)

$$x - \alpha = \frac{y'(x'^2 + y'^2)}{x'y'' - y'x''} \ , \qquad y - \beta = -\frac{x'(x'^2 + y'^2)}{x'y'' - y'x''} \ .$$

En substituant dans la première, il vient :

$$R = \frac{\left(x'^2 + y'^2\right)^{3/2}}{|x'y'' - y'x''|} \ .$$

On détermine ainsi le rayon R et les coordonnées (α, β) de son centre. Ce cercle s'appelle *cercle osculateur* à la courbe au point (x, y).

On nomme *courbure moyenne* d'un arc le rapport de l'angle γ formé par les tangentes à la courbe aux extrémités de l'arc à la longueur Δs de cet arc. La courbure en un point (x, y) est la limite vers laquelle tend la courbure moyenne d'un arc commençant en ce point lorsque la longueur de cet arc tend vers zéro.

Proposition I.12

La courbure en un point est égale (au signe près) à l'inverse du rayon du cercle osculateur.

Preuve : Soit $\dfrac{y'}{x'}$ le coefficient angulaire de la tangente en (x, y), $\dfrac{y' + \Delta y'}{x' + \Delta x'}$ celui de la tangente au point $(x + \Delta x, y + \Delta y)$. On désigne par γ l'angle de ces deux tangentes. Il vient

$$\tan(\varphi) = \frac{\dfrac{y' + \Delta y'}{x' + \Delta x'} - \dfrac{y'}{x'}}{1 + \dfrac{y' + \Delta y'}{x' + \Delta x'} \cdot \dfrac{y'}{x'}} = \frac{x'\Delta y' - y'\Delta x'}{(x' + \Delta x')x' + (y' + \Delta y')y'} \ .$$

Un calcul au premier ordre donne $\tan(\varphi) \sim \varphi$ puis $\Delta y' = y''\,dt$, $\Delta x' = x''\,dt$, qui donne

$$x'\Delta y' - y'\Delta x' = (x'y'' - y'x'')\,dt \qquad \text{et} \qquad (x' + \Delta x')x' + (y' + \Delta y')y' = x'^2 + y'^2 \ . \square$$

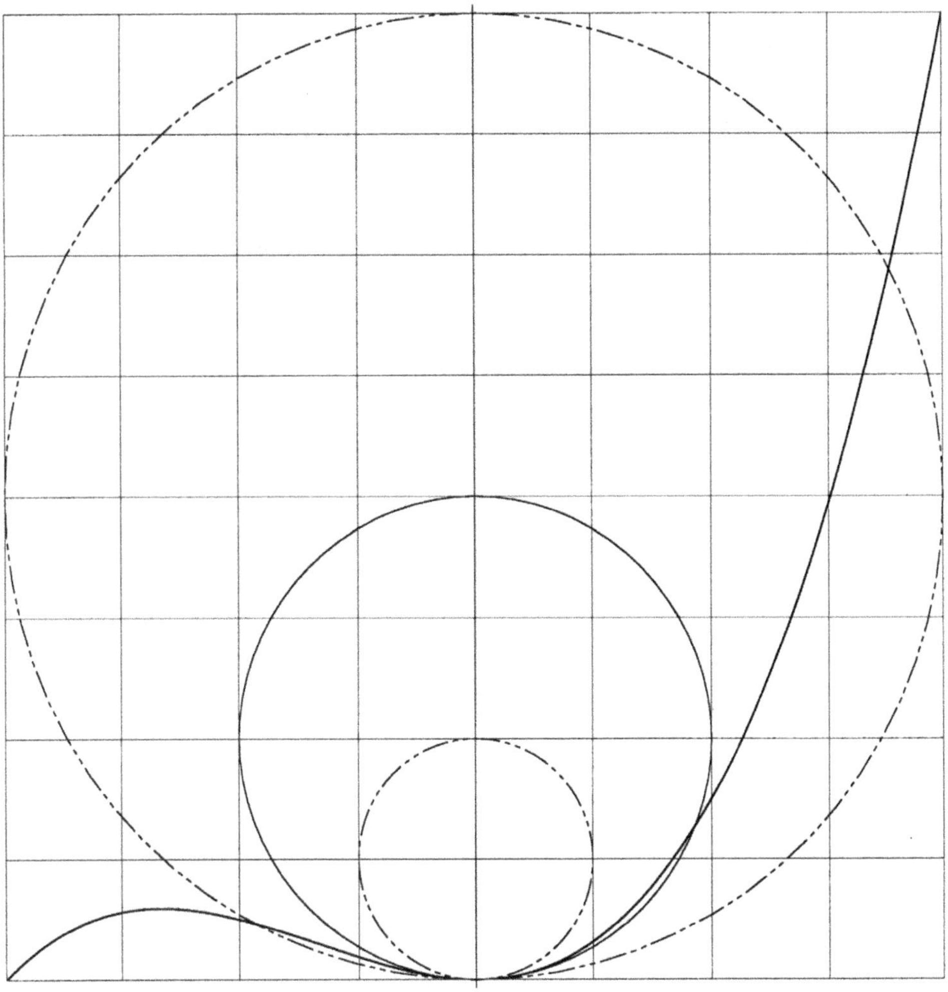

Deux cercles tangents (en tireté), et le cercle osculateur (en traits pleins), ont été tracés ; on observe, dans cet exemple, que la courbe traverse le cercle osculateur.

Figure I.2 : Cercle osculateur .

Enfin $\Delta s = \sqrt{x'^2 + y'^2}\, dt$; la courbure $c = \lim\limits_{\Delta s \to 0} \dfrac{\varphi}{\Delta s}$ vaut donc $\dfrac{x'y'' - y'x''}{\left(x'^2 + y'^2\right)^{3/2}}$.

On vérifie par conséquent que $|c| = \dfrac{1}{R}$.

Soit $\mathcal{R} : \mathbb{R}^2 \to \mathbb{R}^2$ l'application linéaire définie par $\mathcal{R} : (x,y) \mapsto (-y,x)$. Cette application est la rotation vectorielle d'angle $\frac{\pi}{2}$ et définit la structure complexe du plan $\mathbb{R}^2$. On note $\langle u,v\rangle$ le produit scalaire usuel de deux vecteurs de $\mathbb{R}^n$. La fonction courbure c peut ainsi s'écrire :

$$\mathrm{c} : t \mapsto \mathrm{c}(t) = \frac{\langle \gamma''(t), \mathcal{R}(\gamma'(t))\rangle}{\|\gamma'(t)\|^3}\,.$$

Noter qu'elle dépend de la paramétrisation. Dans la discussion qui suit, on fait explicitement apparaître la paramétrisation dans la notation $t \mapsto \mathrm{c}[\gamma](t)$.

Proposition I.13

Soit $h :]c,d[\to]a,b[$ un changement de paramétrisation admissible. La courbure $\mathrm{c}[\gamma\circ h](t)$ exprimée dans la nouvelle paramétrisation est égale à

$$\mathrm{c}[\gamma\circ h](t) = \operatorname{sign}(h'(t))\, \mathrm{c}[\gamma](h(t))\,.$$

Preuve : Soit $\psi = \gamma\circ h$; on obtient de suite :

$$\psi' = (\gamma'\circ h)h', \qquad \psi'' = (\gamma''\circ h)h'^2 + (\gamma'\circ h)h''\,,$$

$$\mathrm{c}[\psi](t) = \frac{\langle \psi''(t), \mathcal{R}(\psi'(t))\rangle}{\|\psi'(t)\|^3} = \frac{h'^3}{|h'^3|}\cdot\frac{\langle \gamma''\circ h, \mathcal{R}(\gamma'\circ h)\rangle}{\|\gamma'\circ h\|^3}$$

ce qui démontre le résultat. □

5. Exemples de courbes du plan

(Voir les figures p. 9 et suivantes).

1) L'ellipse $\gamma : t \mapsto (a\cos t, b\sin t)$.
La courbure est $\mathrm{c}[\gamma](t) = \dfrac{ab}{\left(a^2\sin^2 t + b^2\cos^2 t\right)^{3/2}}\,.$

2) La spirale logarithmique $\gamma : t \mapsto \left(a\,e^{bt}\cos t\,,\ a\,e^{bt}\sin t\right)$.
La courbure est $\mathrm{c}[\gamma](t) = \dfrac{1}{a\,e^{bt}\sqrt{1+b^2}}\,.$

3) Les cycloïdes $\gamma : t \mapsto \left(at - b\sin t\,, a\ - b\cos t\right)$.

4) La cardioïde $\gamma : t \mapsto 2(1+\cos t)\left(\cos t\,,\ \sin t\right)$.

5) La cissoïde de Dioclès $\gamma : t \mapsto 2a\left(\dfrac{t^2}{1+t^2}\,, \dfrac{t^3}{1+t^2}\right)$.
Cette courbe était utilisée par les Grecs dans les problèmes de la duplication du cube et de la trisection de l'angle.

6) La tractrice $\gamma : t \mapsto a\left(\sin t\,,\ \cos t + \ln\tan\dfrac{t}{2}\right)$.

7) La spirale de Cornu $\gamma : t \mapsto \left(\displaystyle\int_0^t \sin(u^2)\,du\,,\ \int_0^t \cos(u^2)\,du\right)$.

8) Les courbes de Lissajous $\gamma : t \mapsto \left(a\sin(nt+c)\,,\ b\sin mt\right)$.

6. Courbes et isométries du plan

1) Rappels sur les isométries.

On peut donner une définition générale des isométries dans le cadre d'un espace vectoriel euclidien. Il nous suffit ici de rappeler la définition pour $\mathbb{R}^n$ équipé du produit scalaire usuel.

Définition I.14

Une transformation linéaire $A : \mathbb{R}^n \to \mathbb{R}^n$ conserve l'orientation si $\det(A) > 0$ et renverse l'orientation si $\det(A) < 0$. Une transformation linéaire $A : \mathbb{R}^n \to \mathbb{R}^n$ est orthogonale si elle conserve le produit scalaire : $\langle Ap, Aq\rangle = \langle p, q\rangle$.
Une transformation orthogonale A satisfait $\det A = \pm 1$. Si $\det A = 1$, A est une rotation. Si $\det A = -1$, et $n = 2$, A est une symétrie par rapport à une droite.

Définition I.15

Une transformation affine $F : \mathbb{R}^n \to \mathbb{R}^n$ est une transformation de la forme $F(p) = Ap + q$, où A est une transformation linéaire. Si A est une rotation, F est appelée déplacement. Si $\det A = -1$, c'est un anti-déplacement.

Définition I.16

Une isométrie de $\mathbb{R}^n$ est une application $F : \mathbb{R}^n \to \mathbb{R}^n$ qui conserve les distances :

$$||F(p) - F(q)|| = ||p - q|| \, .$$

Proposition I.17

Une application $F : \mathbb{R}^n \to \mathbb{R}^n$ est une isométrie si et seulement si c'est la composée d'une translation et d'une transformation orthogonale. L'application F est donc affine.

Définition I.18

Soit $F : \mathbb{R}^n \to \mathbb{R}^n$ une application de $\mathbb{R}^n$ dans lui-même. L'image de la courbe $\gamma :]a, b[\to \mathbb{R}^n$ par F est la courbe définie par $F \circ \gamma$.

2) Courbes et isométries du plan.

Dans le cas du plan, on démontre le

Théorème I.19

La valeur absolue de la courbure et la dérivée de la longueur d'arc sont invariantes par les isométries. La courbure change de signe après un antidéplacement et est conservée par les déplacements.

Preuve : Soit $F : p \mapsto Ap + F(0)$ une isométrie. L'image de la courbe $\gamma :]a, b[\to \mathbb{R}^2$ par F est donnée par $\psi(t) = A\gamma(t) + F(0)$. Donc $\psi'(t) = A\gamma'(t)$, $\psi''(t) = A\gamma''(t)$ et il vient $||\psi'(t)|| = ||\gamma'(t)||$. De plus, la courbure est

$$\mathrm{c}[\psi](t) = \frac{\langle \psi''(t), \mathfrak{R}\psi'(t)\rangle}{||\psi''(t)||^3} = \frac{\langle A\gamma''(t), \mathfrak{R}A\gamma'(t)\rangle}{||A\gamma''(t)||^3} \, .$$

Le théorème résulte alors du lemme suivant dont on laisse la démonstration en exercice : □

Lemme I.20

Soit A une transformation orthogonale, alors $A\mathcal{R} = \varepsilon\,\mathcal{R}\,A$, avec $\varepsilon = \det A$.

Théorème I.21

Soient γ, ψ deux courbes régulières définies sur le même intervalle $]a,b[$. Supposons que γ et ψ ont la même courbure aux points correspondants à la même valeur de l'abscisse curviligne, alors il existe un déplacement qui transforme une courbe dans l'autre.

Preuve : La proposition I.13. permet de supposer que $\|\gamma'(s)\| = \|\psi'(s)\| = 1$. On fixe $s_0 \in\,]a,b[$. Il existe une translation qui applique $\gamma(s_0)$ sur $\psi(s_0)$ et une rotation qui transforme le vecteur $\gamma'(s_0)$ en le vecteur $\psi'(s_0)$. Soit donc F l'isométrie du plan obtenue en composant les deux ; on obtient

$$F\big(\gamma(s_0)\big) = \psi(s_0), \qquad F\big(\gamma'(s_0)\big) = \psi'(s_0)\,.$$

On va montrer que $F\circ\gamma = \psi$. Pour cela on considère la fonction

$$f(s) = \frac{1}{2}\|\big(F\circ\gamma\big)'(s) - \psi'(s)\|^2\,.$$

Sa dérivée est :

$$\begin{aligned}
f'(s) &= \big\langle \big(F\circ\gamma\big)''(s) - \psi''(s)\,,\, \big(F\circ\gamma\big)'(s) - \psi'(s)\big\rangle \\
&= -\big\langle \big(F\circ\gamma''(s)\big)\,,\, \psi'(s)\big\rangle - \big\langle \big(F\circ\gamma'(s)\big)\,,\, \psi''(s)\big)\big\rangle \\
&= -\big\langle \mathrm{c}[\gamma]\big(F\circ\mathcal{R}\gamma'(s)\big)\,,\, \psi'(s)\big\rangle - \big\langle \mathrm{c}[\psi]\big(F\circ\gamma'(s)\big)\,,\, \mathcal{R}\psi'(s)\big\rangle \\
&= -\,\mathrm{c}[\gamma]\big\langle \big(F\circ\mathcal{R} + \mathcal{R}^t\circ F\big)\gamma'(s)\,,\, \psi'(s)\big\rangle = 0
\end{aligned}$$

car F commute avec $\mathcal{R}$ et $\mathcal{R}+\mathcal{R}^t = 0$ ($\mathcal{R}^t$ est la transposée de $\mathcal{R}$). La fonction f est donc constante ; étant nulle en s_0, elle est nulle sur $]a,b[$. On en déduit que $s \mapsto F\circ\gamma(s) - \psi(s)$ est constante, donc nulle puisque $F\big(\gamma(s_0)\big) = \psi(s_0)$, ce qui achève la démonstration. □

7. Courbes du plan définies par une équation implicite $f(x,y) = 0$

Considérons l'ensemble des points (x,y) d'un ouvert U de $\mathbb{R}^2$ tels que $f(x,y) = 0$ où $f : U \to \mathbb{R}$ est une fonction de classe $\mathcal{C}^\infty$ sur l'ouvert U. Supposons de plus que la différentielle df ne s'annule pas en un point (x_0, y_0). L'une au moins des deux dérivées partielles ne s'annule pas. Supposons par exemple que $\dfrac{\partial f}{\partial y}(x_0,y_0) \neq 0$. Par continuité, il existe un voisinage V de (x_0, y_0) sur lequel $\dfrac{\partial f}{\partial y}(x,y) \neq 0$. Le théorème des fonctions implicites (l'énoncé général est donné en III.2) assure l'existence d'un voisinage $V' \subset V$ de (x_0,y_0) tel qu'il existe une fonction γ de classe $\mathcal{C}^\infty$ telle que :

$$\big\{(x,y)\in V' \,/\, f(x,y) = 0\big\} = \big\{(x,y)\in V' \,/\, y = \gamma(x)\big\}\,.$$

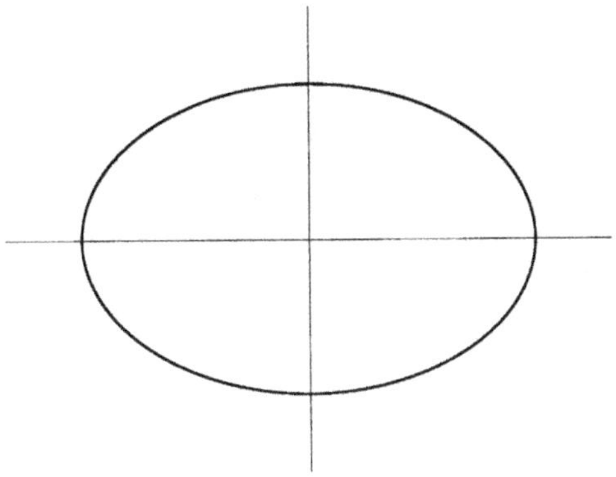

ellipse : $(a \cos t\,,\ b \sin t)$

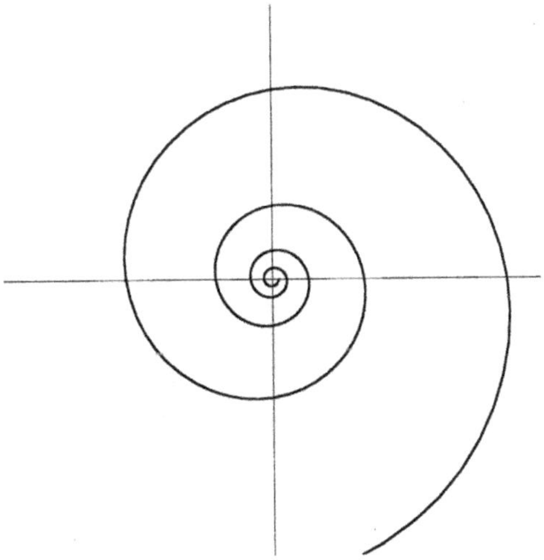

spirale logarithmique : $(a\, e^{bt} \cos t\,,\ a\, e^{bt} \sin t)$

Figures I.3 : Exemples de courbes planes .

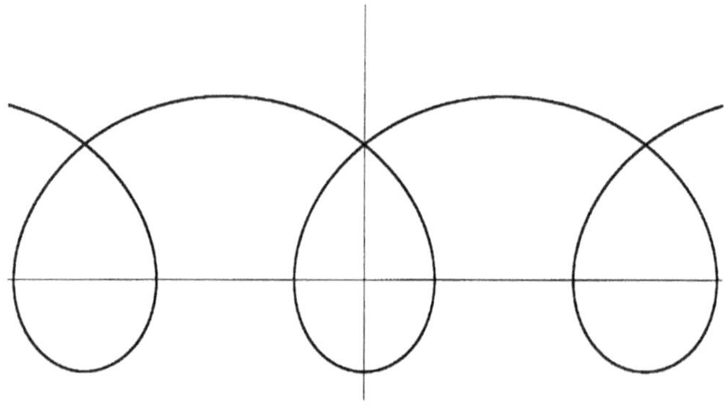

cycloïde : $\left(at - b\sin t\,,\ a - b\cos t\right)$ $(b = 3a)$

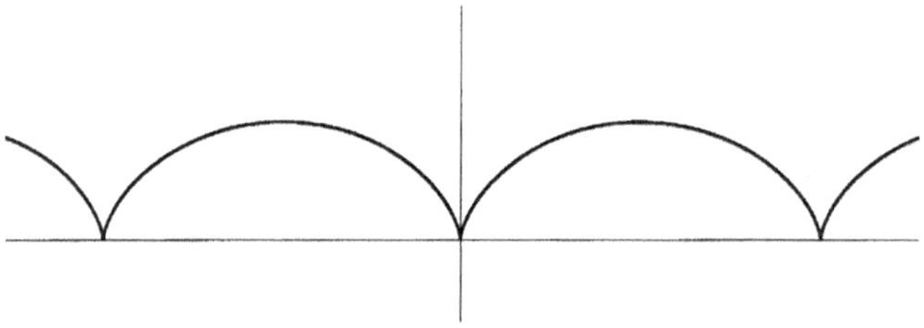

cycloïde : $\left(at - b\sin t\,,\ a - b\cos t\right)$ $(b = a)$

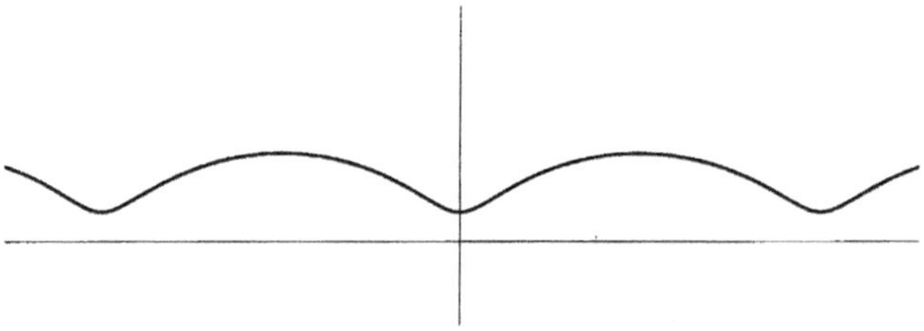

cycloïde : $\left(at - b\sin t\,,\ a - b\cos t\right)$ $(2b = a)$

Figures I.4 : Cycloïdes .

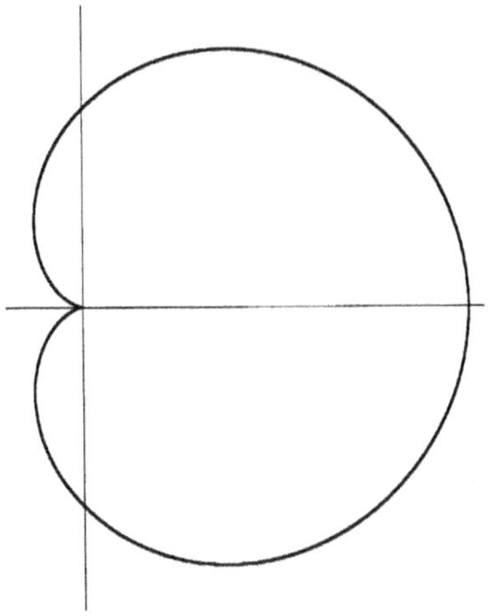

cardioïde : $2a(1 + \cos t)(\cos t\,,\ \sin t)$

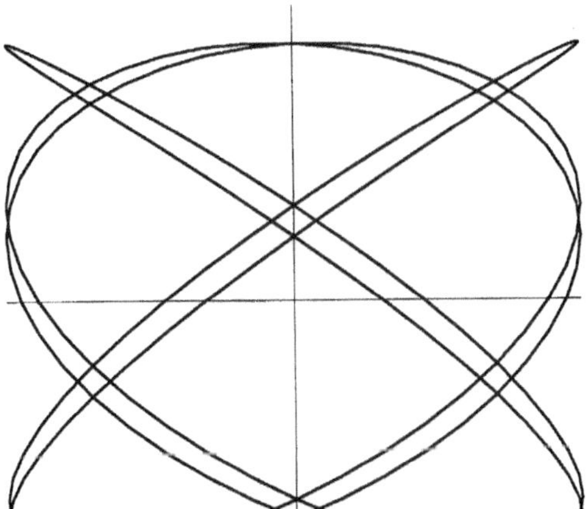

courbe de Lissajous : $(a\sin(nt + c)\,,\ b\sin mt)$ $(n = 5,\ m = 4,\ c = 2\pi/5)$

Figures I.5 : Exemples de courbes planes .

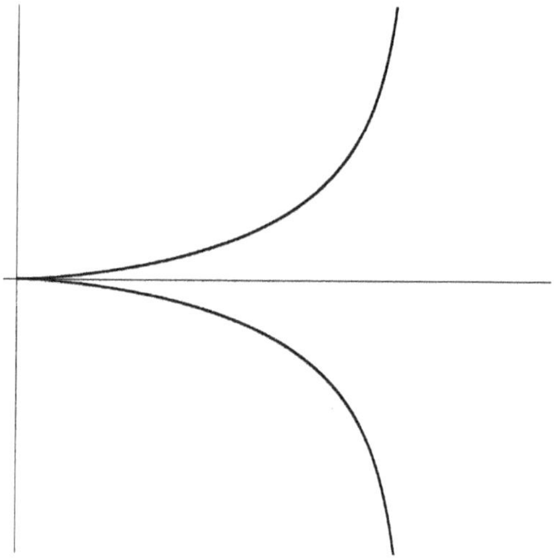

cissoïde de Dioclès : $2a\Big(\dfrac{t^2}{1+t^2}, \dfrac{t^3}{1+t^2}\Big)$

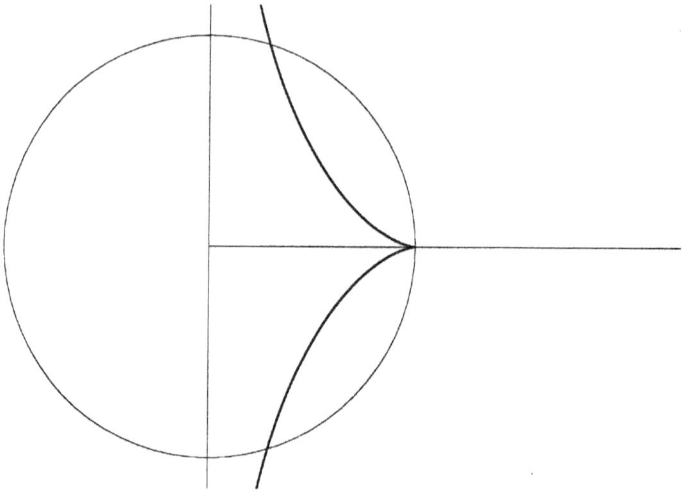

tractrice : $a\Big(\sin t\,,\ \cos t + \ln\tan\dfrac{t}{2}\Big)$

Figures I.6 : Exemples de courbes planes .

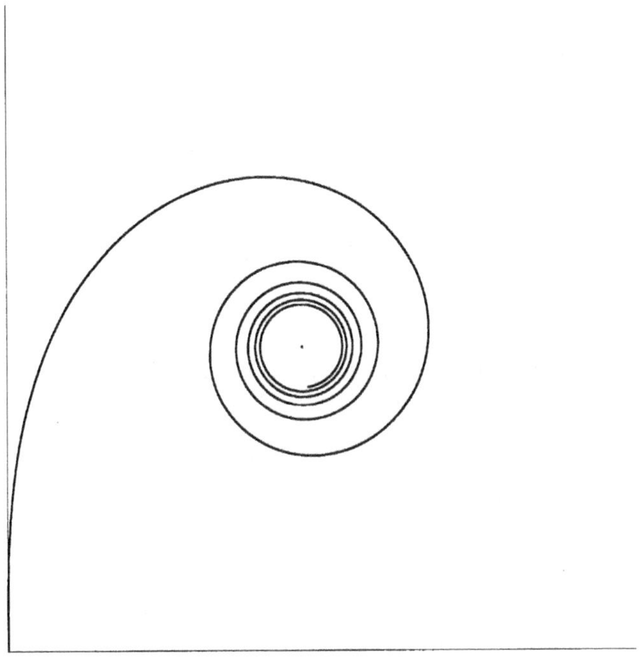

Figure I.7 : Spirale de Cornu , $a\left(\int_0^t \sin(u^2)\,du\,,\ \int_0^t \cos(u^2)\,du\right)$.

On a utilisé, pour tracer la courbe, la représentation paramétrique indiquée, en calculant numériquement les intégrales pour $0 \le t \le 2,5$ (par la méthode de *Romberg*) et en remplaçant les fonctions x et y par leurs valeurs asymptotiques pour $t > 2,5$:

$$\frac{1}{2}\sqrt{\frac{\pi}{2}} - \frac{\cos t^2}{2t} + \frac{\sin t^2}{4t^3} + \frac{3\cos t^2}{8t^5} \quad , \quad \frac{1}{2}\sqrt{\frac{\pi}{2}} + \frac{\sin t^2}{2t} - \frac{\cos t^2}{4t^3} - \frac{3\sin t^2}{8t^5}\,.$$

Sur ce voisinage V' l'ensemble $\{(x,y) \in V' \,/\, f(x,y) = 0\}$ est donc une courbe paramétrée au sens de la définition des paragraphes précédents.

Rappelons que $\gamma'(x) = -\dfrac{\dfrac{\partial f}{\partial x}(x,\gamma(x))}{\dfrac{\partial f}{\partial y}(x,\gamma(x))}$ · Dans ce type de situation, on dit qu'on a défini une courbe par une équation implicite $f(x,y) = 0$.

Exemples I.22

a) Étudier $f(x,y) = x^2 + y^2 - 1$.

b) La lemniscate est donnée par l'équation implicite :

$$f(x,y) = (x^2 + y^2)^2 - a^2(x^2 - y^2) = 0\,.$$

Peut-on appliquer la construction de I.7 au voisinage de tous les points ?

8. Courbes : étude locale d'une courbe du plan au voisinage d'un point singulier et branches infinies.

1) Étude locale d'une courbe plane par rapport à la tangente.

On a jusqu'ici procédé au voisinage d'un point régulier $\gamma(t_0)$ tel que $\gamma'(t_0) \neq 0$. On donne, dans ce paragraphe, une classification grossière des points singuliers d'une courbe plane.

Soit $v_p = \gamma^{(p)}(t_0)$ la première des dérivées successives de γ qui est différente de 0 et $v_q = \gamma^{(q)}(t_0)$ la première dérivée d'ordre $q > p$ qui ne soit pas colinéaire à $\gamma^{(p)}(t_0)$. La formule de Taylor appliquée à γ au voisinage de $t = t_0$ conduit à distinguer quatre cas :

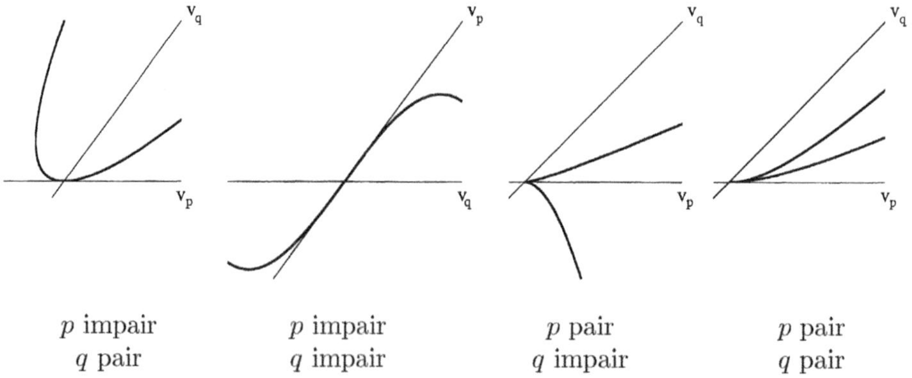

p impair q pair	p impair q impair	p pair q impair	p pair q pair
	point d'inflexion	point de rebroussement de première espèce	point de rebroussement de seconde espèce

Figures I.8 : Forme locale d'une courbe .

Un dernier élément doit être mentionné pour l'étude des courbes. Il s'agit des branches infinies des courbes planes :

2) Branches infinies et asymptotes des courbes planes.

Si la norme du vecteur $\gamma(t)$ tend vers l'infini lorsque $t \to t_0$ (t_0 pouvant, ici, être infini), on dit que la courbe présente une branche infinie. Si, ayant choisi une origine O, le vecteur tend vers une limite L, cette limite ne dépend pas de O et on dit que la courbe a la direction L comme direction asymptotique. Si de plus il existe une droite affine du plan de direction L telle que la distance entre la courbe et la droite tend vers zéro lorsque $t \to t_0$, cette droite est appelée une asymptote à la courbe.

9. Courbes dans l'espace $\mathbb{R}^3$

Soient

$$x = \gamma_1(t) , \quad y = \gamma_2(t) , \quad z = \gamma_3(t)$$

les équations d'une courbe dans $\mathbb{R}^3$. Les équations d'une droite :

$$y - ax - b = 0, \qquad z - a'x - b' = 0$$

dépendent de quatre paramètres que l'on peut choisir pour avoir un contact double avec la courbe. Ceci conduit aux équations :

$$y - ax - b = 0, \quad z - a'x - b' = 0, \quad y' - ax' = 0, \quad z' - a'x' = 0 .$$

En éliminant a et a', on obtient des équations de la tangente :

Définition I.23

La tangente en un point régulier (x, y, z) (c'est-à-dire tel que $(x', y', z') \neq 0$) est donnée par les équations

$$y'(X - x) = x'(Y - y) \qquad z'(Y - y) = y'(Z - z) .$$

Définition I.24

Le plan perpendiculaire à la tangente en un point régulier est appelé *plan normal* et a pour équation :

$$x'(X - x) + y'(Y - y) + z'(Z - z) = 0 .$$

On appelle *longueur* d'un arc de courbe la limite de la longueur d'un polygone inscrit. De façon analogue à ce que l'on a établi dans le plan, on montre que la longueur infinitésimale est

$$ds = \sqrt{x'^2 + y'^2 + z'^2}\, dt .$$

L'équation d'un plan $Ax + By + Cz + D = 0$ peut être choisie de manière à avoir un contact d'ordre trois avec la courbe. Ce choix conduit au *plan osculateur*. Pour cela, on a les trois équations :

$$Ax + By + Cz + D = 0 , \qquad Ax' + By' + Cz' = 0 , \qquad Ax'' + By'' + Cz'' = 0 .$$

L'élimination des paramètres conduit à la

Définition I.25

Le plan osculateur est donné par l'équation $\begin{vmatrix} X-x & Y-y & Z-z \\ x' & y' & z' \\ x'' & y'' & z'' \end{vmatrix} = 0\,.$

La tangente à la courbe appartient, bien sûr, au plan osculateur.

Les équations d'un cercle de centre (α, β, γ) et de plan perpendiculaire au vecteur (m, n, p) sont :

$$\begin{cases} (X-\alpha)^2 + (Y-\beta)^2 + (Z-\gamma)^2 - R^2 & = 0\,, \\ m(X-\alpha) + n(Y-\beta) + p(Z-\gamma) & = 0\,. \end{cases}$$

Comme dans le cas de l'étude d'une courbe plane, si on cherche à réaliser un contact d'ordre trois avec la courbe, il vient :

(1) $(x-\alpha)^2 + (y-\beta)^2 + (z-\gamma)^2 - R^2 = 0$

(2) $x'(x-\alpha) + y'(y-\beta) + z'(z-\gamma) = 0$

(3) $x''(x-\alpha) + y''(y-\beta) + z''(z-\gamma) + x'^2 + y'^2 + z'^2 = 0$

(4) $m(x-\alpha) + n(y-\beta) + p(z-\gamma) = 0$

(5) $mx' + ny' + pz' = 0$

(6) $mx'' + ny'' + pz'' = 0\,.$

Des trois dernières équations on déduit l'égalité :

$$(7) \qquad \begin{vmatrix} x-\alpha & y-\beta & z-\gamma \\ x' & y' & z' \\ x'' & y'' & z'' \end{vmatrix} = 0$$

qui montre que le centre (α, β, γ) du cercle osculateur est dans le plan osculateur.

Il est commode de poser :

$$A = (y'z'' - z'y'')\,, \qquad B = (z'x'' - x'z'')\,, \qquad C = (x'y'' - y'x'')\,.$$

La résolution des équations (2), (3) et (7) conduit (si $(A, B, C) \neq 0$) à :

$$x - \alpha = \frac{(Cy' - Bz')(x'^2 + y'^2 + z'^2)}{A^2 + B^2 + C^2}\,,$$

$$y - \beta = \frac{(Az' - Cx')(x'^2 + y'^2 + z'^2)}{A^2 + B^2 + C^2}\,,$$

$$z - \gamma = \frac{(Bx' - Ay')(x'^2 + y'^2 + z'^2)}{A^2 + B^2 + C^2}\,,$$

qui déterminent les coordonnées (α, β, γ) du centre du cercle osculateur. Son rayon R s'obtient alors facilement :

$$R^2 = (x-\alpha)^2 + (y-\beta)^2 + (z-\gamma)^2\,, \qquad \text{soit} \qquad R = \frac{|x'^2 + y'^2 + z'^2|^{3/2}}{\sqrt{A^2 + B^2 + C^2}}\,.$$

Comme dans l'étude des courbes planes, la courbure se définit géométriquement comme la limite du rapport de l'angle de deux tangentes aux extrémités d'un arc à la longueur de cet arc quand cette dernière tend vers zéro. De manière analogue au paragraphe I.9, on a

Proposition I.26

La courbure c est égale (au signe près) à l'inverse du rayon du cercle osculateur.

Preuve : L'angle φ de deux droites dont les cosinus directeurs sont proportionnels à (a, b, c) et à (a', b', c') est donné par

$$\cos\varphi = \frac{aa' + bb' + cc'}{\sqrt{a^2+b^2+c^2}\,\sqrt{a'^2+b'^2+c'^2}}\,.$$

On applique cette formule à

$$(a, b, c) = (x', y', z') \qquad \text{et} \qquad (a', b', c') = (x' + \Delta x', y' + \Delta y', z' + \Delta z')\,,$$

ce qui donne $\sin^2\varphi = \dfrac{A^2+B^2+C^2}{\left(x'^2+y'^2+z'^2\right)^2}\,(dt)^2$ et conduit à

$$\mathrm{c} = \lim_{ds\to 0}\frac{\varphi}{ds} = \frac{\sqrt{A^2+B^2+C^2}}{\left(x'^2+y'^2+z'^2\right)^{3/2}} = \frac{1}{R}\cdot \square$$

Soit $\gamma :]a, b[\to \mathbb{R}^n$ une courbe régulière de l'espace. Quitte à faire un changement admissible de paramètre, on peut, comme dans le plan, supposer que $\|\gamma'(t)\| = 1$.

Proposition I.27

La valeur absolue de la courbure est égale à $\left|\mathrm{c}[\gamma](t)\right| = \|\gamma''(t)\|$.

Preuve : Dans le cas où $\|\gamma'(t)\| = 1$, les vecteurs γ' et γ'' sont orthogonaux et

$$\left|\mathrm{c}[\gamma](t)\right| = \|\gamma' \wedge \gamma''(t)\| = \|\gamma''(t)\|\,.\square$$

Définition I.28

Le vecteur $T(t) = \gamma'(t)$ est appelé le vecteur tangent unitaire à la courbe au point $\gamma(t)$.
On suppose dans la suite que le vecteur $\gamma''(t)$ est linéairement indépendant de $\gamma'(t)$. Dans ce cas on introduit les données suivantes :

Définition I.29

Le vecteur $N(t) = T'(t)/\,\mathrm{c}(t)$ est appelé le vecteur normal principal et le vecteur $B = T \wedge N$ le vecteur binormal. Le trièdre direct (T, N, B) est appelé le trièdre de Frenet. Le plan affine passant par $\gamma(t)$ de direction vectorielle le plan engendré par T et N est le plan osculateur.

Proposition I.30

Le vecteur B' est colinéaire à N.

On désigne par τ et on appelle *torsion* de la courbe la fonction définie par :

$$B' = -\tau N\,.$$

On a de plus : $$N' = -\,\mathrm{c}\,T + \tau B\,.$$

Ces deux relations jointes à $$T' = \mathrm{c}\,N$$

sont appelées les *formules de Frenet*.

Preuve : Le vecteur B est unitaire et donc $\langle B', B\rangle = 0$. On a de plus

$$\langle B', T\rangle = -\langle B, T'\rangle = -c\langle B, N\rangle = 0\,.$$

Le vecteur B' est donc proportionnel à N et on peut définir la torsion τ par $B' = -\tau N$.

Pour établir la dernière relation de Frenet, on écrit

$$N' = \langle N', T\rangle T + \langle N', N\rangle N + \langle N', B\rangle B\,,$$

puis $$\langle N', T\rangle = -\langle N, T'\rangle = -c\langle N, N\rangle = -k, \qquad \langle N', N\rangle = 0$$

et $$\langle N', B\rangle = -\langle N, B'\rangle = -\langle N, -\tau N\rangle = \tau\,.\square$$

Remarque :

On a donc $$\begin{pmatrix} T \\ N \\ B \end{pmatrix}' = \begin{pmatrix} 0 & \mathrm{c} & 0 \\ -\,\mathrm{c} & 0 & \tau \\ 0 & -\tau & 0 \end{pmatrix} \begin{pmatrix} T \\ N \\ B \end{pmatrix}.$$

Exemples I.31 (Voir les figures I.9.)

L'hélice circulaire est définie par :

$$\gamma : s \mapsto \left(a\cos\frac{s}{\sqrt{a^2+b^2}},\ a\sin\frac{s}{\sqrt{a^2+b^2}},\ \frac{s}{\sqrt{a^2+b^2}}\right).$$

Le calcul de la courbure et de la torsion donne

$$\mathrm{c}[\gamma] = \frac{a}{a^2+b^2} \qquad \text{et} \qquad \tau[\gamma] = \frac{b}{a^2+b^2}\,.$$

Proposition I.32

La courbure et la valeur absolue de la torsion sont invariantes par les isométries de $\mathbb{R}^3$. La torsion change de signe par les anti-déplacements.

Preuve : Soit $\gamma :]a, b[\to \mathbb{R}^3$ une courbe de l'espace et $F : p \mapsto Ap + F(0)$ une isométrie. Soit $\psi : F \circ \gamma$, il vient :

$$\psi'(t) = A\gamma'(t), \qquad \psi''(t) = A\gamma''(t), \qquad \psi'''(t) = A\gamma'''(t)\,.$$

On peut supposer que $\|\psi'(t)\| = 1$, donc aussi $\|\gamma'(t)\| = 1$ et il s'ensuit

$$\mathrm{c}[\psi](t) = \|\psi''(t)\| = \|\gamma''(t)\| = \mathrm{c}[\gamma](t)\,.$$

De la deuxième relation de Frenet, il résulte que

$$\tau = \langle B, N'\rangle = \langle T \wedge N, N'\rangle = (T, N, N') \qquad \text{(le produit mixte)}$$

donc $\mathrm{c}^2\,\tau[\gamma](t) = (\gamma', \gamma'', \gamma''')$, ($\tau$ n'existe que si $\mathrm{c} > 0$) d'où :

$$\mathrm{c}^2\,\tau[\psi](t) = (\psi', \psi'', \psi''') = (\det A)\,(\gamma', \gamma'', \gamma''') = \pm\,\mathrm{c}^2\,\tau[\gamma](t)\,.$$

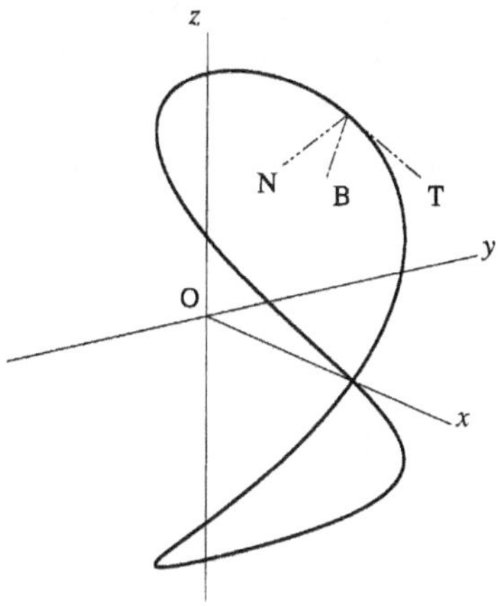

fenêtre de Viviani : $(\sin^2 t\,,\ \sin t\,\cos t\,,\ \cos t)$

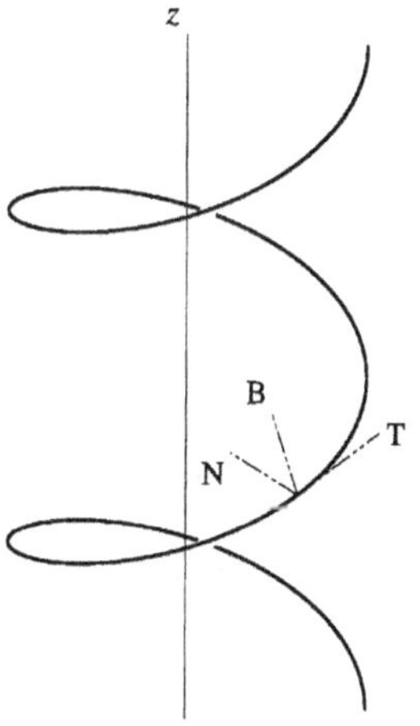

hélice circulaire : $(a\cos t\,,\ a\sin t\,,\ b\,t)$

Figures I.9 : Exemples de courbes gauches et de trièdres de Frenet .

Théorème I.33

Soient γ et ψ deux courbes régulières définies sur le même intervalle telles que $\|\gamma'(t)\| = \|\psi'(t)\| = 1$. Supposons que γ et ψ ont les mêmes courbure et torsion aux points correspondants à la même abscisse curviligne et que la courbure ne s'annule jamais. Alors il existe une isométrie de $\mathbb{R}^3$ qui envoie une courbe sur l'autre.

Preuve : Introduisons les trièdres de Frenet $(T_\gamma, N_\gamma, B_\gamma)$ et (T_ψ, N_ψ, B_ψ) associés à γ et à ψ. Fixons $t_o \in]a, b[$ et la translation qui envoie $\gamma(t_o)$ sur $\psi(t_o)$. Il existe une transformation orthogonale qui envoie le trièdre de Frenet associé à γ sur celui associé à ψ. Soit F la composée des deux. On considère alors la fonction :

$$f(t) = \|(F \circ T_\gamma)(t) - F_\psi(t)\|^2 + \|F \circ N_\gamma(t) - N_\psi(t)^2 + \|(F \circ B_\gamma)(t) - B_\psi(t)\|^2 .$$

Un calcul analogue à celui fait dans la démonstration du théorème I.18 conduit à $f'(t) = 0$ et donc $f(t) = 0$.
On en déduit que $(F \circ \gamma)'(t) = \psi'(t)$ et que $F \circ \gamma(t) = \psi(t)$. □

Remarque :

Il est nécessaire de supposer que la courbure ne s'annule pas. L'exemple suivant donne un contre-exemple dans le cas où la courbure s'annule :

$$\gamma : t \mapsto \begin{cases} 0 & \text{si } t = 0 \\ (t,\, 0,\, 5\exp(-\frac{1}{t^2})) & \text{si } t \neq 0 \end{cases} \qquad \psi : t \mapsto \begin{cases} (t,\, 5\exp(-\frac{1}{t^2}),\, 0) & \text{si } t < 0 \\ 0 & \text{si } t = 0 \\ (t,\, 0,\, 5\exp(-\frac{1}{t^2})) & \text{si } t > 0 \end{cases}$$

Par la suite, on va utiliser une notion plus générale d'isométrie. Il est utile, pour préparer cette extension, d'ajouter le théorème suivant qui se démontre en calcul différentiel :

Théorème I.34

Soit U, V deux ouverts de $\mathbb{R}^n$ et $F : U \to V$ une application différentiable de classe $\mathcal{C}^2$ telle que la différentielle est, en tout point, une isométrie, alors F est une isométrie.

Énoncés des exercices

Exercice I.1

Étude de la lemniscate d'équation $(x^2 + y^2)^2 - a^2(x^2 - y^2) = 0$.

1) Donner la paramétrisation de la courbe en coordonnées polaires.

2) Tracer son graphe.

3) Montrer qu'elle est le lieu des points M tel que $MA \,.\, MB = \frac{1}{2}a^2$ où

$$A = \left(-\frac{a}{\sqrt{2}}, 0\right),\ B = \left(\frac{a}{\sqrt{2}}, 0\right).$$

Exercice I.2

Étude de la courbe d'équation $x^2 + y^2 + xy + x + y = 1$.

1) Donner une paramétrisation de la courbe en coordonnées cartésiennes.

2) En déduire sa nature et calculer la courbure en chacun de ses points.

Exercice I.3

Étude de la courbe de Lissajous définie par la paramétrisation

$$x(t) = \sin 4t, \quad y(t) = \cos 6t.$$

1) Étudier le tableau de variation de $x(t)$ et $y(t)$.

2) Expliciter ses points doubles.

3) Tracer son graphe.

Exercice I.4

Étude de la cardioïde définie par la paramétrisation

$$x(t) = \frac{a}{2}(2\cos t - \cos 2t), \quad y(t) = \frac{a}{2}(2\sin t - \sin 2t).$$

1) Tracer son graphe.

2) Calculer sa courbure.

3) Trouver le groupe des rotations et le groupe des isométries qui la laisse invariante.

Exercice I.5 (*Loxodromies*)

1) Soit une courbe plane de représentation paramétrique $X(\varphi) = r(\varphi)U(\varphi)$, où $U(\varphi)$ est le vecteur unitaire $(\cos\varphi, \sin\varphi)$ et r une fonction aussi régulière que nécessaire.

Montrer que la courbe coupe les demi-droites issues de l'origine à angle constant α si et seulement si elle est portée par une spirale logarithmique $r(\varphi) = a\,e^{m\varphi}$; on précisera le lien entre m et α.

2) On effectue, dans $\mathbb{R}^3$, l'inversion (†) de centre $(0, 0, -1)$ et de puissance 2 qui envoie le plan $z = 0$ sur la sphère unité privée du pôle sud. Expliciter les coordonnées de l'image d'un point $(x, y, 0)$ et vérifier que l'image, par l'inversion, d'une spirale logarithmique est une courbe de la sphère unité qui coupe les méridiens à angle constant (une loxodromie).

3) On envoie le plan initial privé du demi-axe négatif (c'est-à-dire $r > 0$ et $|\varphi| < \pi$ sur la bande $\mathcal{B} = \mathbb{R}\times\,]-\pi, \pi[$ par la fonction : $(r, \varphi) \mapsto (\ln r, \varphi)$. Vérifier que c'est une bijection et que l'image d'une partie Γ de spirale logarithmique comprise dans le plan coupé est un segment de droite. Quel angle fait-elle avec les droites horizontales ? Que représentent ces droites ? Préciser les propriétés de la carte de la sphère unité ainsi obtenue (carte de *Mercator*).

(†) Voir l'exercice II.15 pour un rappel de la définition

Exercice I.6

1) Soit $X(s)$ la paramétrisation d'une courbe plane Γ par l'abscisse curviligne, $T(s)$ le vecteur tangent unitaire, $\alpha(s)$ l'angle $\left(\overrightarrow{Ox}, T(s)\right)$, $c(s)$ la courbure. Montrer que $c(s) = \dfrac{d\alpha(s)}{ds}$.

2) Application à l'arc de cycloïde Γ, défini par la paramétrisation

$$x(t) = (t - \sin t), \quad y(t) = (1 - \cos t) \qquad \text{pour} \quad t \in [0, 2\pi].$$

Précisez la longueur de l'arc Γ, l'abscisse curviligne s, l'angle α et la courbure c.

Exercice I.7

La développée d'une courbe plane Γ de paramétrisation $X(s)$ est le lieu de ses centres de courbure et admet la paramétrisation $Y(s) = X(s) + \dfrac{1}{c(s)}N(s)$, où $N(s)$ désigne le vecteur normal unitaire à Γ en $X(s)$ (s est l'abscisse curviligne sur Γ).

1) Montrer que la tangente en $Y(s)$ à la développée est portée par la normale en $X(s)$ à la courbe.

2) Montrer que la développée de la parabole d'équation $y = \dfrac{x^2}{2a}$ est la courbe, dite de Neil, d'équation $27ax^2 = 8(y-a)^3$.

Exercice I.8

Soit $X(s)$ la paramétrisation d'une courbe gauche Γ par l'abscisse curviligne, $c(s)$ la courbure et $\tau(s)$ la torsion.

1) En utilisant les formules de Frenet montrer que :

a) $c(s) \equiv 0$ si et seulement si Γ est une droite,

b) si $c(s) > 0$, pour tout s, alors $\tau(s) \equiv 0$ si et seulement si Γ est une courbe plane.

2) En déduire qu'une courbe gauche Γ est un arc de cercle si et seulement si $c(s)$ est une constante positive et $\tau(s) \equiv 0$.

Exercice I.9

Une hélice est une courbe dont la tangente fait un angle constant avec une direction fixe déterminée par un vecteur unitaire K. Soit $X(s)$ la paramétrisation d'une courbe gauche Γ par l'abscisse curviligne, $c(s)$ (resp. $\tau(s)$) sa courbure (resp. sa torsion).

1) Montrer que Γ est une hélice si et seulement si le rapport $\dfrac{c}{\tau}$ est constant.

2) On examine une hélice tracée sur la sphère unité de $\mathbb{R}^3$.

On note, pour toute fonction vectorielle de l'abscisse curviligne s, $\dot{X}$ la dérivée par rapport à s de la fonction X : $\dot{X} = \dfrac{dX}{ds}$. Appelant α l'angle de la tangente à l'hélice avec le vecteur K, démontrer que $\mathrm{c}\cos\alpha = \tau\sin\alpha$, puis, notant r le rayon de courbure, que l'on a :

$$X = -rN - r\dot{r}\tan\alpha\, B\,. \qquad (*)$$

3) Montrer que l' on peut poser $r = \cos\omega$ avec $0 \leq \omega \leq \pi/2$ et que l'on a, au signe près, $\dfrac{ds}{d\omega} = \cos\omega\tan\alpha\,.$ En déduire que l'on peut décrire la courbe à l'aide du paramètre ω plutôt que s.
Le symbole $'$ désignant maintenant la dérivation par rapport à la variable ω, vérifier que :

$$T' = \tan\alpha N\ , \qquad N' = -\tan\alpha\, T + B\ , \qquad B' = -N$$

4) Montrer qu'il existe un repère orthonormé direct (I, J, K) tel que, dans ce repère, l'équation de l'hélice est :

$$\begin{aligned} X = &\left(\cos\omega\cos\Big(\frac{\omega}{\cos\alpha}\Big) + \cos\alpha\sin\omega\sin\Big(\frac{\omega}{\cos\alpha}\Big)\right)I \\ &+ \left(\cos\omega\sin\Big(\frac{\omega}{\cos\alpha}\Big) - \cos\alpha\sin\omega\cos\Big(\frac{\omega}{\cos\alpha}\Big)\right)J + \sin\alpha\sin\omega K\,. \end{aligned}$$

Vérifier que le rayon de courbure décroît de 1 à 0 quand ω varie de 0 à $\pi/2$, et que, au point $\omega = \pi/2$, les vecteurs X, T et K sont coplanaires.

5) Vérifier que si $\cos\alpha = \pm 1/3$, la projection de l'hélice sur le plan xOy est une cardioïde (cf. Figures I.5).

Exercice I.10

Soit Γ une courbe tracée une sphère de rayon a. On note c et τ la courbure et la torsion au point courant de Γ.

1) Démontrer que $\left(a\,\mathrm{c}^2\,\tau\right)^2 = \left(\dfrac{d\mathrm{c}}{ds}\right)^2 + \left(\mathrm{c}\ \tau\right)^2$.

2) On suppose la courbe non plane. On note $R = 1/\,\mathrm{c}$ le rayon de courbure et $\mathcal{T} = 1/\tau$ le rayon de torsion au point courant de Γ. Montrer que

$$R^2 + \left(\mathcal{T}\,\frac{dR}{ds}\right)^2 = a^2\,.$$

3) Déterminer, parmi les courbes tracées sur une sphère, celles qui sont de courbure constante.

4) Soit Γ une courbe telle que $R^2 + \left(\mathcal{T}\,\dfrac{dR}{ds}\right)^2 = a^2$, où a est une constante strictement positive ; on suppose aussi que la fonction R' ne s'annule jamais. Démontrer, en examinant la fonction $Y = X + RN + (R'\mathcal{T})B$, que la courbe est tracée sur une sphère de rayon a.

5) Donner une représentation paramétrique simple de la fenêtre de Viviani, intersection de la sphère $x^2 + y^2 + z^2 = a^2$ avec le cylindre $x^2 + y^2 = ax$ et retrouver, par le calcul, la formule de la question 2.

Chapitre II
Surfaces

1. Définition, exemples, plan tangent.

Définition II.1

Une nappe paramétrée est une application $\boldsymbol{\sigma} : U \to \mathbb{R}^3$ où U est un ouvert de $\mathbb{R}^2$ et dont la différentielle est, en tout point de U, une application linéaire injective.

Un sous-ensemble S de $\mathbb{R}^3$ est une surface régulière si, pour tout point P de S, on peut trouver un ouvert U de $\mathbb{R}^2$ et une application différentiable $\boldsymbol{\sigma} : U \to \mathbb{R}^3$ telle que :

(i) En tout point de U, la différentielle de $\boldsymbol{\sigma}$ est une application linéaire injective de $\mathbb{R}^2$ dans $\mathbb{R}^3$.

(ii) Il existe un voisinage ouvert V de P dans $\mathbb{R}^3$ tel que $\boldsymbol{\sigma} : U \to V \cap S$ est un homéomorphisme.

La paire $(U, \boldsymbol{\sigma})$ définit une carte locale de S au voisinage de P.
Dans la suite, "surface" signifiera le plus souvent "surface régulière", mais quelques exercices porteront sur des nappes paramétrées.

Théorème II.2

Soit W un ouvert de $\mathbb{R}^3$, $f : W \to \mathbb{R}$ une application différentiable et $\lambda \in \mathbb{R}$. (On suppose que pour tout point P de $f^{-1}(\lambda)$, $df(P) \neq 0$; alors $f^{-1}(\lambda)$ est une surface régulière.

Preuve : Soit $P \in f^{-1}(\lambda)$. On doit construire $(U, \boldsymbol{\sigma}, V)$. On sait, par hypothèse, que l'une au moins des trois dérivées partielles $f'_x(P)$, $f'_y(P)$, $f'_z(P)$, par exemple $f'_z(P)$, est non nulle. On considère $F : W \to \mathbb{R}^3$ donnée par :

$$F : (x, y, z) \mapsto \big(x, y, f(x, y, z)\big) .$$

Le déterminant de la matrice jacobienne de F en P est $f'_z(P) \neq 0$. D'après le théorème de l'inverse local (rappelé au chapitre III), il existe un voisinage ouvert $V \subset W$ de P et un voisinage ouvert V' de $F(P)$ dans $\mathbb{R}^3$ tel que $F_{|V}$ est un difféomorphisme de V sur V'. On pose $U = F\big(V \cap f^{-1}(\lambda)\big) \bigcap \big(\mathbb{R}^2 \times \{0\}\big)$ et on vérifie que la paire $\big(U, F^{-1}_{|U}\big)$ est une carte locale de $f^{-1}(\lambda)$ en P. □

Corollaire II.3

Soit U un ouvert de $\mathbb{R}^2$ et $F : U \to \mathbb{R}$ une application différentiable ; l'ensemble $S = \Big\{\big(x, y, F(x, y)\big)\Big\}$ est une surface régulière.

On nommera, dans la suite, surface $z = F(x, y)$ ce type de surface.

Définition II.4

Soit S_1 et S_2 deux surfaces et f une application de S_1 dans S_2. On dit que f est différentiable en un point P de S_1 s'il existe deux cartes locales, $(U_1, \boldsymbol{\sigma}_1)$ en P sur S_1 et $(U_2, \boldsymbol{\sigma}_2)$ en $f(P)$ sur S_2 telle que :

$$\boldsymbol{\sigma}_2^{-1} \circ f \circ \boldsymbol{\sigma}_1 : \boldsymbol{\sigma}_1^{-1}\Big(\boldsymbol{\sigma}_1(U_1) \cap f^{-1}\big(\boldsymbol{\sigma}_2(U_2)\big)\Big) \to U_2$$

est différentiable en $\boldsymbol{\sigma}_1^{-1}(P)$.

Définition II.5

Un vecteur tangent à la surface régulière S en un point P est un vecteur $\gamma'(0)$ où $\gamma :]-\varepsilon, \varepsilon[\to \mathbb{R}^3$ est une courbe telle que $\gamma(0) = P$ et $\gamma(t) \in S$ pour $|t| < \varepsilon$. Le plan tangent $T_p S$ à S en P est l'ensemble des vecteurs tangents à S au point P.

Théorème II.6

Soit S une surface régulière, $(U, \boldsymbol{\sigma})$ une carte locale en P. On note $(u, v) \in \mathbb{R}^2$ le point courant de U et $Q = \boldsymbol{\sigma}^{-1}(P)$. Le plan tangent en P est l'espace vectoriel de dimension 2 engendré par les vecteurs $\boldsymbol{\sigma}'_u(Q)$ et $\boldsymbol{\sigma}'_v(Q)$.

Définition II.7

Soit $f : S_1 \to S_2$ une application différentiable d'une surface S_1 dans une surface S_2. La différentielle de f en P est l'application linéaire définie comme suit :
Soit $w \in T_P S_1$ et γ une courbe tracée sur S_1, d'origine P et telle que $w = \gamma'(0)$. Alors :

$$df_P(w) = \frac{d}{dt} f\big(\gamma(t)\big)_{|t=0}.$$

Remarque : On peut vérifier que la quantité ainsi définie ne dépend pas du choix de la courbe γ.

2. Exemples de surfaces : les quadriques.

(Voir les figures II.1).

Définition II.8

Une quadrique Q est l'ensemble des (x, y, z) de $\mathbb{R}^3$ tels que $P(x, y, z) = 0$ où P est un polynôme de degré total ≤ 2.

Exemples II.9

1) L'équation $P(x, y, z) = \dfrac{x^2}{a^2} + \dfrac{y^2}{b^2} + \dfrac{z^2}{c^2} - 1 = 0$ définit un ellipsoïde.

2) L'ensemble défini par l'équation $x^2 + y^2 = z^2$, privé de l'origine, est une surface appelée un cône.

3. Courbes tracées sur des surfaces de $\mathbb{R}^3$.

Soit $\boldsymbol{\sigma} : U \to \mathbb{R}^3$ une nappe paramétrée de $\mathbb{R}^3$. Soit $\gamma :]a, b[\to U$ une courbe du plan $\mathbb{R}^2$. La composée des deux applications $\boldsymbol{\sigma} \circ \gamma :]a, b[\to \mathbb{R}^3$ définit une courbe tracée sur la nappe définie par S. On peut définir de même une courbe tracée sur une surface.

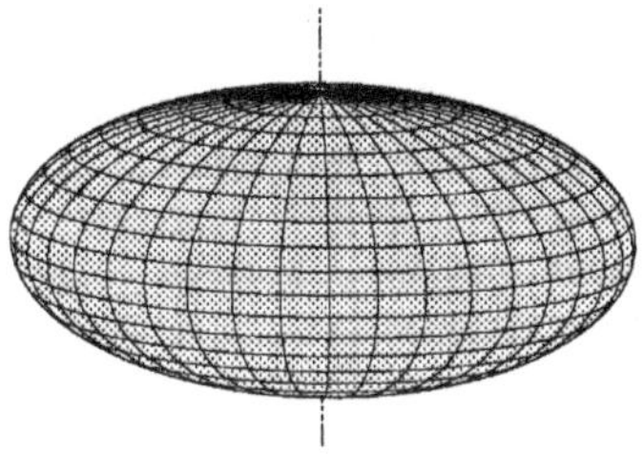

Ellipsoïde $\dfrac{x^2}{a^2} + \dfrac{y^2}{b^2} + \dfrac{z^2}{c^2} = 1$.

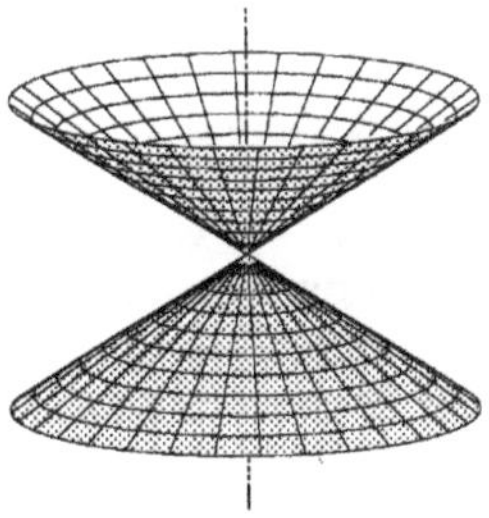

Cône $x^2 + y^2 = z^2$.

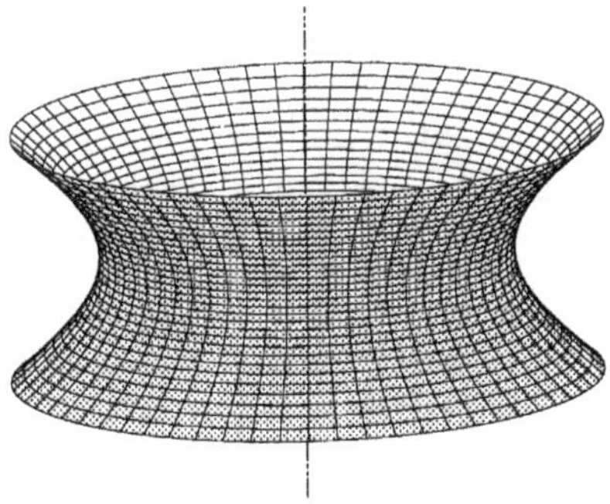

Hyperboloïde à une nappe

$$\frac{x^2}{a^2} + \frac{y^2}{b^2} - \frac{z^2}{c^2} = 1 .$$

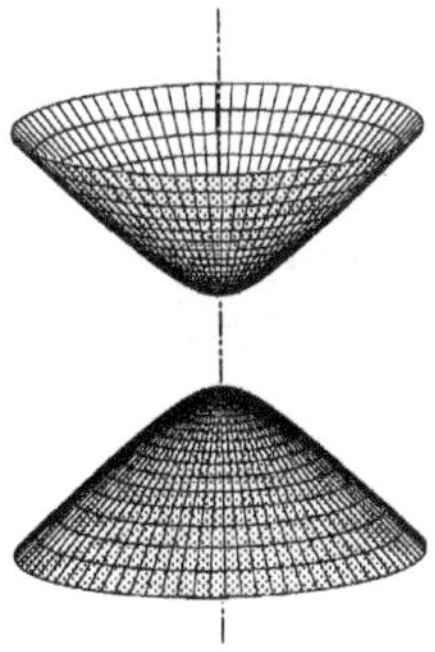

Hyperboloïde à deux nappes

$$\frac{x^2}{a^2} + \frac{y^2}{b^2} - \frac{z^2}{c^2} = -1 .$$

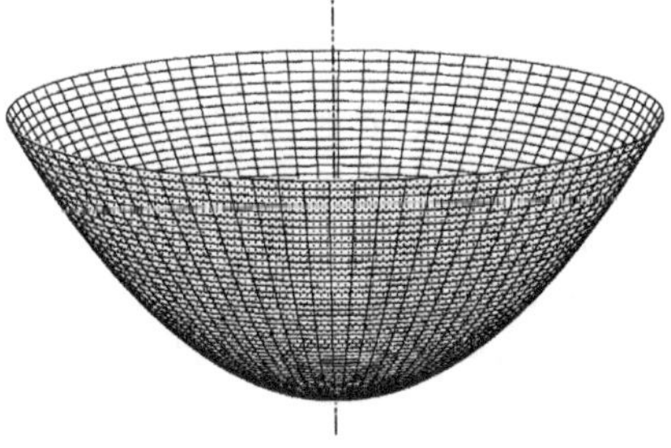

Paraboloïde elliptique

$$z = \frac{x^2}{a^2} + \frac{y^2}{b^2} .$$

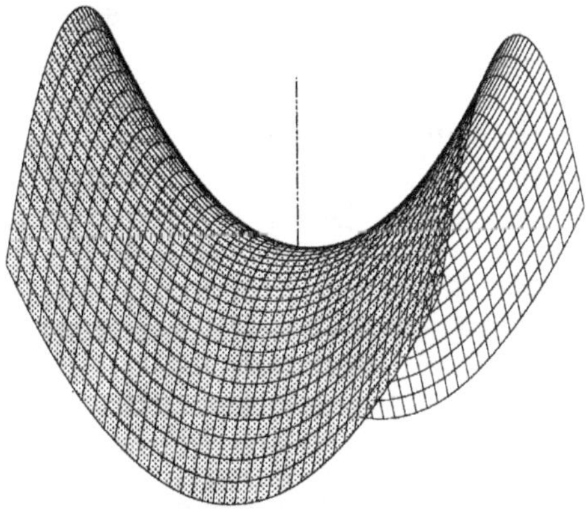

Paraboloïde hyperbolique

$$z = \frac{x^2}{a^2} - \frac{y^2}{b^2} .$$

Figures II.1 : Quadriques.

Une surface peut être engendrée par une famille de droites (elle est dite réglée) comme le montre la figure II.2. Plus précisément, on peut donner les

Définitions II.10

Une surface est réglée si elle admet la paramétrisation $\boldsymbol{\sigma}(u, v) = \beta(u) + v\delta(u)$ où β et δ définissent les paramétrisations de deux courbes appelées respectivement la directrice et la génératrice (voir l'exercice II.2). On suppose naturellement v tel que $\beta'(u) + v\delta'(u)$ et $\delta(u)$ ne sont pas colinéaires).

Une surface réglée dont toutes les génératrices sont parallèles est appelée *cylindre* ; elle est invariante par toute translation de vecteur porté par une génératrice.

Une surface réglée dont toutes les génératrices sont issues d'un point P est appelée *cône de sommet* P ; elle est invariante par tout homothétie de centre P et de rapport positif.

Courbes intersections complètes.

Soit S une surface dans $\mathbb{R}^3$ définie par une équation implicite $f(x, y, z) = 0$ telle que, en tout point de S on ait $df \neq 0$ et $g : \mathbb{R}^3 \to \mathbb{R}$ une fonction différentiable. Soit (C) l'ensemble défini par les deux équations :

$$(C) \qquad \begin{cases} f(x, y, z) = 0 \\ g(x, y, z) = 0 \end{cases}$$

On suppose qu'en tout point de (C) les différentielles df et dg sont indépendantes. Soit (x_0, y_0, z_0) un point de (C). Les deux plans affines d'équations

$$(x - x_0)f'_x(x_0, y_0, z_0) + (y - y_0)f'_y(x_0, y_0, z_0) + (z - z_0)f'_z(x_0, y_0, z_0) = 0$$
$$(x - x_0)g'_x(x_0, y_0, z_0) + (y - y_0)g'_y(x_0, y_0, z_0) + (z - z_0)g'_z(x_0, y_0, z_0) = 0$$

ne sont pas parallèles et leur intersection est une droite. La courbe (C) est tracée sur la surface (S) et sa tangente en un point (x_0, y_0, z_0) est la droite affine définie comme l'intersection des deux plans ci-dessus.

Exemples II.11

a) L'hélice circulaire, qui a déjà été mentionnée, est un exemple de courbe tracée sur un cylindre de révolution.

b) Les courbes obtenues comme intersection d'un cylindre ou d'un cône (tous deux de révolution) avec un plan dans $\mathbb{R}^3$ sont des coniques. L'étude des coniques chez les Grecs était précisément basée sur leur présentation comme sections planes d'un cône ou d'un cylindre.

c) La fenêtre de Viviani déjà présentée précédemment est l'intersection d'un cylindre de révolution et d'une sphère :

$$\begin{cases} f(x, y, z) = (x - a)^2 + y^2 - a^2 = 0 \\ g(x, y, z) = x^2 + y^2 + z^2 - 4a^2 = 0 \end{cases}$$

Dans cet exemple, il faut prendre garde au fait que les deux différentielles df, dg ne sont pas indépendantes au point $S = (2a, 0, 0)$.

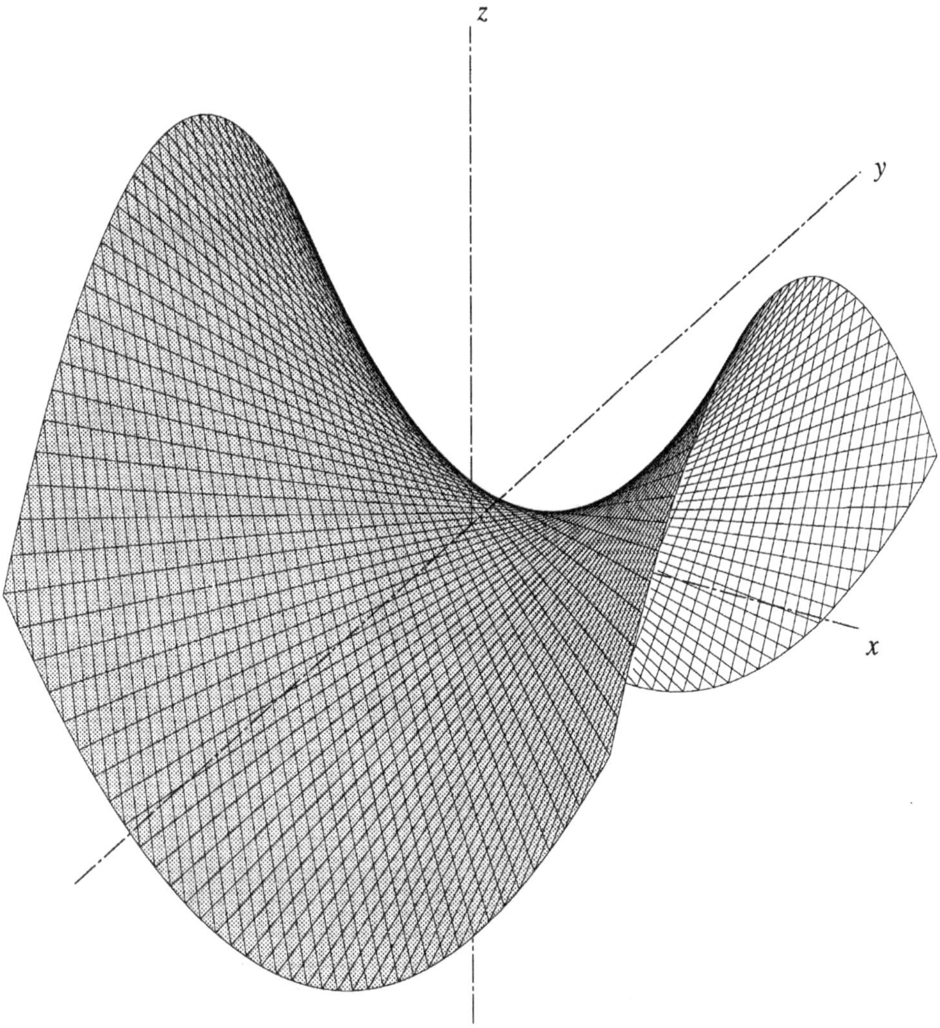

Figure II.2 : Exemple de surface réglée,
paraboloïde hyperbolique $z = x^2 - y^2$.

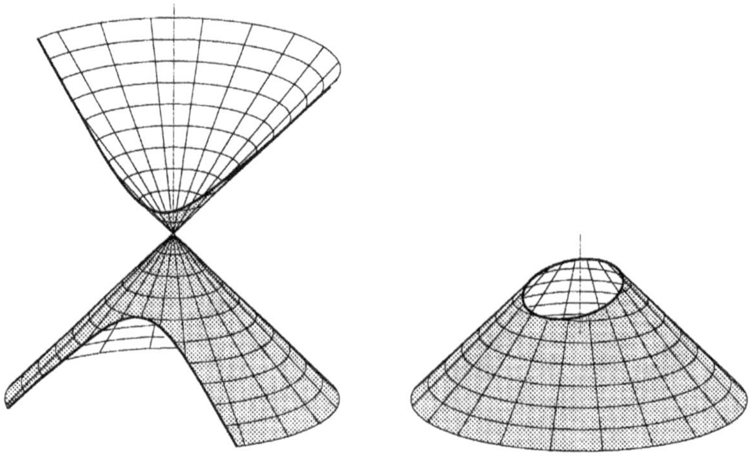

Hyperbole Ellipse

Figures II.3 : Sections planes d'un cône de révolution .

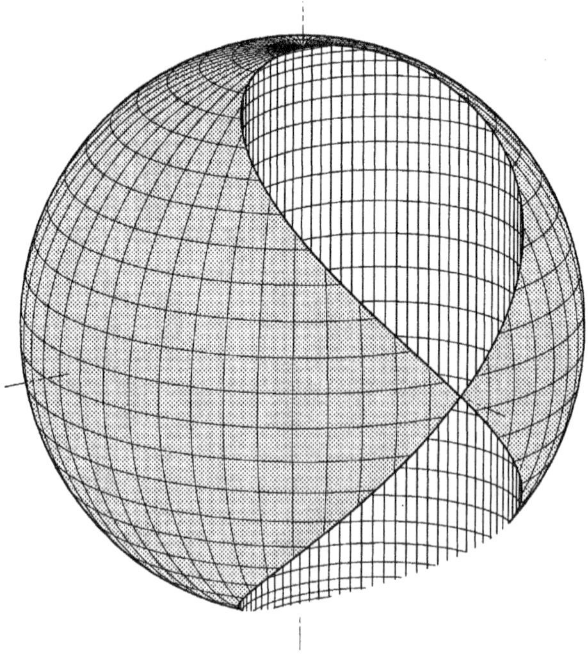

intersection d'une sphère et d'un cylindre de révolution

Figure II.4 : Fenêtre de Viviani.

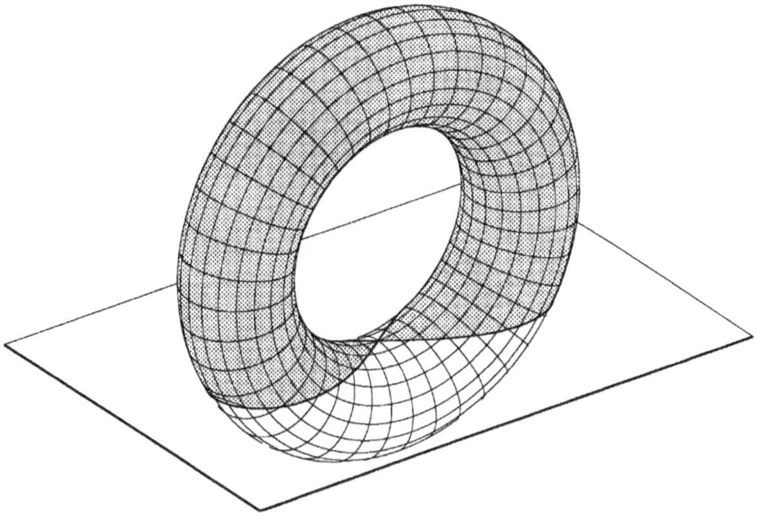

Intersection du plan $z = -(a-b)$ avec le tore de révolution
$$\left(x^2 + y^2 + z^2 - \left(a^2 + b^2\right)\right)^2 + 4a^2y^2 = 4a^2b^2 .$$
(a est le rayon du tore et b ($b < a$) le rayon du disque méridien) .

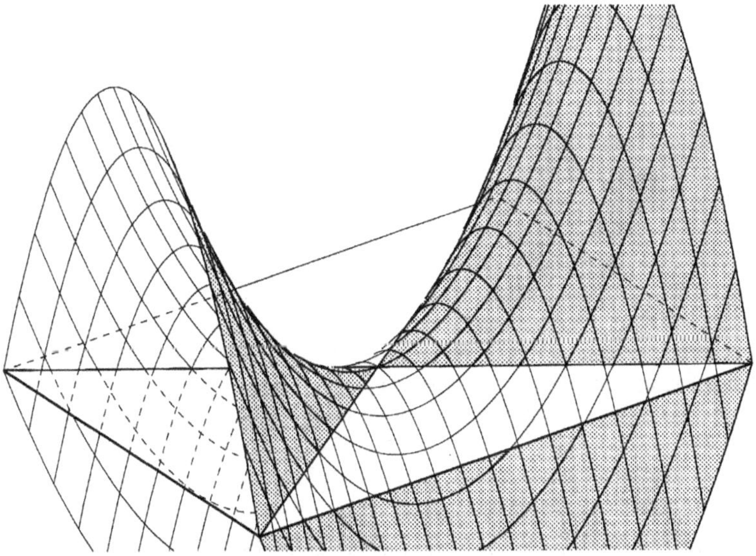

Intersection du plan $z = -(a-b)$ avec le paraboloïde hyperbolique
$$z = -(a-b) + \frac{1}{2}\left(\frac{x^2}{a-b} - \frac{y^2}{b}\right)$$

Figures II.5

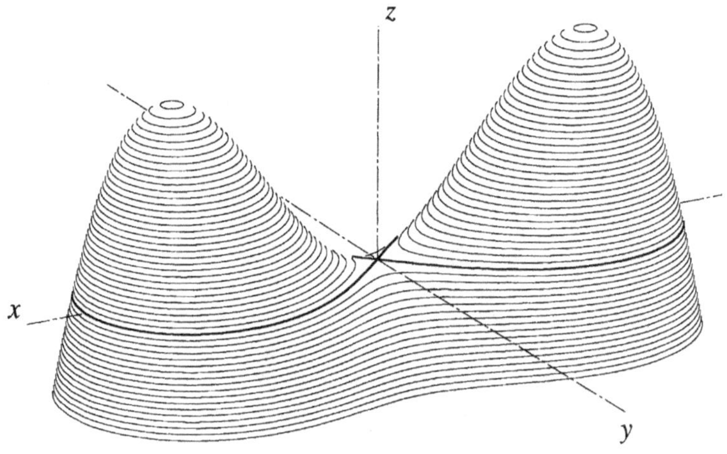

Les courbes de niveau sont des ovales de Cassini ; en particulier, la section par le plan $z = 0$ est une lemniscate de Bernoulli (cf. Figures VI.1 et XI.1).

Figure II.6 : Surface $z = 2(x^2 - y^2) - \left(x^2 + y^2\right)^2$.

Pour se repérer dans les montagnes, les lignes d'écoulement des eaux sont souvent aussi importantes que les courbes de niveau :

Définition II.12

Sur une surface $z = F(x, y)$, la ligne de *talweg* est la courbe qui, au niveau z_0, passe par le point (x_0, y_0) et réalise le maximum du rapport $\left(\dfrac{\partial F}{\partial x} \Big/ \dfrac{\partial F}{\partial y}\right)$ restreint à la courbe de niveau $z_0 = F(x, y)$.

4. La première forme fondamentale.

Définition II.13

La première forme fondamentale au point P de la surface S est la forme quadratique, notée I_P, définie sur le plan tangent $T_P\,S$ à S en P par :

$$\mathrm{I}_P(X) = \langle X, X\rangle \,. \tag{1}$$

Soit $\boldsymbol{\sigma} : U \to S$ une carte locale en P et $Q = (u, v) \in U$ tel que $\boldsymbol{\sigma}(Q) = P$. Les vecteurs $\boldsymbol{\sigma}'_u(Q)$ et $\boldsymbol{\sigma}'_v(Q)$ forment une base de $T_P\,S$. On pose :

$$E = \langle \boldsymbol{\sigma}'_u(Q), \boldsymbol{\sigma}'_u(Q)\rangle \ , \quad F = \langle \boldsymbol{\sigma}'_u(Q), \boldsymbol{\sigma}'_v(Q)\rangle \ , \quad G = \langle \boldsymbol{\sigma}'_v(Q), \boldsymbol{\sigma}'_v(Q)\rangle \,.$$

Tout vecteur $X \in T_P\,S$ s'écrit, de manière unique, $X = \lambda\boldsymbol{\sigma}'_u(Q) + \mu\boldsymbol{\sigma}'_v(Q)$, de sorte que :

$$\mathrm{I}_P(X) = \mathrm{I}_P(\lambda, \mu) = E\lambda^2 + 2F\lambda\mu + G\mu^2 \,.$$

Remarques II.14

a) La première forme fondamentale est non dégénérée et positive.

b) Ceci est l'exemple le plus simple d'une structure riemannienne. Soit Γ une courbe tracée sur la surface S et définie paramétriquement sur $]a, b[$ par :

$$\gamma : t \mapsto \big(u(t), v(t)\big) \mapsto \boldsymbol{\sigma}\big(u(t), v(t)\big) .$$

Le vecteur tangent en $\gamma(t)$ à Γ est : $\gamma'(t) = u'(t)\boldsymbol{\sigma}'_u + v'(t)\boldsymbol{\sigma}'_v$ et l'on a : $\|\gamma'(t)\|^2 = \mathrm{I}\big(u'(t), v'(t)\big)$. La longueur de Γ est $\displaystyle\int_a^b \sqrt{\mathrm{I}\big(u'(t), v'(t)\big)}\, dt$. On définit la paramétrisation par la longueur d'arc de Γ comme on l'a fait au chapitre I. (On dit aussi paramétrisation normale dans ce contexte).

c) La première forme fondamentale détermine l'élément d'aire qui permet de calculer l'aire d'un domaine D tracé sur la surface :

$$A = \iint_D d\sigma \qquad \text{avec} \qquad d\sigma = \sqrt{EG - F^2}\, du\, dv$$

ainsi que l'angle entre deux courbes se coupant en un point où les vecteurs tangents sont, dans la base $(\boldsymbol{\sigma}'_u, \boldsymbol{\sigma}'_v)$, $\xi_1 = (\lambda_1, \mu_1)$ et $\xi_2 = (\lambda_2, \mu_2)$:

$$\cos\theta = \frac{\langle \xi_1, \xi_2 \rangle}{\sqrt{\mathrm{I}\,(\lambda_1, \mu_1)\ \mathrm{I}\,(\lambda_2, \mu_2)}} .$$

On vérifie, grâce à la formule de changement de variable dans ces intégrales, que la longueur d'une courbe, l'aire d'un domaine, l'angle de deux courbes ne dépendent pas de la paramétrisation.

Définition II.15

Une application différentiable f entre les surfaces S_1 et S_2 est une isométrie locale si, pour tout point P de S_1 et tout vecteur $X \in T_P\, S_1$:

$$\mathrm{I}_{f(P)}\big(df_P(X)\big) = \mathrm{I}_P(X) .$$

Une application différentiable $f : S_1 \to S_2$ est une isométrie si c'est une isométrie locale bijective. On dit, en ce cas, que S_1 et S_2 sont isométriques.

Remarque : Il existe une isométrie locale entre le plan et le cylindre, mais ce n'est pas une isométrie globale.

Définition II.16

Une application différentiable $f : S_1 \to S_2$ est dite conforme si, pour tout point P de S_1 et tout vecteur $X \in T_P\, S_1$:

$$\mathrm{I}_{f(P)}\big(df_P(X)\big) = \lambda(P)\, \mathrm{I}_P(X)$$

où $\lambda : S_1 \to \mathbb{R}$ est une application différentiable strictement positive.

Remarque : Une application conforme conserve les angles, ce qui signifie que l'angle, en un point, de deux courbes tracées sur S_1 est le même que l'angle des courbes images dans S_2 au point image. Ceci résulte du fait que la différentielle df_P est, à un facteur scalaire près, une transformation orthogonale (une similitude).

Exemple II.17

La projection stéréographique, qui est une inversion, est une application conforme (cf. Exercices I.5 et II.16).

5. La seconde forme fondamentale.

Cas d'une surface $z = F(x, y)$:

Soit S une surface et O un point de S, choisi comme origine des coordonnées. On choisit pour axe Oz la normale à la surface en O. On considère la courbe γ section de S par un plan passant par l'origine et faisant un angle θ avec l'axe Oz ; ce plan est le plan osculateur à γ en O. La formule de Taylor–Young appliquée à l'origine à la fonction F donne :

$$z = ax^2 + 2mxy + by^2 + \mathrm{o}\big(x^2 + y^2\big)^2 .$$

On peut de plus supposer que $m = 0$ en choisissant comme axes Ox et Oy un système d'axes orthogonaux qui diagonalise la forme quadratique ci-dessus. On obtient alors facilement l'expression de la courbure de γ en O (on écrit $x = r\cos\varphi$, $y = r\sin\varphi$) :

$$\mathrm{c} = \frac{2(ax^2 + by^2)}{(x^2 + y^2)\cos\theta} = \frac{2\big(a\cos^2\varphi + b\sin^2\varphi\big)}{\cos\theta} . \qquad (*)$$

Cette expression locale donne de suite les résultats suivants :

Proposition II.18

La courbure c d'une courbe γ tracée sur la surface S est égale à la courbure de la courbe section de S par le plan osculateur.

Proposition II.19 (*Théorème de Meusnier*)

Soit T la tangente en un point P à une surface S et Γ_θ la section de S par un plan passant par T et faisant un angle θ avec la normale en P à S. Alors, la courbure de Γ_θ en P est $\mathrm{c}_\theta = \mathrm{c}_0 \,/\cos\theta$.

Proposition II.20 (*Théorème d'Euler*)

La courbure d'une section normale est égale à $\mathrm{c} = a\cos^2\varphi + b\sin^2\varphi$ et elle varie entre un maximum $\mathrm{c}_M = a$ et un minimum $\mathrm{c}_m = b$ (en supposant $a \geq b$) qui correspondent à deux plans de section orthogonaux.

Définition II.21

Un champ de vecteurs normal unitaire à une surface S est une application différentiable $N : S \to \mathbb{R}^3$ telle que, en tout point P, le vecteur $N(P)$ est orthogonal au plan tangent $T_P S$ et de norme unité.

Définition II.22

Une surface S est dite orientable s'il existe un champ de vecteurs normal unitaire N défini sur tout S. L'application associée $N : S \to \mathbb{S}^2$ est appelée l'application de Gauss. ($\mathbb{S}^2$ est la sphère unité de $\mathbb{R}^3$).

On suppose, dans la suite de ce paragraphe, que la surface S est orientable.

On considère la différentielle de l'application de Gauss en un point P de S :

$$dN_P : T_P\, S \to T_{N(P)}\mathbb{S}^2 \,.$$

Les plans tangents $T_P\, S$ et $T_{N(P)}\, \mathbb{S}^2$ sont tous deux orthogonaux au vecteur $N(P)$, donc coïncident. cela donne sens à la

Définition II.23

On appelle endomorphisme de Weingarten la différentielle dN_P traitée comme endomorphisme linéaire de $T_P\, S$.

Théorème II.24

Si $\boldsymbol{\sigma}$ est au moins de classe $\mathcal{C}^2$, l'endomorphisme de Weingarten est hermitien (pour le produit scalaire usuel du plan).

Preuve : Soit $(U, \boldsymbol{\sigma})$ une carte locale de P de S et $Q = (u, v) = \boldsymbol{\sigma}^{-1}(P)$. On considère :

$$dN_P\big(\boldsymbol{\sigma}'_u(Q)\big) = \frac{d}{du} N\big(\boldsymbol{\sigma}(u,v)\big)(Q) \qquad \text{et} \qquad dN_P\big(\boldsymbol{\sigma}'_v(Q)\big) = \frac{d}{dv} N\big(\boldsymbol{\sigma}(u,v)\big)(Q) \,.$$

Comme on a $\langle N \circ \boldsymbol{\sigma}, \boldsymbol{\sigma}'_v \rangle = 0$, il vient, en prenant la dérivée partielle par rapport à u :

$$\langle (N \circ \boldsymbol{\sigma})'_u, \boldsymbol{\sigma}'_v \rangle + \langle N \circ \boldsymbol{\sigma}, \boldsymbol{\sigma}''_{vu} \rangle = 0 \quad \text{et de même} \quad \langle (N \circ \boldsymbol{\sigma})'_v, \boldsymbol{\sigma}'_u \rangle + \langle N \circ \boldsymbol{\sigma}, \boldsymbol{\sigma}''_{uv} \rangle = 0$$

et l'égalité $\boldsymbol{\sigma}''_{vu} = \boldsymbol{\sigma}''_{uv}$ donne $\langle dN_P(\boldsymbol{\sigma}'_u), \boldsymbol{\sigma}'_v \rangle = \langle \boldsymbol{\sigma}'_u, dN_P(\boldsymbol{\sigma}'_v) \rangle$. □

Définition II.25

On appelle directions principales les droites du plan tangent portées par les vecteurs propres de l'endomorphisme de Weingarten.

Définition II.26

La seconde forme fondamentale de S en P est la forme quadratique $\mathrm{II}_P : T_P\, S \to \mathbb{R}$ définie par :

$$\mathrm{II}_P(X) = -\langle dN_P(X), X \rangle \,. \tag{2}$$

Soit $\gamma :]-\varepsilon, \varepsilon[\to \mathbb{R}^3$ une courbe tracée sur S telle que $\gamma(0) = P$, paramétrée par l'abscisse curviligne (la longueur d'arc).

Définition II.27

La courbure normale de la courbe γ en $P = \gamma(0)$ est le nombre $\mathrm{c}_n = \langle \gamma''(0), N(P) \rangle$.

On a alors :

Proposition II.28
Si γ est une courbe tracée sur S, sa courbure normale au point $P = \gamma(0)$ est :

$$c_n = \mathrm{II}_P\big(\gamma'(0)\big)\,.$$

Ceci résulte immédiatement de l'orthogonalité $\langle \gamma'(s), N\big(\gamma(s)\big)\rangle = 0\,.$

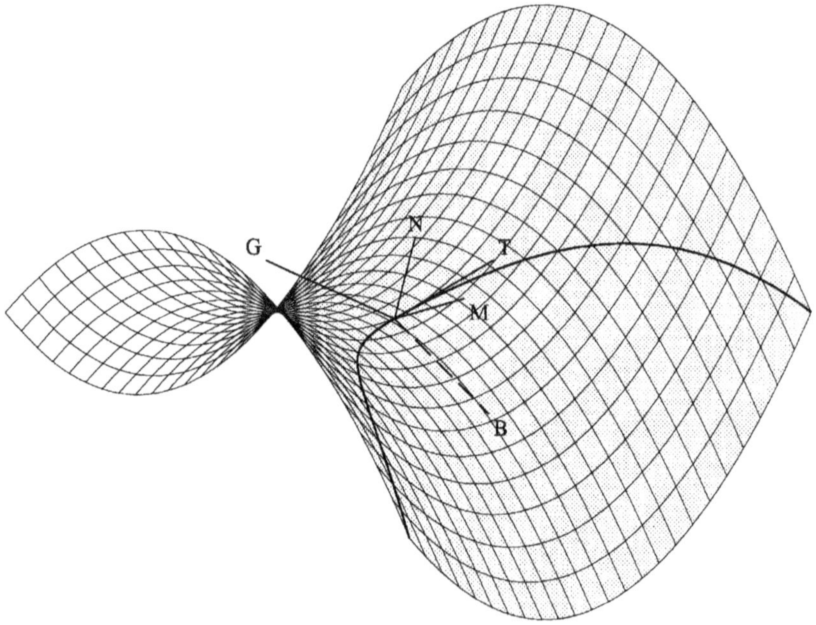

T : vecteur tangent, M : normale principale, B : binormale
N : normale à la surface, G : normale à la courbe dans le plan tangent
(T,M,B) est le trièdre de Frenet, (T,G,N) celui de Darboux–Ribaucour.

Figure II.7 : Trièdres associés à une courbe tracée sur une surface .

À la paramétrisation normale d'une courbe Γ tracée sur une surface S on associe le repère de Darboux–Ribaucour :

$$s \mapsto \big(T(s), G(s), N(s)\big) \qquad \text{où} \quad T(s) = \gamma'(s) \quad (\text{on a } \|T(s)\| = 1)\,.$$

Le vecteur $N(s)$ est normal à la surface S au point $\gamma(s)$. Le repère $\big(T, G, N\big)$ est orthonormé, orienté dans le sens direct. On a donc $G(s) = N(s) \wedge T(s)$: c'est un vecteur normal à Γ et contenu dans le plan tangent à S. Il est appelé vecteur normal géodésique au point $\gamma(s)$ à la courbe Γ.

Lemme II.29

(Déjà observé dans le cas particulier du trièdre de Frenet). Soit $(A(s), B(s), C(s))$ un repère mobile orthonormé, la matrice W telle que

$$\frac{d}{ds}\begin{pmatrix} A(s) \\ B(s) \\ C(s) \end{pmatrix} = W(s)\begin{pmatrix} A(s) \\ B(s) \\ C(s) \end{pmatrix}$$

est antisymétrique.

Dans le cas du repère de Darboux, il existe donc des fonctions c_g, c_n et τ_g telles que

$$\frac{d}{ds}\begin{pmatrix} T(s) \\ G(s) \\ N(s) \end{pmatrix} = \begin{pmatrix} 0 & c_g(s) & c_n(s) \\ -c_g(s) & 0 & \tau_g(s) \\ -c_n(s) & -\tau_g(s) & 0 \end{pmatrix}\begin{pmatrix} T(s) \\ G(s) \\ N(s) \end{pmatrix}$$

On retrouve la courbure normale c_n qui est l'opposé de la courbure, au sens usuel, de la section normale ayant, au point considéré, même vecteur tangent ; la normale principale de cette section est alors $-N$. Et l'on définit ainsi la courbure géodésique c_g et la torsion géodésique τ_g.

Définitions II.30

Soit Γ une courbe tracée sur S ; on l'appelle :

- géodésique si sa courbure géodésique est la fonction nulle.
- ligne asymptotique si sa courbure normale est la fonction nulle.
- ligne de courbure si sa torsion géodésique est la fonction nulle.

Pour que la courbe Γ, définie par la paramétrisation normale, soit une géodésique, il faut et il suffit, d'après la formule ci-dessus, que le vecteur $T'(s) = \gamma''(s)$ soit normal à la surface S. Ceci équivaut à :

$$\langle \gamma''(s), \frac{\partial \sigma}{\partial u} \rangle = \langle \gamma''(s), \frac{\partial \sigma}{\partial v} \rangle = 0\,.$$

Définition II.31

Les extrema de la seconde forme fondamentale sur le cercle unité du plan tangent $T_P\,S$ en P à S,

$$c_M = \max\{\mathrm{II}_p(v); v \in T_P\,S, \mathrm{I}_P(v) = 1\} \quad c_m = \min\{\mathrm{II}_p(v); v \in T_P\,S, \mathrm{I}_P(v) = 1\}$$

sont appelés les courbures principales de S en P. Ce sont les opposés des valeurs propres de l'endomorphisme de Weingarten. Si $c_M = c_m$, le point P est appelé un ombilic de S.

Proposition II.32 (*Théorème d'Euler*)

Soit $v \in T_P\,S$, de norme unité et (e_1, e_2) les vecteurs orthonormés propres de l'endomorphisme de Weingarten. Alors, si l'on écrit $v = \cos\theta e_1 + \sin\theta e_2$, on a :

$$\mathrm{II}_P(v) = c_M \cos^2\theta + c_m \sin^2\theta\,.$$

Définition II.33

En un point P de S, la courbure de Gauss est $K(P) = \mathrm{c}_M\,\mathrm{c}_m$ et la courbure moyenne est $H(P) = \frac{1}{2}(\mathrm{c}_M + \mathrm{c}_m)$.
Ce sont le déterminant et l'opposé de la demi-trace de la matrice de l'endomorphisme de Weingarten et ceci implique leur indépendance par rapport à un changement de paramétrisation $\boldsymbol{\sigma}$.

6. Calcul local dans une carte de la seconde forme fondamentale.

Soit $(U, \boldsymbol{\sigma})$ une carte locale de S en P ; $\boldsymbol{\sigma}(U)$ est orientable au moyen de l'application de Gauss :

$$N \circ \boldsymbol{\sigma}(Q) = \frac{\boldsymbol{\sigma}'_u(Q) \wedge \boldsymbol{\sigma}'_v(Q)}{\|\boldsymbol{\sigma}'_u(Q) \wedge \boldsymbol{\sigma}'_v(Q)\|}\,.$$

On note e, f et g les coefficients de II_P dans la base $(\boldsymbol{\sigma}'_u, \boldsymbol{\sigma}'_v)$:

$$\begin{aligned}
\mathrm{e} &= -\langle dN_P(\boldsymbol{\sigma}'_u), \boldsymbol{\sigma}'_u\rangle = \langle N \circ \boldsymbol{\sigma}, \boldsymbol{\sigma}''_{uu}\rangle \\
\mathrm{f} &= -\langle dN_P(\boldsymbol{\sigma}'_u), \boldsymbol{\sigma}'_v\rangle = \langle N \circ \boldsymbol{\sigma}, \boldsymbol{\sigma}''_{uv}\rangle \\
\mathrm{g} &= -\langle dN_P(\boldsymbol{\sigma}'_v), \boldsymbol{\sigma}'_v\rangle = \langle N \circ \boldsymbol{\sigma}, \boldsymbol{\sigma}''_{vv}\rangle
\end{aligned}$$

ce qui donne ces coefficients en terme de $\boldsymbol{\sigma}$ et de ses dérivées partielles d'ordre 1 et 2.
On écrit, dans la base $(\boldsymbol{\sigma}'_u, \boldsymbol{\sigma}'_v)$, la matrice de l'endomorphisme de Weingarten sous la forme :

$$dN_P = \begin{pmatrix} a_{11} & a_{12} \\ a_{21} & a_{22} \end{pmatrix} \quad \text{de sorte que} \quad \begin{aligned} dN_P(\boldsymbol{\sigma}'_u) &= a_{11}\boldsymbol{\sigma}'_u + a_{21}\boldsymbol{\sigma}'_v \\ dN_P(\boldsymbol{\sigma}'_v) &= a_{12}\boldsymbol{\sigma}'_u + a_{22}\boldsymbol{\sigma}'_v \end{aligned}$$

On a donc : $\begin{pmatrix} a_{11} & a_{21} \\ a_{12} & a_{22} \end{pmatrix} \begin{pmatrix} E & F \\ F & G \end{pmatrix} = -\begin{pmatrix} \mathrm{e} & \mathrm{f} \\ \mathrm{f} & \mathrm{g} \end{pmatrix}$ ou encore

$\begin{pmatrix} a_{11} & a_{21} \\ a_{12} & a_{22} \end{pmatrix} = -\begin{pmatrix} \mathrm{e} & \mathrm{f} \\ \mathrm{f} & \mathrm{g} \end{pmatrix} \begin{pmatrix} E & F \\ F & G \end{pmatrix}^{-1}$ d'où les formules de Weingarten :

$$a_{11} = \frac{\mathrm{f}F - \mathrm{e}G}{EG - F^2} \qquad a_{12} = \frac{\mathrm{g}F - \mathrm{f}G}{EG - F^2} \qquad a_{21} = \frac{\mathrm{e}F - \mathrm{f}E}{EG - F^2} \qquad a_{22} = \frac{\mathrm{f}F - \mathrm{g}E}{EG - F^2}\,.$$

Ceci donne aussi la courbure de Gauss et la courbure moyenne :

$$K = \frac{\mathrm{eg} - \mathrm{f}^2}{EG - F^2} \qquad \text{et} \qquad H = \frac{\mathrm{e}G - 2\mathrm{f}F + \mathrm{g}E}{2(EG - F^2)}\,.$$

Remarque :

La matrice de l'endomorphisme de Weingarten n'est, en général, pas symétrique dans la base $(\boldsymbol{\sigma}'_u, \boldsymbol{\sigma}'_v)$, à moins que cette base ne soit, à un facteur près, orthonormée.

7. Le « Theorema Egregium » de Gauss

Gauss a démontré, après avoir introduit la seconde forme fondamentale et retrouvé les résultats d'Euler, le résultat remarquable selon lequel la courbure de Gauss $K(P)$ ne dépend que des coefficients E, F et G de la première forme fondamentale et de leurs dérivées.

On commence par exprimer les dérivées d'ordre supérieur de $\boldsymbol{\sigma}'_u$, $\boldsymbol{\sigma}'_v$, N sur la base $(\boldsymbol{\sigma}'_u, \boldsymbol{\sigma}'_v, N)$:

$$\begin{aligned}
\boldsymbol{\sigma}''_{uu} &= \Gamma^1_{11}\boldsymbol{\sigma}'_u + \Gamma^2_{11}\boldsymbol{\sigma}'_v + eN & \boldsymbol{\sigma}''_{uv} &= \Gamma^1_{12}\boldsymbol{\sigma}'_u + \Gamma^2_{12}\boldsymbol{\sigma}'_v + fN \\
\boldsymbol{\sigma}''_{vu} &= \Gamma^1_{21}\boldsymbol{\sigma}'_u + \Gamma^2_{21}\boldsymbol{\sigma}'_v + fN & \boldsymbol{\sigma}''_{vv} &= \Gamma^1_{22}\boldsymbol{\sigma}'_u + \Gamma^2_{22}\boldsymbol{\sigma}'_v + gN \\
N'_u &= a_{11}\boldsymbol{\sigma}'_u + a_{21}\boldsymbol{\sigma}'_v & N'_v &= a_{12}\boldsymbol{\sigma}'_u + a_{22}\boldsymbol{\sigma}'_v
\end{aligned} \tag{3}$$

les fonctions Γ^k_{ij} sont appelées les symboles de Christoffel. Il y en a 6 indépendants, en général, puisque $\boldsymbol{\sigma}''_{uv} = \boldsymbol{\sigma}''_{vu}$ implique $\Gamma^1_{12} = \Gamma^1_{21}$ et $\Gamma^2_{12} = \Gamma^2_{21}$.

Théorème II.34 (*Theorema Egregium*)
Si $f : S_1 \to S_2$ est une isométrie locale, alors la courbure de Gauss de S_1 en P est égale à celle de S_2 en $f(P)$.

Preuve : Soit $(U, \boldsymbol{\sigma})$ une carte locale en P. On va donner une formule pour $K(P)$ qui ne dépend que de E, F, G et de leurs dérivées. On suppose aussi $\boldsymbol{\sigma}$ de classe $\mathcal{C}^3$.
En prenant les produits scalaires des deux premières lignes de (3) par $\boldsymbol{\sigma}'_u$ et $\boldsymbol{\sigma}'_v$, il vient :

$$\Gamma^1_{11}E + \Gamma^2_{11}F = \langle \boldsymbol{\sigma}''_{uu}, \boldsymbol{\sigma}'_u \rangle = \tfrac{1}{2}E_u \qquad \Gamma^1_{11}F + \Gamma^2_{11}G = \langle \boldsymbol{\sigma}''_{uu}, \boldsymbol{\sigma}'_v \rangle = F_u - \tfrac{1}{2}E_u$$

$$\Gamma^1_{12}E + \Gamma^2_{12}F = \langle \boldsymbol{\sigma}''_{uv}, \boldsymbol{\sigma}'_u \rangle = \tfrac{1}{2}E_v \qquad \Gamma^1_{12}F + \Gamma^2_{12}G = \langle \boldsymbol{\sigma}''_{uv}, \boldsymbol{\sigma}'_v \rangle = \tfrac{1}{2}G_u$$

$$\Gamma^1_{22}E + \Gamma^2_{22}F = \langle \boldsymbol{\sigma}''_{vv}, \boldsymbol{\sigma}'_u \rangle = F_v - \tfrac{1}{2}G_u \qquad \Gamma^1_{22}F + \Gamma^2_{22}G = \langle \boldsymbol{\sigma}''_{vv}, \boldsymbol{\sigma}'_v \rangle = \tfrac{1}{2}G_v$$

Ces expressions permettent de calculer les symboles de Christoffel en fonction de E, F, G et de leurs dérivées. La symétrie de la différentielle d'ordre 3 de $\boldsymbol{\sigma}$ implique : $\left(\boldsymbol{\sigma}''_{uu}\right)'_v = \left(\boldsymbol{\sigma}''_{uv}\right)'_u$ dont on tire :

$$\begin{gathered}
\Gamma^1_{11}\boldsymbol{\sigma}''_{uv} + \Gamma^2_{11}\boldsymbol{\sigma}''_{vv} + \mathrm{e}N'_v + \left(\Gamma^1_{11}\right)'_v\boldsymbol{\sigma}'_u + \left(\Gamma^2_{11}\right)'_v\boldsymbol{\sigma}'_v + \mathrm{e}'_vN = \\
\Gamma^1_{12}\boldsymbol{\sigma}''_{uu} + \Gamma^2_{12}\boldsymbol{\sigma}''_{vu} + \mathrm{f}N'_u + \left(\Gamma^1_{12}\right)'_u\boldsymbol{\sigma}'_u + \left(\Gamma^2_{12}\right)'_u\boldsymbol{\sigma}'_v + \mathrm{f}'_uN
\end{gathered}$$

On élimine les dérivées du second ordre et on exprime le coefficient de $\boldsymbol{\sigma}'_v$; il vient

$$\Gamma^1_{11}\Gamma^2_{12} + \Gamma^2_{11}\Gamma^2_{22} + \mathrm{e}a_{22} + \left(\Gamma^2_{11}\right)'_v = \Gamma^1_{12}\Gamma^2_{11} + \Gamma^2_{12}\Gamma^2_{21} + \mathrm{f}a_{12} + \left(\Gamma^2_{12}\right)'_u .$$

Utilisant les formules de Weingarten pour expliciter a_{12} et a_{22}, on obtient :

$$\left(\Gamma^2_{12}\right)'_u - \left(\Gamma^2_{11}\right)'_v + \Gamma^1_{12}\Gamma^2_{11} + \Gamma^2_{12}\Gamma^2_{21} - \Gamma^2_{11}\Gamma^2_{21} - \Gamma^1_{11}\Gamma^2_{12} = -E\frac{\mathrm{eg} - \mathrm{f}^2}{EG - F^2} = -EK$$

qui conduit à exprimer la courbure de Gauss K en termes de E, F, G et de leurs dérivées du premier et du second ordre.

8. Théorème de Gauss–Bonnet et formule de Girard.

Dans le plan euclidien, la somme des angles d'un triangle est égale à π. Sur une surface régulière, la notion de triangle se transpose localement en celle d'un triangle dont les trois cotés sont des géodésiques.

Soit A, B, C les angles d'un triangle géodésique T. La version locale du théorème de Gauss–Bonnet donne l'expression

$$A + B + C - \pi = \int_T K\, d\sigma$$

où figurent la courbure de Gauss K et l'élément d'aire $d\sigma$ de la surface (définie en Remarques II.14 c) du triangle T.

Ensuite, Gauss a considéré une triangularisation $\mathcal{T}$ d'une région R d'une surface S compacte et bornée par un nombre fini de courbes. La somme des contributions locales de chaque triangle fait apparaître la *caractéristique d'Euler* de la triangulation :

$$\chi_{\mathcal{T}} = (\text{nombre de sommets}) - (\text{nombre de côtés}) + (\text{nombre de triangles}).$$

On peut démontrer que cette caractéristique d'Euler ne dépend pas de la triangulation et définit la caractéristique d'Euler de la région R, notée $\chi(R)$. On est ainsi conduit à la formule sur les angles extérieurs de la frontière de R :

$$\theta_1 + \theta_2 + \cdots + \theta_n = 2\pi\chi(R) - \int_R K\, d\sigma\,.$$

Cette formule a été étendue par la suite par O. Bonnet aux courbes fermées non nécessairement géodésiques : pour une région R de bord γ de classe $\mathcal{C}^1$ par morceaux, on a :

$$\int_R K\, d\sigma + \int_\gamma c_g\, ds + \theta_1 + \theta_2 + \cdots + \theta_n = 2\pi\chi(R)$$

où c_g est la courbure géodésique de γ.

Il vient, dans le cas d'une surface S compacte, sans bord et orientable, le théorème de Gauss global :

$$\int_S K\, d\sigma = 2\pi\chi(S)\,.$$

On donne, pour terminer, une démonstration purement géométrique de la formule de Gauss dans le cas de la sphère (Formule d'Albert Girard). On comparera avec la solution obtenue par le calcul intégral (Exercice II.15).

L'aire d'un secteur sphérique vaut 2 fois l'angle du dièdre correspondant (on suppose la sphère de rayon unité). Si S est l'aire du triangle sphérique ABC, on a :

$$\text{aire demi-sphère} = 2\pi = \text{aire}(AB'A'C'A) + \text{aire}(AB'C) + \text{aire}(CB'A')$$

donc $\quad 2\pi = 2A + \big(2B - S\big) + \big(2C - S\big) \quad$ d'où $\quad S = A + B + C - \pi\,.$

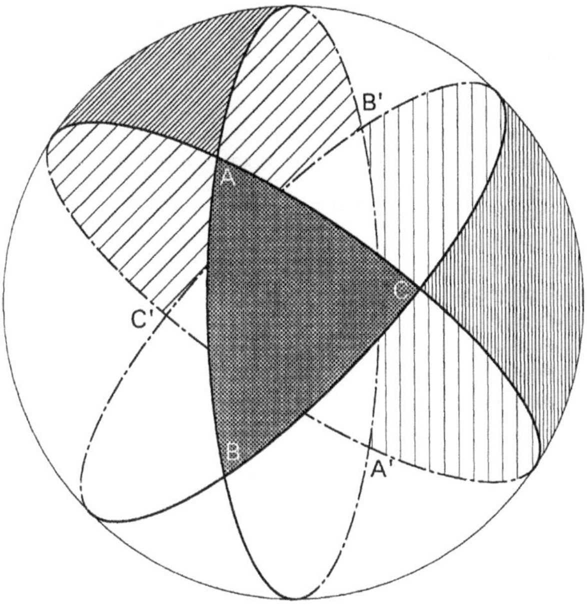

Figure II.8 : Triangle géodésique sur une sphère .

Énoncés des exercices

Exercice II.1

1) Définir la paramétrisation de la caténoïde obtenue par rotation de la chaînette $x = a\,\text{ch}(z/a)$ autour de l'axe Oz. Vérifier que la courbure de Gauss vaut toujours -1 (indépendamment de a). Pour quelle valeur de $a > 0$ la courbure moyenne est-elle identiquement nulle ?

2) Donner une équation de la surface de révolution S engendrée par la rotation de la courbe $\gamma(t) = (\cos^2 t, \sin^2 t, \cos 2t)$ autour de l'axe Oz.

Exercice II.2

Montrer que le cône $z = \sqrt{x^2 + y^2}$, le cylindre $x^2 + y^2 = 1$, le paraboloïde $z = xy$ et l'hyperboloïde à une nappe $\dfrac{x^2}{a^2} + \dfrac{y^2}{b^2} - \dfrac{z^2}{c^2} = 1$ sont des surfaces réglées.

Exercice II.3

1) Montrer que la quadrique définie par l'équation $xy + yz = 1$ est un cylindre. Précisez sa génératrice et sa directrice (au sens de la définition des surfaces réglées).

2) Précisez le type de la quadrique définie par l'équation $yz + xz + xy + 2y + 1 = 0$.

Exercice II.4

On considère la surface paramétrée S définie par $\boldsymbol{\sigma}(\theta, \rho) = \big(\rho\cos\theta, \rho\sin\theta, h(\theta)\big)$ où $\rho \in [0, +\infty[$, $\theta \in [0, 2\pi[$ et on trace sur S un arc de courbe Γ donné par une équation $\rho = \rho(\theta)$. On désigne par $F(\theta) = \big(\rho(\theta)\cos\theta, \rho(\theta)\sin\theta, \sin 2\theta\big)$ le point de Γ correspondant à θ.

1) Soit N un champ de vecteur normal à la surface. Montrer qu'une condition nécessaire et suffisante pour que le plan osculateur à la courbe Γ soit tangent à la surface S au point correspondant est : $\langle \gamma', \dfrac{dN}{d\theta}\rangle = 0$.

2) Dans le cas où $h(\theta) = \sin 2\theta$ écrire la condition sous la forme d'une équation différentielle et l'intégrer (les courbes obtenues s'appellent les lignes asymptotiques de la surface S).

3) Dans ce cas, caractériser les courbes obtenues en projetant sur le plan xOy les lignes asymptotiques de S.

Exercice II.5

Soit C le cylindre $x^2 + y^2 = 1$.

1) Déterminer en tout point de C le vecteur unitaire normal.

2) Donner une paramétrisation de la courbe obtenue comme intersection de C et du plan vectoriel engendré par N, vecteur normal à C, et d'un vecteur unitaire u de T_pC, où p est le point $(1, 0, 0)$. Déterminer son repère de Frenet au point p.

Exercice II.6

Expliciter la première forme fondamentale dans les cas d'une surface de révolution Σ, du cylindre C, de la caténoïde $\mathcal{C}$, et de l'hélicoïde $\mathcal{H}$:

$$\begin{aligned}
\Sigma &= \big\{\big(\rho(v)\cos u, \rho(v)\sin u, h(v)\big), && (u,v) \in [0, 2\pi[\times\mathbb{R}\big\}\,,\\
C &= \big\{(R\cos u, R\sin u, v), && (u,v) \in [0, 2\pi[\times\mathbb{R}\big\}\,,\\
\mathcal{C} &= \big\{(\operatorname{ch} v\cos u, \operatorname{ch} v\sin u, v), && (u,v) \in [0, 2\pi[\times\mathbb{R}\big\}\,,\\
\mathcal{H} &= \big\{(v\cos u, v\sin u, u), && (u,v) \in \mathbb{R}^+\times\mathbb{R}\big\}\,.
\end{aligned}$$

Exercice II.7

Déterminer, pour les trois nappes suivantes, les deux formes fondamentales, l'endomorphisme de Weingarten et la courbure de Gauss, puis la caractéristique d'Euler par la formule de Gauss–Bonnet :

1) la sphère : $$\boldsymbol{\sigma}(u,v) = a\begin{pmatrix}\sin u\cos v\\ \sin u\sin v\\ \cos u\end{pmatrix} \quad (a > 0,\quad 0 \le u \le \pi,\ |v| \le \pi)\,.$$

2) le cylindre : $$\boldsymbol{\sigma}(u,v) = \begin{pmatrix}a\cos v\\ a\sin v\\ u\end{pmatrix} \quad (a, b > 0,\quad |u| \le b\ |v| \le \pi)\,.$$

3) le tore : $$\boldsymbol{\sigma}(u,v) = \begin{pmatrix} (a+b\sin u)\cos v \\ (a+b\sin u)\sin v \\ b\cos u \end{pmatrix} \qquad (a > b > 0, \quad |u|, |v| \leq \pi)\,.$$

Exercice II.8

On nomme surface d'*Enneper* la nappe définie par :

$$\boldsymbol{\sigma}(u,v) = \Big(u - \frac{1}{3}u^3 + uv^2,\ v - \frac{1}{3}v^3 + vu^2,\ u^2 - v^2\Big) \qquad \text{où} \quad (u,v) \in \mathbb{R}^2\,.$$

1) Déterminer le vecteur unitaire normal en chaque point.

2) Déterminer l'endomorphisme de Weingarten en chaque point.

3) Montrer que la surface d'Enneper est de courbure moyenne nulle en chaque point (une telle surface est dite *minimale*).

Exercice II.9

Montrer que les géodésiques de la sphère de rayon R, $x^2 + y^2 + z^2 = R^2$, sont les grands cercles de rayon R.

Exercice II.10

Trouver les géodésiques du cylindre $x^2 + y^2 = R^2$.

Exercice II.11

1) Déterminer les géodésiques de la nappe de révolution

$$\boldsymbol{\sigma}(r,\theta) = \big(r\cos\theta, r\sin\theta, f(r)\big)$$

par un système différentiel du premier ordre.

2) Résoudre ce système dans le cas du cône de révolution défini par

$$f(r) = r\cot\alpha, \qquad 0 < \alpha < \pi/2\,.$$

Exercice II.12

1) Déterminer les géodésiques de l'hélicoïde droit de paramétrisation

$$\boldsymbol{\sigma}(r,\theta) = \big(r\cos\theta,\ r\sin\theta,\ a\theta\big)$$

à l'aide d'une équation différentielle du second ordre vérifiée par $r(\theta)$.

2) Résoudre cette équation en posant $r = a\,\mathrm{ch}\,\varphi$.

Exercice II.13

Soit $\lambda \in [0, \frac{\pi}{2}]$ un paramètre et S_λ la nappe définie par :

$$\boldsymbol{\sigma}_\lambda(u,v) = \begin{pmatrix} \mathrm{ch}\,u\cos v\cos\lambda + \mathrm{sh}\,u\sin v\sin\lambda \\ \mathrm{ch}\,u\sin v\cos\lambda - \mathrm{sh}\,u\cos v\sin\lambda \\ u\cos\lambda + v\sin\lambda \end{pmatrix} \qquad (u > 0 \quad |v| < \pi)$$

1) Quelles sont les surfaces S_0 et $S_{\pi/2}$?

2) Déterminer la première forme fondamentale de S_λ et vérifier qu'elle est indépendante de λ. Vérifier que l'on a ainsi une isométrie entre les surfaces S_λ et S_μ quand $\lambda, \mu \in \left]0, \frac{\pi}{2}\right[$.

3) Déterminer la seconde forme fondamentale de S_λ et vérifier que la courbure de Gauss K et la courbure moyenne H sont indépendantes de λ.

4) Ce résultat est-il compatible avec le *theorema egregium* de Gauss ?

Exercice II.14

On considère la sphère unité de $\mathbb{R}^3$ et le triangle sphérique dont les sommets ont pour coordonnées cartésiennes

$$A = \begin{pmatrix} 0 \\ 0 \\ 1 \end{pmatrix} \qquad B = \begin{pmatrix} \sin u \\ 0 \\ \cos u \end{pmatrix} \qquad C = \begin{pmatrix} \sin v \cos w \\ \sin v \sin w \\ \cos v \end{pmatrix}.$$

On note $X(\theta, \varphi) = \begin{pmatrix} \sin\theta\cos\varphi \\ \sin\theta\sin\varphi \\ \cos\theta \end{pmatrix}$ le point courant de la sphère.

1) On appelle Γ le grand cercle de la sphère passant par B et C. Montrer que si $X(\theta, \varphi)$ appartient à Γ, alors $\theta = \Theta(\varphi)$ avec :

$$\sin u \sin v \sin w \cos\Theta = \sin\Theta\big(\cos u \sin v \sin(w - \varphi) + \sin u \cos v \sin\varphi\big) \qquad (*)$$

2) Exprimer l'aire du triangle sphérique ABC à l'aide de l'intégrale de la fonction $\cos\Theta$ prise entre des valeurs que l'on déterminera.

3) On introduit l'angle ω que fait le vecteur T_Γ tangent en X au grand cercle Γ avec le vecteur T_m tangent en X au méridien passant par X. Vérifier que $\omega' = \cos\theta$ (on pourra dériver deux fois l'égalité $(*)$ par rapport à φ). En déduire la valeur de l'aire S du triangle sphérique ABC.

Exercice II.15

Soit $k \neq 0$ et F l'application définie sur $\mathbb{R}^3$ privé de l'origine par :

$$F(X) = k\,\frac{X}{\|X\|^2}\cdot$$

Cette application est appelée *inversion de centre O et de puissance k*. Montrer, en calculant la différentielle de F, qu'une inversion conserve les angles.

Exercice II.16

Soit Γ une ligne de courbure tracée sur une surface S.

1) Montrer que le vecteur tangent est, en tout point distinct d'un ombilic, une direction propre. En déduire que deux lignes de courbures qui se coupent en un point autre qu'un ombilic sont orthogonales.

2) Démontrer q'une courbe Γ de S est une ligne de courbure si et seulement si la normale $N(\gamma)$ à la surface au point courant $\gamma(t)$ de Γ reste tangente à une courbe fixe (on dit que la normale *enveloppe* la courbe). (*On pourra examiner la courbe décrite par* $\gamma + \dfrac{1}{c_n}N$.)

Chapitre III
Sous–variétés de $\mathbb{R}^n$

1. Rappels des théorèmes fondamentaux du calcul différentiel

Théorème III.1 (*d'inversion locale*)
Soit $F : x \mapsto F(x) = y$ une application différentiable d'un ouvert U de $\mathbb{R}^n$ sur un ouvert V de $\mathbb{R}^n$. Soit x_0 un point de U tel que, en ce point, la matrice jacobienne de F : $J(F)_{ij} = \dfrac{\partial y_i}{\partial x_j}$ soit inversible (autrement dit $\det J(F)(x_0) \neq 0$). Alors il existe un voisinage V' de $y_0 = F(x_0)$, inclus dans V, et une application inverse F^{-1} définie sur V', à valeurs dans U, différentiable et telle que $x = F^{-1}(y)$ (en particulier $x_0 = F^{-1}(y_0)$). On a de plus $J(F^{-1})(y) = J(F)^{-1}(x)$.

Théorème III.2 (*des fonctions implicites*)
Soient U un ouvert de $\mathbb{R}^n$ et V un ouvert de $\mathbb{R}^p$. Soit F une application différentiable de $U \times V$ dans $\mathbb{R}^p$:

$$F : (x, y) \mapsto \big(F_1(x, y), \ldots, F_p(x, y)\big) .$$

Soit (x_0, y_0) un point de $U \times V$ tel que $F(x_0, y_0) = 0$ et que la matrice $\dfrac{\partial F_i}{\partial y_j}(x_0, y_0)$ soit inversible. Il existe alors un voisinage $U' \times V'$ de (x_0, y_0) et une application différentiable $\Phi : U' \to V'$ tels que :

$$\big\{(x, y) \in U' \times V' / F(x, y) = 0\big\} = \big\{(x, y) \in U' \times V' / y = \Phi(x)\big\} .$$

Dans ce cours nous avons déjà utilisé le théorème des fonctions implicites pour passer localement de la définition implicite d'une courbe ou d'une surface à sa définition paramétrique.

2. Sous–variétés de $\mathbb{R}^n$

Définition III.3
Soit Φ une application différentiable définie sur un ouvert U de $\mathbb{R}^k$ à valeurs dans $\mathbb{R}^n$. On dit que Φ définit un plongement de U sur $\Phi(U)$ si c'est un homéomorphisme (en particulier bijectif) et si en tout point de U la matrice $\dfrac{\partial \Phi_i}{\partial x_j}$ est de rang k.

En particulier si $k = 2$, Φ définit une nappe paramétrée de $\mathbb{R}^n$ et dans ce cas on dit que Φ définit une surface plongée dans $\mathbb{R}^n$.

Définition III.4

Un sous-ensemble S de $\mathbb{R}^n$ est une sous-variété de dimension k si tout point x de S possède un voisinage V_x tel que $S \cap V_x$ coïncide avec l'image d'un plongement d'un ouvert de $\mathbb{R}^k$.

Dans le cas où $n = 3$, on retrouve les exemples de surfaces S définies par une équation implicite $F(x, y, z) = 0$ telles qu'en tout point (x, y, z) de S $dF(x, y, z) \neq 0$. Nous avons déjà vu qu'en chaque point de S il existe un plan tangent à S. Plus généralement nous pouvons définir en tout point x d'une sous-variété de dimension k un espace tangent à la sous-variété qui est de dimension k. Pour cela, on se place dans le voisinage V_x. Soit Φ le plongement d'un ouvert U de $\mathbb{R}^k$ dans $\mathbb{R}^n$ tel que

$$S \cap V_x = \Phi(U) \cap V_x \qquad \text{et, pour tout } t \text{ de } U, \quad \Phi(t) = \big(\Phi_1(t), \ldots, \Phi_n(t)\big).$$

L'espace tangent à S au point x est le sous-espace affine passant par x et de direction l'image de l'application linéaire $T\Phi$ représentée dans les bases canoniques de $\mathbb{R}^k$ et de $\mathbb{R}^n$ par la matrice $\dfrac{\partial \Phi_i}{\partial t_j}\cdot$ Plus généralement, on admettra sans démonstration la

Proposition III.5

Soit U un ouvert de $\mathbb{R}^n$ et $F : U \to \mathbb{R}^k$ une application différentiable. On suppose qu'en tout point x tel que $F(x) = 0$ la matrice $\dfrac{\partial F_i}{\partial x_j}$ est de rang égal à k. Alors l'ensemble $F^{-1}(0)$ est une sous-variété de $\mathbb{R}^n$ de dimension $n - k$.

Définition III.6

Une application différentiable F définie sur un ouvert U de $\mathbb{R}^n$ et à valeurs dans $\mathbb{R}^k$ est une submersion si la matrice $\dfrac{\partial F_i}{\partial x_j}$ est de rang égal à k en tout point de U.

Remarque :

Ceci exige bien sûr que $n \geq k$.

Définition III.7

Une application différentiable F définie sur un ouvert U de $\mathbb{R}^n$ et à valeurs dans $\mathbb{R}^k$ est une immersion si la matrice $\dfrac{\partial F_i}{\partial x_j}$ est de rang égal à n en tout point de U.

Remarque : Ceci exige bien sûr que $n \leq k$.

Un plongement est une immersion et un homéomorphisme.

Définition III.8

Un point critique d'une fonction différentiable $H : U \to \mathbb{R}$ est un point x_0 où la différentielle de H s'annule : $dH(x_0) = 0$.

3. Applications : le théorème de Lagrange et le lemme de Morse

Soit $F : \mathbb{R}^n \to \mathbb{R}^k$ une application différentiable. On suppose que $F^{-1}(0)$ est non vide et que F est une submersion au voisinage U de $F^{-1}(0)$. La proposition précédente donne que $V = F^{-1}(0)$ est une sous-variété de $\mathbb{R}^n$ donnée par les équations :

$$\begin{cases} F_1(x_1, \ldots, x_n) = 0 \\ \ldots\ldots\ldots\ldots\ldots\ldots \\ F_k(x_1, \ldots, x_n) = 0 \,. \end{cases}$$

Soit G une fonction différentiable sur l'ouvert U. On s'intéresse à trouver les extrema de G sur l'ensemble $V = F^{-1}(0)$.

Théorème III.9 (*Lagrange*)

Une condition nécessaire pour que $G|_V$ présente un extremum local (minimum ou maximum) en un point x de V est qu'en ce point la différentielle de G soit une combinaison linéaire des différentielles $dF_1, \ldots, dF_k$:

$$dG(x) = \lambda_1\, dF_1(x) + \cdots + \lambda_k\, dF_k(x)\,.$$

Les scalaires $\lambda_1, \ldots, \lambda_k$ sont appelés les multiplicateurs de Lagrange.

On admet la démonstration du théorème de Lagrange et on considère un exemple (sous la forme d'un exercice) pour lequel $k = 1$, $n = 3$.

Dans le plan des (x, y) on commence par considérer le cercle centré en $(0, a)$ de rayon R : $(y-a)^2 + x^2 = R^2$. Puis on fait "tourner" le cercle en remplaçant y par $\varepsilon\sqrt{y^2+z^2}$ $(\varepsilon = \pm 1)$. On obtient $y^2 + z^2 + a^2 - 2a\varepsilon\sqrt{y^2+z^2} + x^2 = R^2$, soit

$$F(x,y,z) = (x^2+y^2+z^2)^2 + 2(a^2-R^2)(x^2+y^2+z^2) + (a^2-R^2)^2 - 4a^2(y^2+z^2) = 0\,.$$

Exercice :

Trouver les points critiques (ou extrémaux) de la fonction $g = z$ en restriction à $F = 0$.

Soit $F : \mathbb{R}^n \to \mathbb{R}$ une application différentiable de classe $\mathcal{C}^2$, définie au voisinage de 0 dans $\mathbb{R}^n$, telle que $F(0) = 0$ et telle que F est critique en 0.

Définition III.10

La hessienne de F au point 0 est la matrice symétrique $\dfrac{\partial^2 F}{\partial x_i\, \partial x_j}(0)$.

À toute matrice symétrique, on peut associer une forme quadratique. En particulier, à la hessienne en 0 de F, on peut associer la forme quadratique (réelle) :

$$Q(y) = \sum_{i,j} \frac{\partial^2 F}{\partial x_i\, \partial x_j}(0)\, y_i\, y_j\,.$$

Le résultat qui suit est fondamental dans ce qu'on appelle la théorie des singularités :

Lemme III.11 (*de Morse*)
Étant donnée F, supposons la hessienne de F en 0 non-dégénérée. Alors il existe un changement de coordonnées, c'est-à-dire une application définie au voisinage de 0 :

$$(x_1, \ldots, x_n) \mapsto (y_1(x), \ldots, y_n(x))$$

telle que $\dfrac{\partial y_i}{\partial x_j} = I$ et $F(x_1, \ldots, x_n) = \displaystyle\sum_{i,j} \frac{\partial^2 F}{\partial x_i \, \partial x_j}(0)\, y_i(x)\, y_j(x)\,.$

Une conséquence de ce lemme est qu'au voisinage de la valeur critique $c = 0$, les hypersurfaces de niveau $F^{-1}(c)$ sont données dans un voisinage de $x = 0$ par les équations quadratiques $\displaystyle\sum_{i,j} \frac{\partial^2 F}{\partial x_i \, \partial x_j}(0)\, y_i\, y_j = 0\,.$

Preuve : On commence par faire agir le groupe linéaire sur la forme quadratique associée à la hessienne. On peut ainsi se ramener au cas où celle-ci est diagonale :

$$\sum_{i,j} \frac{\partial^2 F}{\partial x_i \, \partial x_j}(0)\, y_i\, y_j = \pm y_1^2 \pm y_2^2 \pm \cdots \pm y_n^2\,.$$

Puis on écrit

$$\begin{aligned} F(x_1, \ldots, x_n) &= \int_0^1 \frac{d}{dt} F(tx_1, \ldots, tx_n)\, dt \\ &= \int_0^1 \sum_{i=1}^n \frac{\partial F(tx_1, \ldots, tx_n)}{\partial x_i} x_i\, dt = \sum_{i=1}^n x_i\, g_i(x) \end{aligned}$$

avec $g_i(x) = \displaystyle\int_0^1 \frac{\partial F(tx_1, \ldots, tx_n)}{\partial x_i}\, dt$. Comme $g_i(0) = \dfrac{\partial F}{\partial x_i}(0) = 0$, on peut écrire $g_j(x) = \displaystyle\sum_{i=1}^n x_i\, h_{ij}(x)$ de la même façon que précédemment.

On a ainsi obtenu une écriture de F sous la forme

$$F(x) = \sum_{i,j=1}^n x_i x_j h_{ij}(x)\,,$$

et on peut supposer que $h_{ij}(x) = h_{ji}(x)$ en symétrisant l'expression. La matrice $h_{ij}(0)$ est inversible puisque $h_{ij}(0) = \dfrac{\partial^2 F}{\partial x_i \, \partial x_j}(0)\,.$

On va démontrer le résultat par récurrence : supposons à l'ordre $k - 1$ qu'on ait construit un système de coordonnées $(y_1, \ldots, y_n)$ tel que

$$F(x) = \pm y_1^2 \pm y_2^2 \pm \cdots \pm y_{k-1}^2 + \sum_{i,j \geq k} y_i y_j H_{ij}(y) \qquad \text{où } H_{ij} \text{ est symétrique.}$$

On sait que $|H_{kk}(0)| = 1$. Soit $g(y_1, \ldots, y_n) = \sqrt{|H_{kk}(y)|}$. On change alors les coordonnées de la façon suivante :

$$\begin{cases} v_i = y_i & \text{si } i \neq k, \\ v_k = g(y_1, \ldots, y_n)\left(y_k + \displaystyle\sum_{i>k} \frac{y_i\, H_{ik}(y)}{H_{kk}(y)}\right). \end{cases}$$

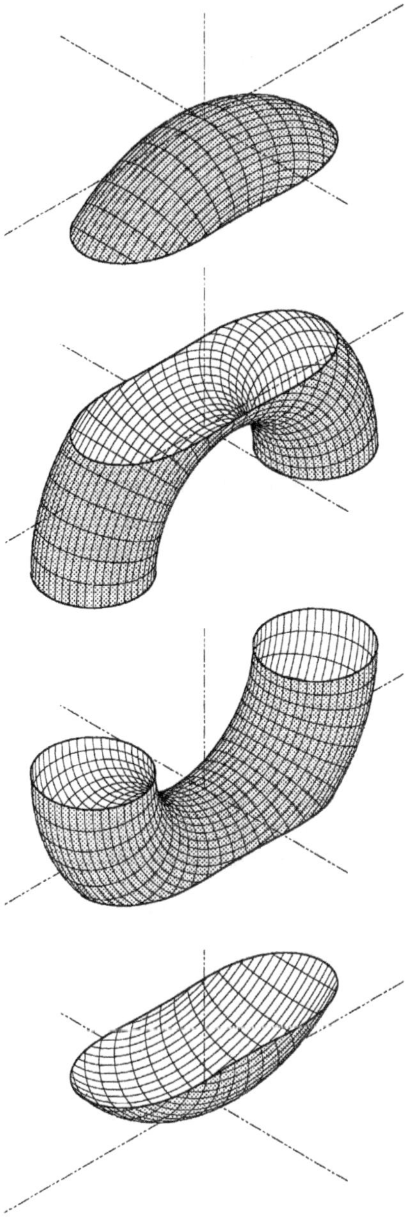

$z = -(x^2 + y^2)$

$z = -x^2 + y^2$

$z = x^2 - y^2$

$z = x^2 + y^2$

Figure III.1 : La décomposition en anses du tore .

Le théorème d'inversion locale montre que c'est un difféomorphisme local et on a :

$$F(x) = \pm v_1^2 \pm v_2^2 \pm \cdots \pm v_k^2 + \sum_{i,j \geq k+1} v_i v_j H_{ij}(v)\,.$$

On achève ainsi la démonstration par récurrence. □

Il existe une autre démonstration, d'un certain point de vue plus intéressante, du lemme de Morse, basée sur la méthode des chemins de J. Moser. Cette démonstration est difficile pour un cours de licence ; on suggère au lecteur intéressé de la lire dans les ouvrages référencés (par exemple celui de J. Martinet).

Exemple III.12

Dans l'exemple du tore donné ci-dessus, on a quatre points critiques. On donne, au verso (Figure III.1), la représentation graphique locale de la surface en ces points critiques ; les surfaces de niveau $F = c$ sont équivalentes aux surfaces données par les équations figurant dans la colonne de droite.

C'est une illustration de la théorie de Morse dont le lemme, démontré dans ce chapitre, est un prélude. La théorie générale dépasse le cadre de cet ouvrage, et le lecteur intéressé pourra consulter, par exemple, le livre de Milnor cité en référence.

Énoncés des exercices

Exercice III.1

Soient f_i $(i = 1, \ldots, 4)$ quatre fonctions numériques de classe $\mathcal{C}^\infty$ définies sur un voisinage ouvert I de 0 dans $\mathbb{R}$; on suppose que $f_i(0) = 0$ $(i = 1, \ldots, 4)$ et que les graphes $\Gamma_{f_1}, \ldots, \Gamma_{f_4}$ ont des tangentes distinctes à l'origine.

1) Soit φ l'application de $\mathbb{R}^2$ dans $\mathbb{R}^2$ définie par :

$$\varphi(x, y) = (x + Ax^2 + 2Bxy + Cy^2, y + Dx^2 + 2Exy + Fy^2)\,.$$

Déterminer ses coefficients pour qu'au voisinage de $(0, 0)$, $\varphi(\Gamma_{f_i})$ soit de la forme Γ_{g_i}, où g_i $(i = 1, \ldots, 4)$ est une fonction numérique, de classe $\mathcal{C}^\infty$ sur un voisinage de 0 et telle que $g_i''(0) = 0$.

2) Soit $m_i = f_i'(0)$; montrer que l'on peut déterminer une application de $\mathbb{R}^2$ dans $\mathbb{R}^2$ de la forme $\psi(x, y) = \big(x, y + R(x, y)\big)$ où $R(x, y)$ est un polynôme de degré 3 en y dont les coefficients sont des fonctions de x, de sorte qu'au voisinage de $(0, 0)$, ψ applique la tangente d'équation $y = m_i x$ sur Γ_{g_i}. Montrer que ψ est un difféomorphisme de classe $\mathcal{C}^\infty$ d'un voisinage de $(0, 0)$ dans $\mathbb{R}^2$ sur un voisinage de $(0, 0)$ dans $\mathbb{R}^2$.

Exercice III.2 (*lemme de Milnor* (1978))

Soit $f : U \to \mathbb{R}^n$ une fonction de classe $\mathcal{C}^1$ définie sur un voisinage ouvert U de $\mathbb{R}^n$. On pose, pour $t \geq 0$, $f_t = I + tf$.

On considère, dans U, une partie convexe, ouverte et relativement compacte V, telle que $V \subset \overline{V} \subset U$.

1) Démontrer qu'il existe $t_0 > 0$ tel que, pour $t \in [0, t_0[$, la restriction de f_t à $\overline{V}$ soit injective (*Minorer* $\|f_t(x) - f_t(y)\|$ *pour* $x, y \in \overline{V}$).

On suppose désormais que $t \in [0, t_0[$.

2) Montrer que la restriction de f_t à V est un difféomorphisme (de classe $\mathcal{C}^1$) de V sur $f_t(V)$.

3) Vérifier que le volume de $f_t(V)$ est un polynôme en t.

Exercice III.3 (*Théorème de Brouwer (utilise l'exercice précédent)*)

On note, dans $\mathbb{R}^n$, B^n la boule unité fermée et S^{n-1} la sphère unité. On *suppose* qu'il existe une fonction f de B^n dans S^{n-1}, continue, continuement différentiable sur la boule unité ouverte $B(0,1)$, de différentielle df bornée sur cette boule, et enfin telle que $f(x) = x$ si $x \in S^{n-1}$. Le but de l'exercice est de démontrer qu'une telle fonction n'existe pas.

1) On pose, pour $t \in [0,1]$, $g_t = tf + (1-t)I$ (I est l'identité). Montrer que $g_t(B^n) \subset B^n$ et $g_t(x) = x$ quand $\|x\| = 1$.

2) Démontrer qu'il existe $\alpha > 0$ tel que :

$$0 \leq t < \alpha \quad \text{implique} \quad dg_t(x) \text{ est inversible pour tout } x \in B(0,1).$$

Vérifier aussi que g_t est un homémorphisme.

3) On suppose que $t \in [0, \alpha[$; montrer que g_t est ouverte et fermée. En déduite que $g_t(B^n) = B^n$.

4) On note, pour $t \in [0,1]$, $\varphi(t)$ l'intégrale sur B^n du déterminant de la matrice jacobienne de g_t ; vérifier que l'on définit ainsi une fonction polynôme. Quelle est sa valeur pour $t < \alpha$? Puis pour $t = 1$? En déduire que f ne peut exister.

5) Montrer que si une fonction g est un difféomorphisme d'une boule fermée de $\mathbb{R}^n$ dans elle-même, alors g admet au moins un point fixe.

Exercice III.4

Les sous-ensembles suivants sont-ils des sous-variétés ?

1) la cubique $\{(x,y,z) \in \mathbb{R}^3,\ x^3 + y^3 + z^3 - 3xyz = 1\}$.

2) la fenêtre de Viviani :

$$\{(x,y,z) \in \mathbb{R}^3,\ x^2 + y^2 + z^2 = 1 \quad \text{et} \quad x^2 + y^2 - x = 0\}.$$

Exercice III.5

1) Montrer que le tore de révolution de paramétrisation

$$\boldsymbol{\sigma}(u,v) = \big((2 + \cos u)\cos v, (2 + \cos u)\sin v, \sin u\big) \qquad (u, v \in \mathbb{R})$$

est une sous-variété de $\mathbb{R}^3$.

2) On note Γ la courbe de paramétrisation

$$\gamma(t) = \big((2 + \cos t)\cos \alpha t, (2 + \cos t)\sin \alpha t, \sin t\big) \qquad (t \in \mathbb{R})$$

où α est un irrationnel. Vérifier que φ est injective, et que Γ est partout dense sur le tore. En déduire qu'elle n'est pas une sous-variété de $\mathbb{R}^3$.

Exercice III.6

Soit Γ la courbe plane d'équation (implicite) :

$$f(x,y) = (x^2+y^2)^2 - 4x(x^2+y^2) + 3x^2 - y^2 + 4x - 4 = 0\,.$$

On cherche à déterminer les extrema de la distance à l'origine des points de cette courbe.

1) Montrer, en utilisant des multiplicateurs de Lagrange, que les points réalisant ces extrema doivent vérifier l'équation :

$$y\big(x^2+y^2-2x-1\big) = 0\,.$$

En déduire le(s) point(s) où la distance à l'origine est minimale (resp. maximale) et donner la valeur de cette distance en ces points.

2) On pose $\rho^2 = (x-1)^2 + y^2$. Vérifier que si $(x,y) \in \Gamma$, alors $\rho^2(3-\rho^2)^2 \leq 4$, et en déduire que l'on peut poser $\rho^2 = 4\sin^2\dfrac{\theta}{2} \quad \big(|\theta| \leq \pi\big)$. Vérifier alors que :

$$x = 1 + \cos\theta - \cos 2\theta\ , \quad y = \sin\theta - \sin 2\theta$$

est une représentation paramétrique de Γ. Retrouver les résultats de la première question. (On en profitera pour effectuer le tracé de Γ).

Chapitre IV

Formes différentielles sur un ouvert U de $\mathbb{R}^n$

1. Notion de 1–forme différentielle et intégrale d'une 1-forme différentielle sur un arc de courbe

Soit $U \subset \mathbb{R}^n$ un ouvert de $\mathbb{R}^n$. On désigne par $(\mathbb{R}^n)^*$ l'espace vectoriel dual de $\mathbb{R}^n$. Un élément φ de $(\mathbb{R}^n)^*$ est donc une forme linéaire sur $\mathbb{R}^n$.

Définition IV.1

Une 1-forme différentielle ω sur un ouvert U de $\mathbb{R}^n$ (de classe $\mathcal{C}^\infty$) est une application ω $(\mathcal{C}^\infty)$ de U à valeurs dans $(\mathbb{R}^n)^*$.

Une 1-forme différentielle ω est donc la donnée $(\mathcal{C}^\infty)$ en tout point x de U d'une forme linéaire $\omega(x) \in (\mathbb{R}^n)^*$. Notons $(e_1, \ldots, e_n)$ la base canonique de $\mathbb{R}^n$: $(e_i) = (0, \ldots, 1, 0, \ldots, 0)$ (1 est en position i), $i = 1, \ldots, n$ et $(e_1^*, \ldots, e_n^*)$ la base duale de $(\mathbb{R}^n)^*$: $e_i^*(e_j) = \delta_{ij}$.

La donnée de $\omega(x)$ est équivalente à $\omega(x) = \sum_{i=1}^n A_i(x)\, e_i^*$ où les fonctions $x \mapsto A_i(x)$ sont $\mathcal{C}^\infty$. On note dx_i $(i = 1, \ldots, n)$ les 1-formes différentielles constantes $x \mapsto e_i^*$, et on écrit $\omega = \sum_{i=1}^n A_i(x)\, dx_i$.

Soit $\gamma : [a, b] \to \mathbb{R}^n$ un arc de courbe $\mathcal{C}^\infty$, $\gamma : t \mapsto (\gamma_1(t), \ldots, \gamma_n(t))$, dont l'image (arc géométrique) est contenue dans U.

Définition IV.2

On note $\int_\gamma \omega$ l'intégrale d'une 1-forme différentielle ω le long de l'arc γ.
Elle est égale à :

$$\int_a^b \Big(\sum_{i=1}^n A_i(\gamma(t)) \frac{d\gamma_i}{dt}(t) \Big)\, dt\,.$$

Soit $f : U \to \mathbb{R}$ une fonction différentiable $(\mathcal{C}^\infty)$; la différentielle de f notée df est la 1-forme différentielle : $df(x) = \sum_{i=1}^n \frac{\partial f}{\partial x_i}(x)\, dx_i\,.$

Lemme IV.3

L'intégrale curviligne de la 1-forme différentielle df le long de l'arc γ vaut

$$\int_\gamma df = f(\gamma(b)) - f(\gamma(a))\,.$$

Preuve : La formule des dérivations composées donne

$$\sum_{i=1}^{n} \frac{\partial f}{\partial x_i}(\gamma(t)) \frac{d\gamma_i}{dt} = \frac{d}{dt}\Big(f\big(\gamma(t)\big)\Big),$$

d'où

$$\int_\gamma df = \int_a^b \frac{d}{dt}\Big(f\big(\gamma(t)\big)\Big)\, dt = f\big(\gamma(b)\big) - f\big(\gamma(a)\big).$$

En particulier si l'arc γ est fermé, c'est-à-dire si $\gamma(a) = \gamma(b)$, on obtient $\int_\gamma df = 0$. □

2. Notion de k–forme différentielle

Dans la suite, on note E l'espace vectoriel $\mathbb{R}^n$ pour simplifier les notations. On rappelle la définition suivante de l'algèbre linéaire :

Définition IV.4

Une forme k-linéaire alternée est une application $\Phi : E^k \to \mathbb{R}$:

$$\Phi : (V_1, \ldots, V_k) \mapsto \Phi(V_1, \ldots, V_k)$$

qui est linéaire par rapport à chaque argument V_i $(i = 1, \ldots, k)$:

(i) $\Phi(V_1, \ldots, \lambda V_i + \mu V_i', \ldots, V_k) = \lambda \Phi(V_1, \ldots, V_i, \ldots, V_k) + \mu \Phi(V_1, \ldots, V_i', \ldots, V_k)$

et qui est antisymétrique :

(ii) $$\Phi(V_{\sigma(1)}, \ldots, V_{\sigma(k)}) = \varepsilon(\sigma)\Phi(V_1, \ldots, V_k)$$

où $\sigma \in \mathfrak{S}_k$ (groupe des permutations de $\{1, \ldots, k\}$) et où $\varepsilon(\sigma)$ désigne la signature de la permutation σ.

L'ensemble des formes k-linéaires alternées sur E forme un espace vectoriel noté $\bigwedge^k(E)$.

Définition IV.5

Une k-forme différentielle sur un ouvert U est une application ($\mathcal{C}^\infty$) de U à valeurs dans $\bigwedge^k(E)$.

Soit $\varphi_1, \ldots, \varphi_k$ k éléments de E^* (c'est-à-dire k formes linéaires sur $\mathbb{R}^n$). On peut facilement construire à partir de $\varphi_1, \ldots, \varphi_k$ une forme k-linéaire alternée

$$\Phi(V_1, \ldots, V_k) = \sum_{\sigma \in \mathfrak{S}_k} \varepsilon(\sigma)\varphi_1\big(V_{\sigma(1)}\big) \cdots \varphi_k\big(V_{\sigma(k)}\big).$$

La multilinéarité de Φ est évidente et la propriété (ii) se vérifie de suite à partir de la propriété de la signature : $\varepsilon(\sigma\,\sigma') = \varepsilon(\sigma)\varepsilon(\sigma')$.

Définition IV.6

On note $dx_{i_1} \wedge \ldots \wedge dx_{i_k}$ la k-forme différentielle constante sur U et dont la valeur est

$$(V_1, \ldots, V_k) \mapsto \sum_{\sigma \in \mathfrak{S}_k} \varepsilon(\sigma) e_{i_1}^*\big(V_{\sigma(1)}\big) \cdots e_{i_k}^*\big(V_{\sigma(k)}\big).$$

Il n'est pas difficile de vérifier la

Proposition IV.7

Toute k-forme différentielle ω sur U s'écrit de manière unique :

$$\omega = \sum_{1 \leq i_1 < \cdots < i_k \leq n} f_{i_1 \cdots i_k}(x)\, dx_{i_1} \wedge \ldots \wedge dx_{i_k}$$

où les $f_{i_1 \cdots i_k}$ sont des fonctions $\mathcal{C}^\infty$ sur U.

3. L'algèbre extérieure et la différentielle

On désigne dans la suite l'ensemble des k-formes différentielles sur U par $\Omega^k(U)$. On note aussi $\Omega(U) = \bigoplus_{k=0}^{n} \Omega^k(U)$. Par convention $\Omega^0(U) = \mathcal{E}(U)$ est l'ensemble des fonctions $\mathcal{C}^\infty$ sur U.

On va maintenant étendre le symbole $\wedge$ en une loi interne de $\Omega(U)$.

Définition IV.8

Soit ω une k-forme différentielle sur U et ϖ une ℓ-forme différentielle sur U ; le produit extérieur de ω et de ϖ, noté $\omega \wedge \varpi$, est la $(k+\ell)$-forme différentielle sur U définie par

$$\omega \wedge \varpi(x)\big(V_1, \ldots, V_{k+\ell}\big) = \sum_{\sigma} \varepsilon(\sigma)\omega(x)\big(V_{\sigma(1)}, \ldots, V_{\sigma(k)}\big)\varpi(x)\big(V_{\sigma(k+1)}, \ldots, V_{\sigma(k+\ell)}\big)$$

où la somme est faite sur toutes les permutations σ de $\mathfrak{S}_{k+l}$ telles que

$$\sigma(1) < \cdots < \sigma(k) \qquad \text{et} \qquad \sigma(k+1) < \cdots < \sigma(k+\ell)\,.$$

Définition IV.9

L'ensemble $\Omega(U) = \bigoplus_k \Omega^k(U)$ est un $\mathcal{E}(U)$-module. C'est de plus une algèbre graduée pour le produit extérieur et la graduation par l'indice k. Cette algèbre graduée $\Omega(U)$ s'appelle l'algèbre extérieure sur U.

On a déjà utilisé la différentielle d'une fonction $f \in \mathcal{E}(U)$.
Il existe une unique extension de la différentielle $d : \Omega^0(U) \to \Omega^1(U)$ en une application $d : \Omega(U) \to \Omega(U)$ qui vérifie :

(i) $d\big(\Omega^k(U)\big) \subset \Omega^{k+1}(U)$,

(ii) d est $\mathbb{R}$-linéaire ,

(iii) $d(df) = 0$,

(iv) $d(\alpha \wedge \beta) = d\alpha \wedge \beta + (-1)^k \alpha \wedge d\beta$ où $\alpha \in \Omega^k(U)$.

Définition IV.10

On appelle différentielle (extérieure) d'une k–forme différentielle $\alpha \in \Omega^k(U)$ la $(k+1)$–forme différentielle $d\alpha$ ainsi introduite.

Définition IV.11

Une k–forme différentielle ω est fermée si $d\omega = 0$. Une k–forme différentielle ω est exacte s'il existe une $(k-1)$–forme différentielle η telle que $\omega = d\eta$.

4. Formes différentielles et changement de coordonnées

Définition IV.12

Un changement de coordonnées $(x_1, \ldots, x_n) \mapsto (y_1, \ldots, y_n)$ sur l'ouvert U est la donnée d'une application $\mathcal{C}^\infty$

$$F : (x_1, \ldots, x_n) \mapsto (y_1, \ldots, y_n)$$

qui est inversible et d'inverse $\mathcal{C}^\infty$.

Définition IV.13

Étant donnée une 1-forme $\omega = \sum_{i=1}^{n} A_i(y)\, dy_i$ et un changement de coordonnées $F : x \mapsto y$, on note $F^*\omega$ la 1-forme

$$F^*\omega = \sum_{j=1}^{n} \sum_{i=1}^{n} \left(A_i\Big(F_1(x), \ldots, F_n(x)\Big) \right) \frac{\partial F_i}{\partial x_j}(x)\, dx_j\,.$$

Plus généralement, si on note $J(x)$ la matrice jacobienne de F calculée au point x, on a :

Définition IV.14

Soit $\omega \in \Omega^k(U)$; la contre-image de ω par F, notée $F^*\omega$, est la k-forme différentielle définie ainsi :

$$F^*\omega(x)(V_1, \ldots, V_k) = \omega\big(F(x)\big) \Big(J(x)(V_1), \ldots, J(x)(V_k)\Big)\,.$$

Théorème IV.15

Soit $\omega \in \Omega^k(U)$; la contre-image de $d\omega$ par F est égale à $F^*d\omega = dF^*\omega$.

Preuve : Il suffit de le vérifier pour $\omega = f \in \Omega^o(U)$ et $\omega = df \in \Omega^1(U)$.

Pour $\omega = f$, l'égalité à démontrer devient : $F^*df = dF^*(f)$.

Si on désigne par $F : (x_1, \ldots, x_n) \mapsto (y_1, \ldots, y_n)$ les composantes de F. La définition de F^*df conduit à

$$\begin{aligned} F^*\left(\sum_{i=1}^{n} \frac{\partial f}{\partial y_i}(y)\, dy_i \right) &= \sum_{i,j=1}^{n} \frac{\partial f}{\partial y_i}\big(y(x)\big) \frac{\partial y_i}{\partial x_j}\, dx_j \\ &= df\big(y(x)\big) = dF^*f\,. \end{aligned}$$

Pour $\omega = df$, on obtient :

$$F^*df = dF^*f \qquad \text{et donc} \qquad F^*d^2f = 0 = dF^*df = d^2F^*f = 0\,. \square$$

Énoncés des exercices

Exercice IV.1

Soit E un espace vectoriel de dimension n. Montrer que $\bigwedge^k(E) = 0$ si $k > n$ et que $\dim \bigwedge^n(E) = 1$.

Exercice IV.2

1) Vérifier que $d^2(\alpha) = d(d\alpha) = 0$ pour toute k-forme différentielle $\alpha \in \bigwedge^k(E)$.

2) Soit ω la 1-forme différentielle $\omega(x) = \sum_{i=1}^{n} A_i(x)\, dx_i$ et ϖ la $(n-1)$ forme différentielle $\varpi(x) = \sum_{i=1}^{n} (-1)^i A_i(x)\, dx_1 \wedge \ldots \wedge \widehat{dx_i} \wedge \ldots \wedge dx_n$, le symbole $\widehat{\ }$ signifiant que la facteur indiqué par ce symbole est absent dans le produit.
Calculer $d\omega$ et $d\varpi$.

Exercice IV.3

On considère dans $\mathbb{R}^n$ la forme différentielle :

$$\omega = dx_1 \wedge dx_2 + dx_3 \wedge dx_4 + \cdots + dx_{2p-1} \wedge dx_{2p} \qquad \text{où} \quad 2p \leq n\,.$$

Calculer la forme ω^p et montrer que $\omega^{p+1} = 0$.

Exercice IV.4

Soit l'ouvert $U = \mathbb{R}^2 \setminus \{(0,0)\}$ et la 1-forme différentielle $\omega(x,y) = \dfrac{x\,dy - y\,dx}{x^2 + y^2}$ définie sur U. On définit sur $\left\{(r,\theta) \in \mathbb{R}^2 \mid r > 0,\ -\frac{\pi}{2} < \theta < \frac{3\pi}{2}\right\}$ l'application inversible φ à valeurs dans $\mathbb{R}^2 \setminus \{(0,y) \mid y \leq 0\}$ par : $\Phi(r,\theta) = (r\cos\theta, r\sin\theta)$.

1) Calculer $\Phi^*\omega$.

2) Montrer que ω est fermée sur U et non exacte sur U.

Exercice IV.5

Vérifier que la contre-image d'une k-forme différentielle satisfait :

$$F^*(\alpha \wedge \beta) = F^*\alpha \wedge F^*\beta\,.$$

Chapitre V
Systèmes différentiels, exemples

1. Le théorème fondamental d'existence des solutions

1. Une équation différentielle dans un espace vectoriel E (réel, de dimension finie) est une équation de la forme

$$\varphi'(t) = f\big(t, \varphi(t)\big) \tag{1}$$

où f est une application d'un ouvert Ω de $\mathbb{R} \times E$ dans E.

2. Une solution de cette équation est une application φ définie sur un intervalle ouvert I de $\mathbb{R}$, à valeurs dans E, dérivable en tout point t de I, et telle que, pour tout $t \in I$, sa dérivée $\varphi'(t)$ en ce point soit égale à $f\big(t, \varphi(t)\big)$.

3. Une donnée de Cauchy pour l'équation différentielle (1) est un point (t_0, x_0) de Ω. On dit qu'une solution $\varphi : I \to E$ satisfait cette donnée de Cauchy si $t_0 \in I$ et $\varphi(t_0) = x_0$.

4. Une solution $\varphi : I \to E$ de l'équation (1) est dite maximale si toute autre solution $\psi : J \to E$, définie sur un intervalle ouvert $J \subset \mathbb{R}$ contenant I et telle que $\psi\,\big|_J = \varphi$, est en fait égale à φ : $J = I$, $\psi = \varphi$. En d'autres termes, une solution est dite maximale lorsqu'on ne peut pas agrandir l'intervalle sur lequel elle est définie.

5. Le théorème fondamental de la théorie des équations différentielles s'énonce ainsi :

Théorème V.1 (*Cauchy*)
Soit E un espace vectoriel de dimension finie, Ω un ouvert de $\mathbb{R} \times E$ et $f : \Omega \to E$ une application continue, et localement lipschitzienne par rapport à sa seconde variable. Cela signifie que tout point (t_0, x_0) de Ω possède un voisinage U (dans $\mathbb{R} \times E$), inclus dans Ω et tel qu'il existe $k \in \mathbb{R}$, vérifiant

$$(t, x) \in U,\ (t, x') \in U, \quad \text{alors} \quad \|f(t, x) - f(t, x')\| \leq k\|x - x'\|\,.$$

Alors, pour toute donnée de Cauchy $(t_0, x_0) \in \Omega$, il existe une solution maximale unique de l'équation différentielle (1) vérifiant cette donnée de Cauchy. De plus, toute solution de (1) vérifiant cette donnée de Cauchy est une restriction de cette solution maximale à un sous-intervalle de son intervalle de définition.

Remarque :
Dans de très nombreux cas, la fonction f est différentiable de classe $\mathcal{C}^1$ (cela signifie qu'elle a des dérivées partielles, par rapport à t et par rapport à chaque composante de x, qui sont des fonctions continues de (t, x)). L'inégalité des accroissements finis permet de montrer que dans ce cas f satisfait les conditions du théorème.

2. Systèmes newtoniens à un degré de liberté

Soit $f : \mathbb{R} \to \mathbb{R}$ une fonction continue lipschitzienne, on considère l'équation différentielle du second ordre

$$\ddot{x} = f(x)\,. \tag{2}$$

D'après le théorème de Cauchy appliqué à $\begin{pmatrix} x \\ y \end{pmatrix} \in E = \mathbb{R}^2$ sous la forme

$$\begin{aligned} \dot{x} &= y \\ \dot{y} &= f(x)\,, \end{aligned} \tag{3}$$

il existe une et une seule solution maximale $x(t)$ de (2) telle que

$$x(0) = x_0\,, \quad \dot{x}(0) = y_0\,.$$

Le système (3) s'écrit

$$\begin{cases} \dot{x} = \dfrac{\partial H}{\partial y} \\ \dot{y} = -\dfrac{\partial H}{\partial x} \end{cases} \tag{4}$$

à l'aide de la fonction

$$H(x,y) = \frac{1}{2}y^2 + V(x)\,, \qquad \text{où} \quad V(x) = -\int_{x_0}^{x} f(\xi)\,d\xi\,. \tag{5}$$

Définition V.2

Le système (4) : $\dot{x} = \dfrac{\partial H}{\partial y}$, $\dot{y} = -\dfrac{\partial H}{\partial x}$ avec la fonction $H(x,y) = \frac{1}{2}y^2 + V(x)$ est appelé système hamiltonien de type newtonien à un degré de liberté.

Proposition V.3

La dérivée de la fonction $H : \mathbb{R}^2 \to \mathbb{R}$, calculée le long d'une solution $\big(x(t), y(t)\big)$ de (3) vérifie :

$$\frac{dH}{dt}\big(x(t), y(t)\big) = 0\,.$$

En effet,

$$\frac{dH}{dt}\big(x(t), y(t)\big) = \dot{x}\,\frac{\partial H}{\partial x} + \dot{y}\,\frac{\partial H}{\partial y} = \frac{\partial H}{\partial y}\cdot\frac{\partial H}{\partial x} - \frac{\partial H}{\partial x}\cdot\frac{\partial H}{\partial y} = 0\,.$$

Définition V.4

On appelle plus généralement système newtonien à un degré de liberté l'équation différentielle du second ordre du type

$$\ddot{x} = f(x, \dot{x})\,.$$

3. Champs du plan

Définition V.5

On appelle champ de vecteurs du plan $\mathbb{R}^2$, la donnée d'un système de deux équations différentielles

$$\begin{cases} \dot{x} = f(x,y) \\ \dot{y} = g(x,y) \end{cases} \qquad f, g : \mathbb{R}^2 \to \mathbb{R}. \tag{6}$$

D'après le théorème de Cauchy, étant donné un point $(x_0, y_0) \in \mathbb{R}^2$, il existe une solution maximale unique $\big(x(t), y(t)\big)$ au système (6) telle que

$$x(0) = x_0, \;\; y(0) = y_0 \, .$$

Définition V.6

On appelle flot au temps t du champ de vecteurs (6) avec (x_0, y_0) comme donnée initiale, l'application :

$$\big(x(0), y(0)\big) \mapsto \big(x(t), y(t)\big) \, .$$

Etant donnée une fonction $F : \mathbb{R}^2 \to \mathbb{R}$ à deux variables, $F : (x,y) \mapsto F(x,y)$, la dérivée de F le long du flot du champ de vecteurs (6) est

$$\begin{aligned} \frac{dF}{dt}\big(x(t), y(t)\big) &= \dot{x}\,\frac{\partial F}{\partial x}\big(x(t), y(t)\big) + \dot{y}\,\frac{\partial F}{\partial y}\big(x(t), y(t)\big) \\ &= f\big(x(t), y(t)\big)\,\frac{\partial F}{\partial x}\big(x(t), y(t)\big) + g\big(x(t), y(t)\big)\,\frac{\partial F}{\partial y}\big(x(t), y(t)\big) \, . \end{aligned}$$

Ceci justifie l'identification de la donnée (6) avec celle de la donnée

$$F \mapsto f(x,y)\,\frac{\partial F}{\partial x} + g(x,y)\,\frac{\partial F}{\partial y} \, \cdot$$

C'est pourquoi on note parfois un champ de vecteurs du plan comme

$$X = f(x,y)\,\frac{\partial}{\partial x} + g(x,y)\,\frac{\partial}{\partial y} \, \cdot$$

Nous verrons plus loin une présentation plus conceptuelle de cette notation. À toute équation différentielle du second ordre (1) $\ddot{x} = f(x)$, on peut ainsi associer le champ de vecteurs du plan $X = y\,\dfrac{\partial}{\partial x} + f(x)\,\dfrac{\partial}{\partial y} \cdot$

Définition V.7

Le portrait de phase d'un champ de vecteurs du plan $X = f(x,y)\,\dfrac{\partial}{\partial x} + g(x,y)\,\dfrac{\partial}{\partial y}$ est la partition du plan en les solutions $\big(x(t), y(t)\big)$. On appelle orbite de X passant par (x_0, y_0) l'ensemble des $\big(x(t), y(t)\big)$ tels que $x(0) = x_0, \; y(0) = y_0$.

On peut représenter dans le plan une telle orbite et très facilement en dessiner des approximations numériques.

Exemple V.8

Prenons le champ associé à $\ddot{x} = f(x) = -x$. On a vu que $\frac{1}{2}y^2 + V(x)$ est constante le long du flot de X. La partition du plan $\mathbb{R}^2$ obtenue coïncide dans ce cas avec celle déterminée par les courbes

$$\frac{1}{2}y^2 - \int_{x_0}^{x} f(t)\,dt = c \ , \qquad f(x) = -x \, .$$

On obtient des cercles centrés en $(0,0)$.

Définition V.9

On appelle point stationnaire du système (6) un point (x_0, y_0) qui vérifie les conditions $f(x_0, y_0) = g(x_0, y_0) = 0$.

Exemple V.10

$\ddot{x} = f(x) = 4x^3$ admet $(0,0)$ comme point stationnaire.

Définition V.11

On appelle orbite périodique du champ de vecteurs du plan

$$X = f(x,y)\,\frac{\partial}{\partial x} + g(x,y)\,\frac{\partial}{\partial y}$$

une solution $\big(x(t), y(t)\big)$ qui n'est pas un point stationnaire et telle qu'il existe $T > 0$ pour lequel

$$x(t+T) = x(t) \ , \qquad y(t+T) = y(t) \, .$$

Le réel T est appelé période de l'orbite périodique.

Une orbite périodique isolée dans l'ensemble des orbites périodiques est appelée un cycle limite.

Exemples V.12

1) Pour $H = \frac{1}{2}(x^2 + y^2)$ toutes les orbites du système (4) sont périodiques de période $T = 2\pi$.

2) Pour le système

$$\begin{cases} \dot{x} = \ \ \, y + x(\mu - x^2 - y^2) \\ \dot{y} = -x + y(\mu - x^2 - y^2) \end{cases}$$

si $\mu > 0$, le cercle γ centré en $(0,0)$ et de rayon $\sqrt{\mu}$ est une orbite périodique isolée. Les autres orbites au voisinage de γ s'enroulent autour de γ.

Lorsque μ croît à partir d'une valeur strictement négative, le système présente, lorsque μ devient strictement positif, une bifurcation de Hopf.

3) Le système d'équations différentielles

$$\begin{cases} \dot{x} = y + p(x) \\ \dot{y} = g(x) \end{cases}$$

où g et p sont deux polynômes, s'appelle l'équation de Liénard généralisée.

Le système représente l'équation différentielle du second ordre du type de Newton la plus générale dont le second membre f est une fonction affine de la vitesse $\dot{x}$:

$$\ddot{x} = \dot{x}\, p'(x) + g(x)\,.$$

Deux cas particuliers très importants pour la modélisation sont :

(i) $$g(x) = -x\ , \quad p(x) = \mu\Big(x - \frac{x^3}{3}\Big)\cdot$$

Dans ce cas, l'équation s'écrit :

$$\begin{cases} \dot{x} = & y + p(x) \\ \dot{y} = & -x \end{cases} \qquad \begin{array}{l} \dot{x} = \quad Y \\ \dot{Y} = -x + \mu(1 - x^2)Y \end{array} \qquad \text{avec} \quad Y = y + p(x)\,.$$

C'est l'équation de Van der Pol (La figure ci-dessous est relative au système (x, Y)).

(ii) $$p(x) = x(x - a)(x - 1)\ , \quad g(x) = bx - cy - d\,.$$

Cette équation s'appelle l'équation de FitzHugh-Nagumo. Elle intervient en neurosciences, en particulier pour modéliser la propagation de l'influx nerveux.

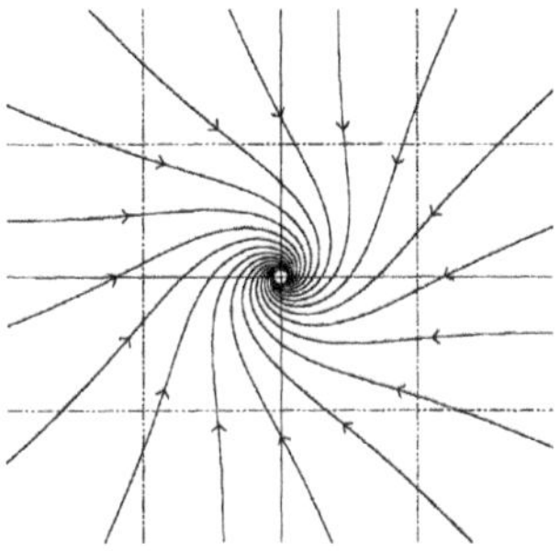

$\mu = -\frac{1}{2}$

bifurcation de Hopf

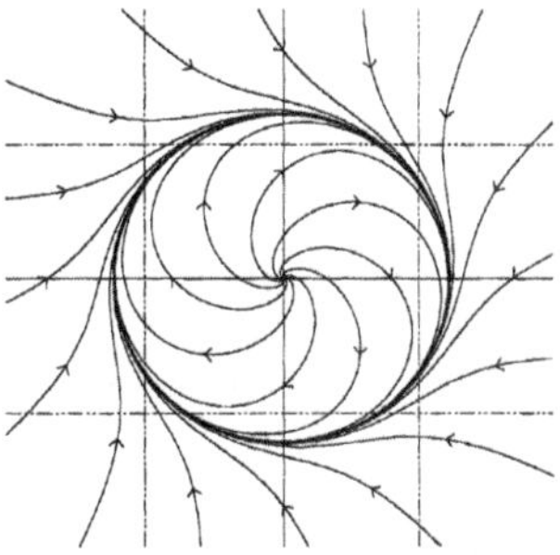

$\mu = \frac{3}{2}$

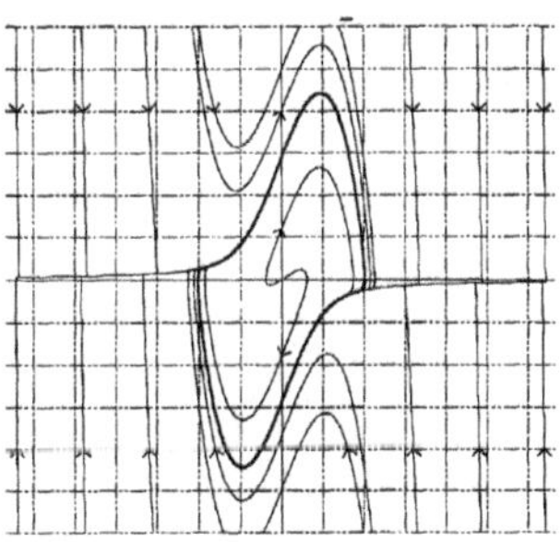

Van der Pol

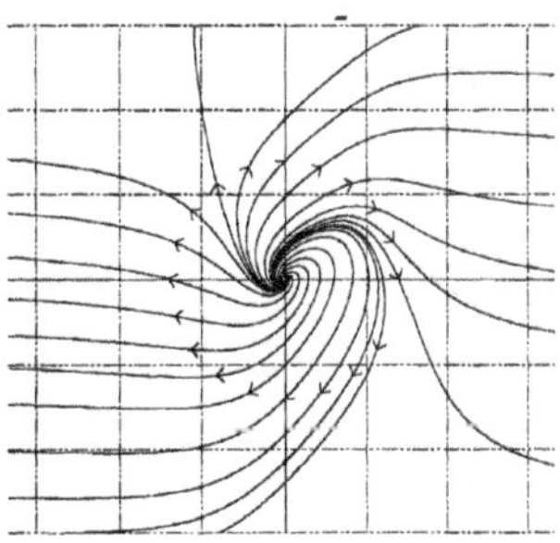

FitzHugh-Nagumo

Aspect des orbites au voisinage d'un point stationnaire.

On se borne à examiner des exemples linéaires ; on donne, page suivante, les différents types de points stationnaires rencontrés dans ces circonstances (Figures V.2).

Définition V.13

On appelle séparatrice une union finie de solutions adhérentes à un ou plusieurs points stationnaires.

Exemple V.14

Le système hamiltonien défini par la fonction

$$H = \frac{1}{2}y^2 + x^2(x-1)$$

a une séparatrice γ_0 d'équation

$$H = 0\,.$$

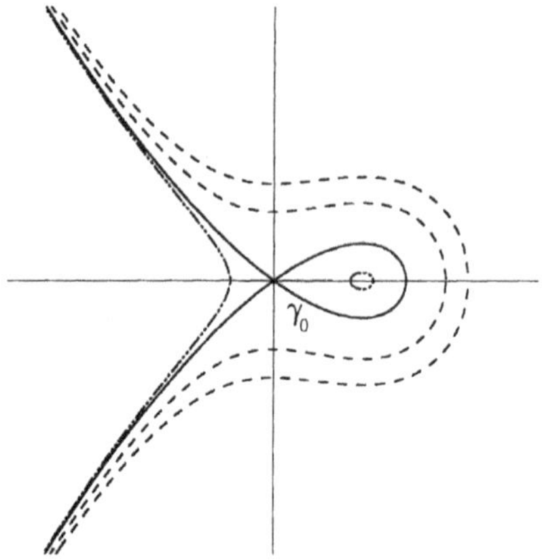

4. Systèmes newtoniens à 2 degrés de liberté

Soient V, W deux ouverts de $\mathbb{R}^2$ et $f : V \to W$ une fonction continue, lipschitzienne, définie sur V et à valeurs dans W (appelée force). On note $f = (f_1, f_2)$, ce qui permet d'écrire

$$f \ : \ (x_1, x_2) \mapsto f(x_1, x_2) = \big(f_1(x_1, x_2), f_2(x_1, x_2)\big)\,.$$

On considère l'équation différentielle (ou le système différentiel)

$$\ddot{x}_1 = f_1(x_1, x_2), \quad \ddot{x}_2 = f_2(x_1, x_2)\,. \tag{7}$$

Ce système peut aussi s'écrire :

$$\begin{aligned} \dot{x}_1 &= y_1 & \dot{x}_2 &= y_2\,, \\ \dot{y}_1 &= f_1(x_1, x_2) & \dot{y}_2 &= f_2(x_1, x_2)\,. \end{aligned} \tag{8}$$

Et sous cette forme, on voit qu'on peut appliquer le théorème de Cauchy avec

$$\varphi : t \mapsto \begin{pmatrix} x_1 \\ y_1 \\ x_2 \\ y_2 \end{pmatrix} \qquad \text{et} \qquad f(t, \varphi) = \begin{pmatrix} y_1 \\ f_1(x_1, x_2) \\ y_2 \\ f_2(x_1, x_2) \end{pmatrix}\,. \tag{9}$$

On obtient l'existence d'une solution maximale unique $\big(x_1(t), x_2(t); y_1(t), y_2(t)\big)$ telle que

$$x_1(0) = x_1^0\,, \quad y_1(0) = \dot{x}_1(0) = y_1^0\,; \qquad x_2(0) = x_2^0\,, \quad y_2(0) = \dot{x}_2(0) = y_2^0\,.$$

(i) $\begin{cases} \dot{x} = x \\ \dot{y} = -y \end{cases}$

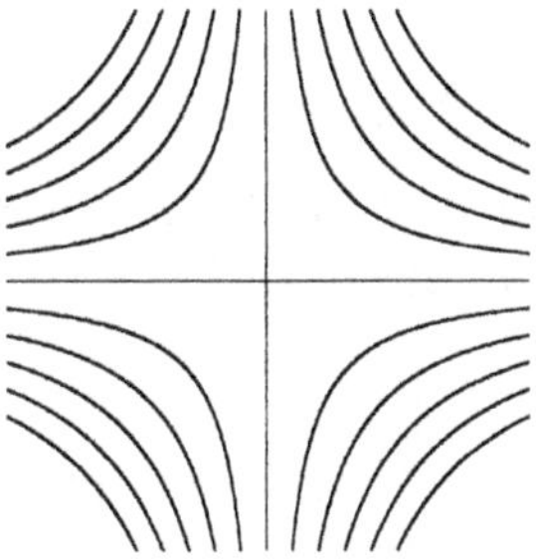

« point col »

$xy = \mathrm{C}^{te}$

(ii) $\begin{cases} \dot{x} = y \\ \dot{y} = -x \end{cases}$

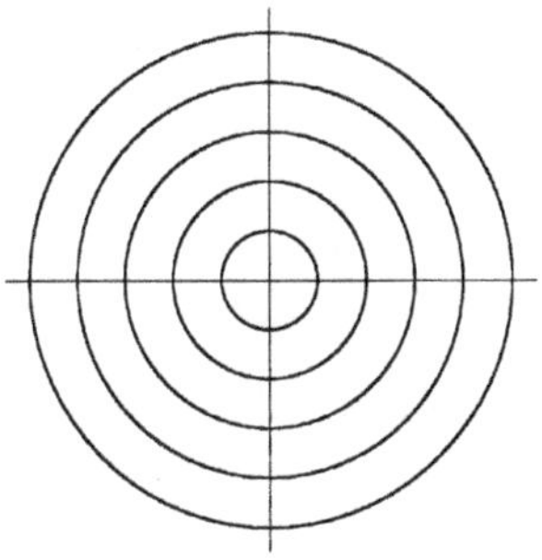

« centre »

$x^2 + y^2 = \mathrm{C}^{te}$

(iii) $\begin{pmatrix} \dot{x} \\ \dot{y} \end{pmatrix} = \begin{pmatrix} \rho & \alpha \\ -\alpha & \rho \end{pmatrix} \begin{pmatrix} x \\ y \end{pmatrix}$

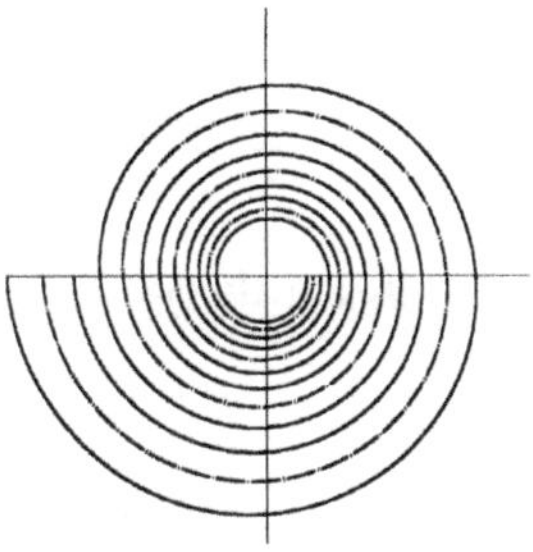

« foyer »

$z = e^{(\rho - i\alpha)t} z_0$

(iv) $\begin{cases} \dot{x} = 2x - y \\ \dot{y} = y \end{cases}$

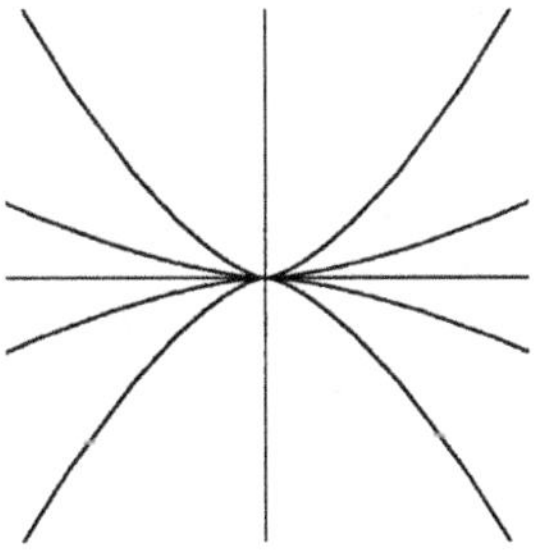

« nœud »

$\dfrac{x-y}{y^2} = \mathrm{C}^{te}$

Figures V.2

Définition V.15

Plus généralement, on peut considérer un système différentiel du type

$$\ddot{x}_1 = f_1(x_1, x_2, \dot{x}_1, \dot{x}_2) \ , \quad \ddot{x}_2 = f_2(x_1, x_2, \dot{x}_1, \dot{x}_2) \, . \tag{10}$$

Le système différentiel s'appelle un système newtonien à 2 degrés de liberté (la force dépend des positions et vitesses).

Exemple V.16

Les géodésiques d'une surface dont la première forme fondamentale est g_{ij} et dont les symboles de Christoffel associés sont notés Γ_{ij}^k sont les solutions locales d'un système newtonien du type (10)

$$\ddot{x}_k = \sum_{i,j} \Gamma_{ij}^k(x_1, x_2)\, \dot{x}_i\, \dot{x}_j \, .$$

Définition V.17

Un système

$$\ddot{x} = (\ddot{x}_1, \ddot{x}_2) = f(x) = \big(f_1(x_1, x_2), f_2(x_1, x_2)\big))$$

du type (7) est dit potentiel s'il existe une fonction U telle que

$$f(x) = -\operatorname{grad} U \qquad (f_1 = -\frac{\partial U}{\partial x_1} \, , \, f_2 = -\frac{\partial U}{\partial x_2}) \, .$$

Soit $F : V \times \mathbb{R}^2 \to \mathbb{R}$ une fonction réelle définie sur l'ouvert $V \times \mathbb{R}^2$. On désigne par dérivée de F le long de la solution de (7) la quantité

$$\frac{dF}{dt} = \frac{d}{dt}\Big(F\big(x_1(t), y_1(t);\, x_2(t), y_2(t)\big)\Big) \, .$$

On dit que F est une intégrale première du système si $\dfrac{dF}{dt} = 0$.

Théorème V.18

L'énergie totale du système newtonien potentiel, qui est définie par

$$E(x_1, y_1, x_2, y_2) = \frac{1}{2}(y_1^2 + y_2^2) + U(x_1, x_2) \, ,$$

est une intégrale première.

Preuve : La dérivée de E le long de la solution de (7) est

$$\frac{dE}{dt} = \dot{x}_1\ddot{x}_1 + \dot{x}_2\ddot{x}_2 + \frac{\partial U}{\partial x_1}\dot{x}_1 + \frac{\partial U}{\partial x_2}\dot{x}_2 \, .$$

Comme $\ddot{x}_1 = -\dfrac{\partial U}{\partial x_1}$ et $\ddot{x}_2 = -\dfrac{\partial U}{\partial x_2}$, on obtient $\dfrac{dE}{dt} = 0$. □

Définition V.19

On appelle espace des phases d'un système à deux degrés de liberté l'espace de dimension 4 décrit par les coordonnées (x_1, x_2, y_1, y_2).

Définition V.20

On appelle flot φ_t du système (7) (ou (8)) l'application de l'espace des phases dans lui-même définie par

$$\varphi_t : \begin{pmatrix} x_1^0 \\ y_1^0 \\ x_2^0 \\ y_2^0 \end{pmatrix} \mapsto \begin{pmatrix} x_1(t) \\ y_1(t) \\ x_2(t) \\ y_2(t) \end{pmatrix},$$

où $\big(x_1(t), y_1(t), x_2(t), y_2(t)\big)$ est la solution du système qui a comme donnée initiale $\big(x_1^0, y_1^0, x_2^0, y_2^0\big)$.

On note que φ_t est un difféomorphisme local, d'inverse φ_{-t} et que $\varphi_t \circ \varphi_s = \varphi_{t+s}$. On parle alors de groupe à un paramètre t de difféomorphismes locaux. Les courbes $t \mapsto \big(x_1(t), y_1(t); x_2(t), y_2(t)\big)$ sont appelées courbes de phases. L'espace des phases se décompose en courbes de phases. Les projections des courbes de l'espace des phases sur le plan (x_1, x_2) donnent les trajectoires du point représentatif sur ce plan. Elles peuvent, contrairement aux courbes de phases, posséder des points doubles. Dans le cas d'un système potentiel, le fait que l'énergie E soit conservée au cours du temps implique que les hypersurfaces de dimension 3 : $E = C^{\text{te}}$ sont invariantes par le flot.

Exemple fondamental :

Soit $U = \frac{1}{2}\big(x_1^2 + x_2^2\big)$; le système (7) donne dans ce cas : $\ddot{x}_1 = -x_1$, $\ddot{x}_2 = -x_2$ et (8) devient

$$\begin{aligned} \dot{x}_1 &= y_1 & \dot{x}_2 &= y_2\,, \\ \dot{y}_1 &= -x_1 & \dot{y}_2 &= -x_2\,. \end{aligned}$$

Ce système se décompose en deux systèmes indépendants. Chacune des coordonnées x_1, x_2 varie en fonction du temps comme dans un système à un degré de liberté. Les solutions sont de la forme

$$\begin{aligned} x_1 &= c_1 \cos t + c_2 \sin t & x_2 &= c_3 \cos t + c_4 \sin t \\ y_1 &= -c_1 \sin t + c_2 \cos t & y_2 &= -c_3 \sin t + c_4 \cos t \end{aligned}$$

Dans ce cas l'hypersurface d'énergie $E = 1/2$ est la sphère $S^3 \subset \mathbb{R}^4$, d'équation $x_1^2 + x_2^2 + y_1^2 + y_2^2 = 1$. On peut montrer que $x_1^2 + y_1^2$ et $x_2^2 + y_2^2$ sont des intégrales premières. On note $T_h : \big\{x_1^2 + y_1^2 = h^2,\ x_2^2 + y_2^2 = 1 - h^2\big\}$ les 2-tores qui sont invariants par le flot. La décomposition de la sphère S^3 en tores T^2 constitue la fibration de Hopf. On peut la visualiser (voir figure V.3) par la projection stéréographique P de S^3 sur $\mathbb{R}^3$ définie par

$$\big(x_1, y_1;\ x_2, y_2\big) \mapsto \Big(X = \frac{x_1}{1 - y_2}, Y = \frac{y_1}{1 - y_2}, Z = \frac{x_2}{1 - y_2}\Big).$$

On pourra vérifier à titre d'exercice que l'image des tores invariants T_h par P est formée des tores d'axe de symétrie OZ. Les courbes de phases se lisent, après la projection P, comme des courbes sur les tores.

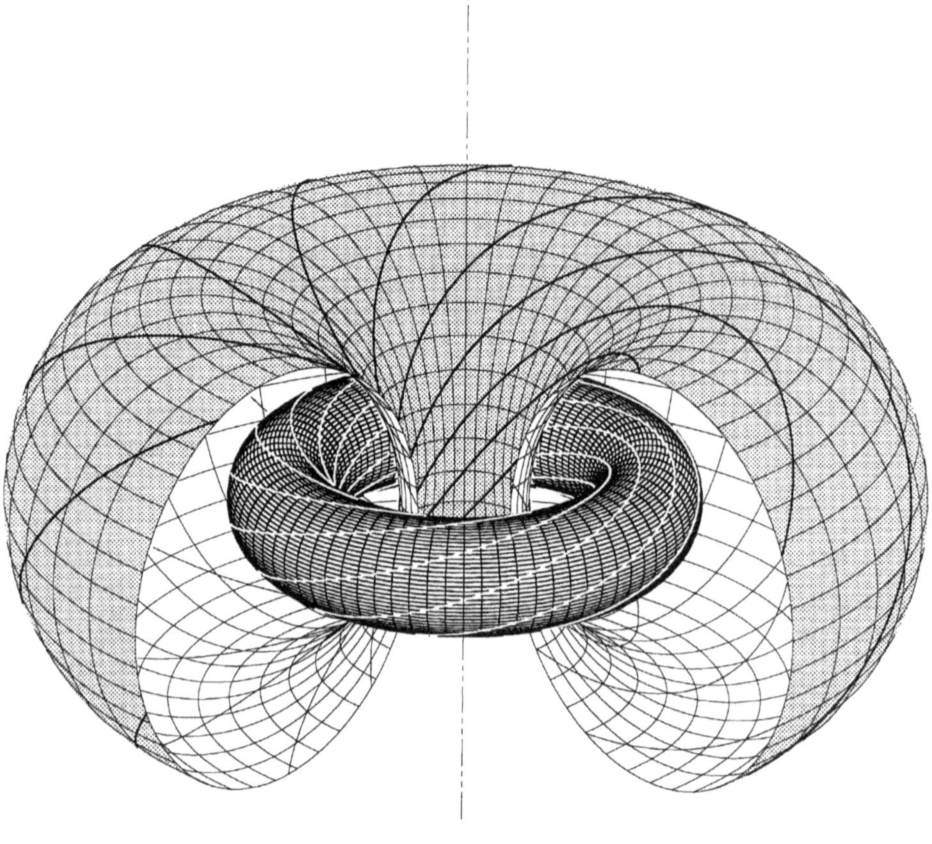

Figure V.3 : La fibration de Hopf .

Deux tores T_h ont été représentés, pour deux valeurs de h distinctes, le tore "extérieur" étant ouvert pour laisser voir le tore "intérieur". Les solutions correspondantes sont dessinées en traits forts sur le tore extérieur, en blanc sur le tore intérieur.

Deuxième exemple : les figures de Lissajous.

On considère le système (cf. (7)) :

$$\ddot{x}_1 = -x_1 \,, \qquad \ddot{x}_2 = -\omega^2 x_2 \,.$$

L'énergie potentielle est $U(x_1, x_2) = \frac{1}{2}x_1^2 + \frac{1}{2}\omega^2 x_2^2$ et l'énergie totale (qui est une intégrale première) est $E(x_1, y_1, x_2, y_2) = \frac{1}{2}(y_1^2 + x_1^2) + \frac{1}{2}(y_2^2 + \omega^2 x_2^2)$.

Les quantités $E_1 = \frac{1}{2}(y_1^2 + x_1^2)$ et $E_2 = \frac{1}{2}(y_2^2 + \omega^2 x_2^2)$ sont séparément conservées. On donne (voir les figures V.4 en pages 70 et 71) les représentations graphiques, correspondants à différentes valeurs de ω, des projections des courbes de phases sur le plan (x_1, x_2).

On va compléter les définitions données au début du paragraphe.

Considérons à nouveau le système

$$\ddot{x}_1 = f_1(x_1, x_2), \quad \ddot{x}_2 = f_2(x_1, x_2) \tag{11}$$

Définition V.21

On appelle force associée au système (11) la fonction vectorielle

$$(x_1, x_2) \mapsto f(x_1, x_2) = \big(f_1(x_1, x_2), f_2(x_1, x_2)\big).$$

On associe à f la 1-forme différentielle définie sur le même domaine que f :

$$\omega_1 = f_1(x_1, x_2)\, dx_1 + f_2(x_1, x_2)\, dx_2 \,.$$

Définition V.22

Soit $\gamma : [0, 1] \to V$ un arc de courbe différentiable tracé dans le domaine de définition V de f. On appelle *travail* de la force f le long de l'arc γ l'intégrale curviligne

$$T(\gamma) = \int_\gamma \omega_1 \,.$$

Pour mémoire, si γ est la fonction à valeur dans $\mathbb{R}^2$ définie sur $[0, 1]$ par

$$\gamma : u \mapsto \big(x_1(u), x_2(u)\big)\,,$$

l'intégrale curviligne est :

$$T(\gamma) = \int_\gamma \omega_1 = \int_0^1 \Big(f_1\big(x_1(u), x_2(u)\big)\frac{dx_1}{du} + f_2\big(x_1(u), x_2(u)\big)\frac{dx_2}{du}\Big)\, du\,. \tag{12}$$

On peut alors démontrer le théorème suivant :

Théorème V.23

On suppose V connexe par arc. Le système (11) est potentiel si et seulement si le travail de f le long de n'importe quel arc de courbe γ fermé est nul.

Preuve : Supposons d'abord que f (ou (11)) est potentiel donc qu'il existe U telle que $f = -\operatorname{grad} U$. Alors on a

$$\int_0^1 \Big(f_1\big(x_1(u), x_2(u)\big)\frac{dx_1}{du} + f_2\big(x_1(u), x_2(u)\big)\frac{dx_2}{du}\Big)\, du = U\big(\gamma(0)\big) - U\big(\gamma(1)\big)\,.$$

Si de plus γ est fermé, alors $\gamma(1) = \gamma(0)$, donc $\displaystyle\int_\gamma \omega_1 = 0$.

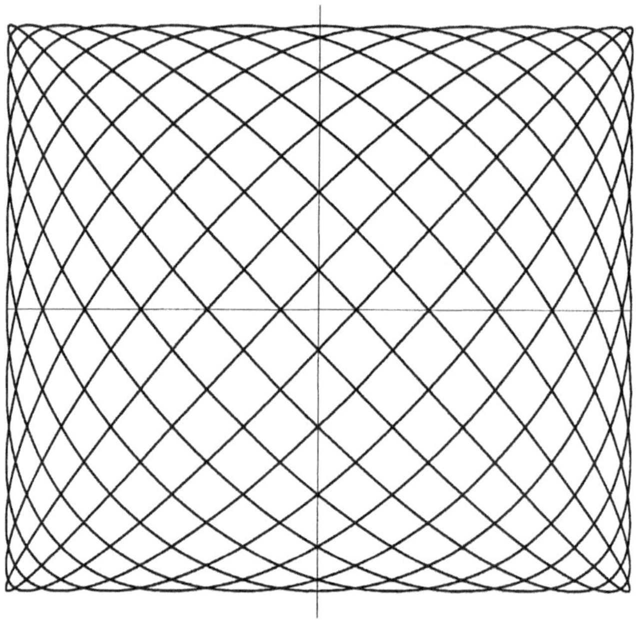

Courbe de Lissajous : $\big(a\sin(nt+c)\,,\ b\sin mt\big)$ $(n=11,\ m=13,\ c=\pi/2)$

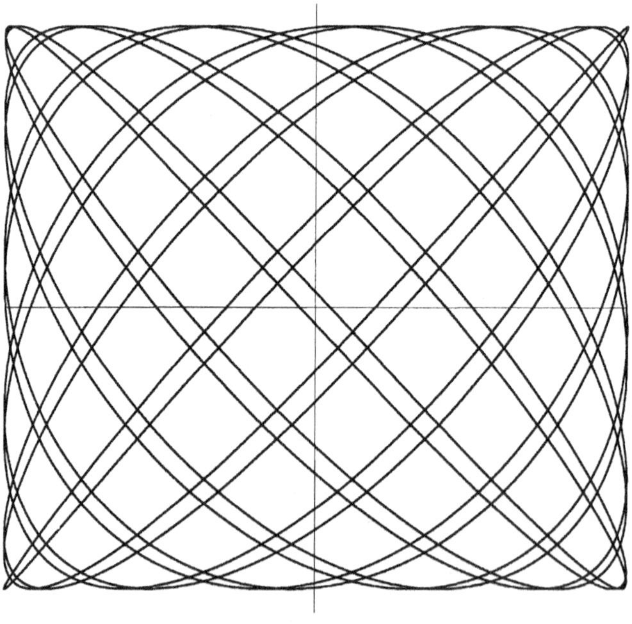

Courbe de Lissajous : $\big(a\sin(nt+c)\,,\ b\sin mt\big)$ $(n=11,\ m=13,\ c=2\pi/5)$

Figures V.4

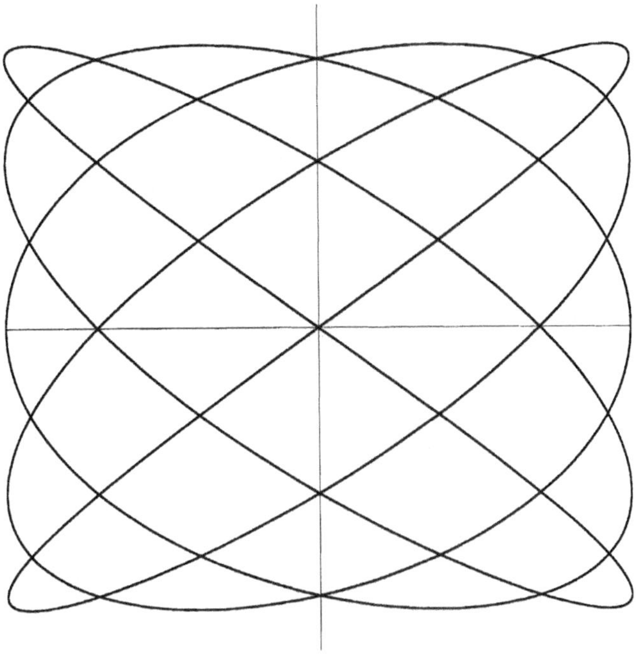

Courbe de Lissajous : $\big(a\sin(nt+c)\,,\ b\sin mt\big)$ $(n=5,\ m=7,\ c=0)$

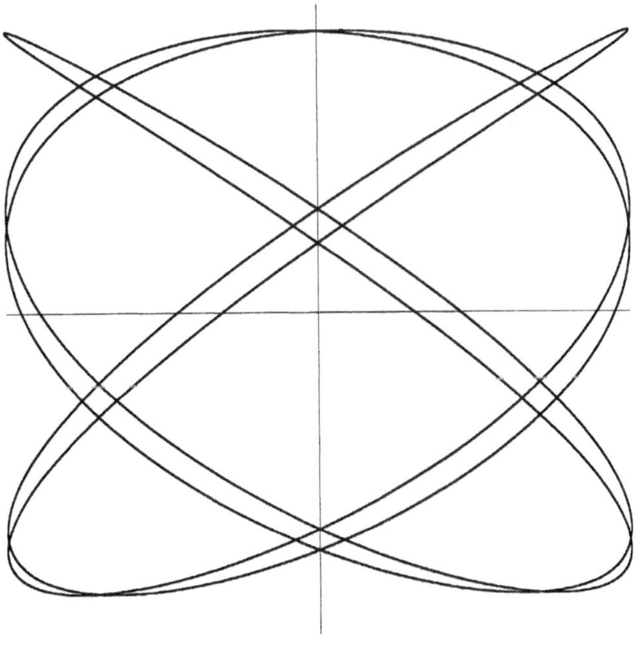

Courbe de Lissajous : $\big(a\sin(nt+c)\,,\ b\sin mt\big)$ $(n=5,\ m=7,\ c=2\pi/5)$

Figures V.4

Réciproquement, supposons que l'intégrale $\int_\gamma \omega_1$ soit nulle pour tout arc de courbe fermé γ. On définit alors U comme il suit : on prend un point fixé quelconque du domaine V et on attribue à U une valeur arbitraire en ce point. Afin de simplifier les notations, on peut toujours convenir que $(0,0) \in V$ et que $U(0,0) = 0$. Soit P un point arbitraire de U, γ un arc de courbe contenu dans V qui relie $(0,0)$ à P. On pose

$$U(P) = -\int_\gamma \omega_1 \,. \tag{13}$$

On note d'abord que l'expression attribuée à $U(P)$ ne dépend pas de l'arc de courbe γ choisi pour relier $(0,0)$ à P. En effet si on prend un autre arc de courbe $\widetilde{\gamma}$ qui relie $(0,0)$ à P, l'hypothèse du théorème implique

$$\int_{\widetilde{\gamma}} \omega_1 = \int_\gamma \omega_1 \,.$$

Enfin si on prend deux points $P = (x_1, x_2)$ et "$P + dP = (x_1 + dx_1, x_2 + dx_2)$" très proches, la formule des accroissements finis conduit à

$$f_1(x_1, x_2) = -\frac{\partial U}{\partial x_1} \,, \qquad f_2(x_1, x_2) = -\frac{\partial U}{\partial x_2} \,;$$

on conclut alors que (11) est potentiel avec U donné par (13). □

Définition V.24

On dit que le système (11) est central si $\|f\|$ ne dépend que de $r = \sqrt{x_1^2 + x_2^2}$ et si le vecteur f a une direction qui passe par l'origine.

Théorème V.25

Un système (11) central est potentiel et la fonction U associée ne dépend que de r.

Preuve : Le fait que le champ de vecteurs f a une direction qui passe par l'origine s'écrit :

$$x_1 f_2 - x_2 f_1 = 0 \,.$$

Il existe donc φ telle que

$$f_1 = x_1 \varphi \,, \qquad f_2 = x_2 \varphi \,, \tag{14}$$

et la 1-forme différentielle associée à f s'écrit

$$\omega_1 = \varphi(x_1\, dx_1 + x_2\, dx_2) = \varphi\, r\, dr \,.$$

Par ailleurs, le fait que f ne dépend que de r s'exprime par $\varphi = \varphi(r)$. On a donc $\omega_1 = \varphi(r) r\, dr$ et $d\omega_1 = 0$. Il en résulte que l'intégrale de ω_1 sur un arc de courbe fermé γ est nulle et le système est potentiel.

Son énergie potentielle U peut être fixée égale à 0 à l'origine $(0,0)$ et en un point P on peut la déterminer comme suit :

On prend pour γ le segment radial OP. Si on note r la coordonnée radiale du point P, il vient que U ne dépend que de r et vaut

$$U(r) = -\int_0^r \varphi(\rho)\rho\, d\rho \,. \square$$

Définition V.26

On appelle moment cinétique du système (11) le produit vectoriel $J = \underline{x} \wedge \underline{\dot{x}}$.

Théorème V.27

Pour un système (11) central le moment cinétique est constant.

Preuve : On a

$$\dot{J} = \underline{\dot{x}} \wedge \underline{\dot{x}} + \underline{x} \wedge \underline{\ddot{x}} = 0 \,.\, \square \tag{15}$$

Il est commode de noter dans la suite e_r le vecteur unitaire radial.

Pour un système central (11) on peut écrire, avec (8) :

$$\ddot{x}_1 = f_1(x_1, x_2) = x_1\varphi(r) \,, \qquad \ddot{x}_2 = f_2(x_1, x_2) = x_2\varphi(r) \,. \tag{16}$$

Posons $\Phi(r) = r\varphi(r)$ et $\underline{x} = (x_1, x_2)$; on peut écrire (16) de la manière suivante :

$$\underline{\ddot{x}} = \Phi(r)e_r \,. \tag{17}$$

On peut écrire (15) d'une autre manière avec les coordonnées polaires (r, θ) du point courant, coordonnées définies par :

$$x_1 = r\cos\theta \,, \quad x_2 = r\sin\theta \,, \qquad r = \sqrt{x_1^2 + x_2^2} \,, \quad \theta = \arctan(x_1/x_2) \,.$$

On obtient à partir de

$$\dot{x}_1 = \dot{r}\cos\theta - r\dot{\theta}\sin\theta \,, \qquad \dot{x}_2 = \dot{r}\sin\theta + r\dot{\theta}\cos\theta \,,$$

l'égalité

$$\underline{\dot{x}} = \dot{r}e_r + r\dot{\theta}e_\theta \,, \tag{18}$$

où e_θ est le vecteur unitaire déduit de e_r par la rotation de $\frac{\pi}{2}$ dans le plan orienté.

Donc le moment cinétique est :

$$J = re_r \wedge (re_r + r\dot{\theta}e_\theta) = r^2\dot{\theta}\, e_r \wedge e_\theta \,.$$

On peut ainsi interpréter (15) en disant que dans le cas d'un système central, la quantité $J = r^2\dot{\theta}$ est une constante du mouvement. Ceci fait l'objet de la deuxième loi de Kepler sur le mouvement terre-soleil (ou planète-soleil).

On appelle vitesse aréolaire C la vitesse de la variation de l'aire S balayée par le rayon vecteur : $C = \dfrac{dS}{dt} \cdot$ On obtient :

$$\Delta s = s(t + \Delta t) - s(t) = \frac{1}{2}r^2\dot{\theta}\Delta t + o(\Delta t) \,.$$

Deuxième loi de Kepler :

Le rayon vecteur balaie des aires égales pendant des intervalles de temps égaux, de sorte que la vitesse aréolaire est constante.

La loi de conservation du moment cinétique permet de ramener tout mouvement dans un champ central à un mouvement à un degré de liberté.

On suppose que le système (11) est central. On écrit (on sait qu'il est potentiel)

$$\underline{\ddot{x}} = -\operatorname{grad} U \tag{19}$$

et on sait alors que la quantité $J = \dot{\theta}r^2(t)$ est constante.

Théorème V.28
Le système (1) se réduit à un système à un degré de liberté avec la fonction associée $V(r) = U(r) + \dfrac{J^2}{2r^2}\cdot$

Preuve : Si on dérive une fois de plus (18), on obtient

$$\underline{\ddot{x}} = (\ddot{r} - r\dot{\theta}^2)e_r + (2\dot{r}\dot{\theta} + r\ddot{\theta})e_\theta\,. \tag{20}$$

Le champ étant central, on a

$$\operatorname{grad} U = \frac{\partial U}{\partial r}\, e_r \tag{21}$$

donc l'équation (19) s'écrit en coordonnées polaires :

$$\ddot{r} - r\dot{\theta}^2 = -\frac{\partial U}{\partial r}\,, \qquad 2\dot{r}\dot{\theta} + r\ddot{\theta} = 0\,. \tag{22}$$

La seconde équation donne la conservation du moment cinétique $J = r^2\dot{\theta}$; il en résulte que

$$\ddot{r} = -\frac{\partial U}{\partial r} + \frac{J^2}{r^3} \qquad \text{ou} \qquad \ddot{r} = -\frac{\partial V}{\partial r} \quad \text{avec} \quad V = U + \frac{J^2}{2r^2}\cdot \square$$

L'énergie totale du système réduit $E = \frac{1}{2}\dot{r}^2 + V(r)$ est égale à l'énergie totale du système initial.

On intègre alors les équations du mouvement par quadratures. On obtient à partir de la conservation de l'énergie totale :

$$\dot{r} = \sqrt{2(E - V(r))}\,, \qquad \int dt = \int \frac{dr}{\sqrt{2(E - V(r))}}\cdot \tag{23}$$

Puis, utilisant la conservation du moment cinétique,

$$\dot{\theta} = \frac{J}{r^2}\,, \qquad \theta = \int \frac{\frac{J}{r^2}\,dr}{\sqrt{2(E - V(r))}}\cdot \tag{24}$$

Soit E la valeur de l'énergie totale. Le mouvement s'effectue dans le domaine $V(r) \le E$. Cette inégalité définit sur le plan une ou plusieurs couronnes

$$0 \le r_{\min} \le r \le r_{\max} \le +\infty\,.$$

Si $0 < r_{\min} \le r_{\max} < +\infty$, le mouvement est borné et se déroule à l'intérieur de la couronne déterminée par les cercles de rayons $r_{\min}$ et $r_{\max}$. L'angle θ varie de façon monotone (puisque $\dot{\theta} > 0$ ou < 0, selon le signe de J). Les points tels que $r = r_{\max}$ sont appelés *apocentres*. Les points tel que $r = r_{\min}$ sont appelés *péricentres*.

En général une orbite n'est pas fermée : l'angle d'un péricentre et d'un apocentre successifs est donné par

$$\Phi = \int_{r_{\min}}^{r_{\max}} \frac{\frac{J}{r^2}\,dr}{\sqrt{2(E - V(r))}}\,.$$

Une orbite est fermée si l'angle Φ est commensurable avec 2π $\left(\Phi \in \pi\mathbb{Q}\right)$.
On montre que si $\Phi/2\pi \notin \mathbb{Q}$, l'orbite est partout dense dans une couronne.

On applique maintenant la méthode d'intégration du mouvement au problème de Kepler.

Il s'agit du cas où $U = -k/r$. On trouve $V(r) = -\dfrac{k}{r} + \dfrac{J^2}{2r^2}$ puis (24) donne ici

$$\theta = \int \frac{\frac{J}{r^2}\,dr}{\sqrt{2\big(E - V(r)\big)}} = \arccos\left(\frac{\frac{J}{r} - \frac{k}{J}}{\sqrt{2E + k^2/J^2}}\right)$$

(On peut supposer que la constante arbitraire qui provient de l'intégration est nulle).

Introduisons les notations $\dfrac{J^2}{k} = p$ et $\sqrt{1 + \dfrac{2|E|J^2}{k^2}} = e$; il vient alors

$$\theta = \arccos\left(\frac{1}{e}\left(\frac{p}{r} - 1\right)\right) \qquad \text{soit} \qquad r = \frac{p}{1 + e\cos\theta}\cdot$$

On retrouve la

Première loi de Kepler :

Les planètes décrivent des ellipses dont le soleil occupe un des foyers.

La **troisième loi de Kepler** s'énonce comme suit :

la durée T d'une révolution sur une orbite elliptique est reliée à la longueur L du grand axe par la relation $\dfrac{T^2}{L^3} = C^{\text{te}}$, cette constante étant indépendante de la planète.

Preuve : Soit T la période de révolution et S l'aire balayée par le rayon vecteur au cours d'une révolution. On a $2S = JT$ puisque la vitesse aréolaire J/L est constante. L'aire d'une ellipse dont les demi-axes valent a et b est $S = \pi ab$, donc $T = \dfrac{2\pi ab}{J}\cdot$ Comme on a : $a = \dfrac{p}{1-e^2}$, $p = \dfrac{J^2}{k}$ et $1 - E^2 = \dfrac{2|E|J^2}{k^2}$, il vient :

$$a = \frac{k}{2|E|} \quad \left(2a = \frac{p}{1-e} + \frac{p}{1+e}\right) \qquad \text{et} \qquad e = \frac{c}{a}\cdot$$

On trouve $T = 2\pi\dfrac{k}{\big(2|E|\big)^{3/2}}\cdot$ Or $2|E| = \dfrac{k}{a}$, donc $T = \dfrac{2\pi}{\sqrt{k}}a^{3/2}$. □

Contrairement à une idée répandue, les démonstrations simples ci-dessus, qui consistent à intégrer des équations différentielles, ne sont pas celles de Newton. Une remarquable leçon de géométrie de Feynman discute ce point et on pourra consulter le livre de D.L. Goodstein et J.R. Goodstein cité en référence.

On arrive à la définition d'une dynamique newtonienne en général.

5. Systèmes à un nombre quelconque de degrés de liberté

Soit $\underline{x} = (x_1, \ldots, x_m) \in \mathbb{R}^m$. Soit $f : \mathbb{R}^m \to \mathbb{R}$ une fonction lipschitizienne. On considère le système différentiel (en toute généralité, on peut aussi considérer le cas où le second membre, appelé force, dépend aussi des vitesses $\dot{x}$)

$$\ddot{x}_i = f_i(x_1, \ldots, x_m) \qquad (i = 1 \ldots m) . \tag{25}$$

D'après le théorème de Cauchy appliqué à $\begin{pmatrix} \underline{x} \\ \underline{y} \end{pmatrix} \in \mathbb{R}^{2m}$:

$$\begin{aligned} \dot{x}_i &= y_i , \\ \dot{y}_i &= f(x_1, \ldots, x_m) , \end{aligned} \tag{26}$$

il existe une et une seule solution maximale $\underline{x}(t)$ de (1) telle que $\dot{\underline{x}}(0) = y_0$ et $\underline{x}(0) = x_0$.

Définition V.29

On dit que le système (1) est potentiel s'il existe une fonction U telle que

$$f_i(\underline{x}) = -\frac{\partial U}{\partial x_i} \quad (i = 1, \ldots, m) .$$

Dans ce cas, le système (1) s'écrit

$$\dot{x}_i = \frac{\partial H}{\partial y_i} , \qquad \dot{y}_i = -\frac{\partial H}{\partial x_i} , \tag{27}$$

avec

$$H(\underline{x}, \underline{y}) = \frac{1}{2} \sum_{i=1}^{m} y_i^2 + U(x_1, \ldots, x_m) .$$

Le système (3) est dit système hamiltonien du type de Newton à m degrés de liberté. Le vecteur $\underline{f}(\underline{x})$ est appelé la force. On peut généraliser sans difficulté ce qu'on a fait à deux degrés de liberté et associer à (1) la 1-forme différentielle :

$$\omega_1 = f_1(\underline{x})\, dx_1 + \cdots + f_m(\underline{x})\, dx_m . \tag{28}$$

On poursuit alors avec des généralisations immédiates.

Définition V.30

Soit V un ouvert de $\mathbb{R}^m$ et $\gamma : [0,1] \to V$ un arc de courbe différentiable tracé dans V. On appelle travail de la force f le long du arc de courbe γ l'intégrale curviligne

$$T(\gamma) = \int_\gamma \omega_1 .$$

Pour mémoire, si γ est la fonction à valeur dans $\mathbb{R}^m$ définie sur $[0,1]$ par

$$\gamma : u \mapsto \big(x_1(u), \ldots, x_m(u)\big) ,$$

l'intégrale curviligne est :

$$T(\gamma) = \int_\gamma \omega_1 = \int_0^1 \Big(f_1\big(\underline{x}(u)\big) \frac{dx_1}{du} + \cdots + f_m\big(\underline{x}(u)\big) \frac{dx_m}{du} \Big)\, du . \tag{29}$$

Théorème V.31

On suppose V connexe par arcs. Le système (25) est potentiel si et seulement si le travail de f le long de n'importe quel arc de courbe γ fermé est nul.

Si (1) est potentiel, la 1-forme ω_1 est exacte, $\omega_1 = dU$. La réciproque se démontre de la même façon que dans le cas $m = 2$.

On peut définir de la même manière qu'en V.2, la dérivée d'une fonction G : $\mathbb{R}^{2m} \to \mathbb{R} \quad (x, y) \mapsto G(x, y)$, le long du flot $\big(x(t), y(t)\big)$ de (2) par

$$\frac{dG}{dt} = \sum_{i=1}^{m} \Big(\frac{\partial G}{\partial x_i} \cdot \frac{dx_i}{dt} + \frac{\partial G}{\partial y_i} \cdot \frac{dy_i}{dt} \Big) = \sum_{i=1}^{m} \Big(\frac{\partial G}{\partial x_i} y_i + \frac{\partial G}{\partial y_i} f_i(\underline{x}) \Big) \cdot$$

On définit une intégrale première comme une fonction $F : \mathbb{R}^{2m} \to \mathbb{R}$ telle que $\dfrac{dF}{dt} = 0$. On peut vérifier que l'énergie totale d'un système potentiel

$$E(\underline{x}, \underline{y}) = \frac{1}{2} \sum_{i=1}^{m} y_i^2 + U(\underline{x}) \tag{30}$$

est une intégrale première.

Énoncés des exercices

Exercice V.1

Soit le système dynamique défini par $\ddot{x}(t) = -x(t)$.

1) Donner l'équation du mouvement.

2) Définir le portrait de phase.

Exercice V.2

Soit l'hamiltonien $H(x, y) = \frac{1}{2}y^2 + \frac{1}{4}x^4$.

1) Donner l'équation différentielle du mouvement.

2) Montrer que les courbes définies par $H(x, y) = c$ sont compactes.

3) Déterminer la position x en fonction du temps à l'aide de la fonction inverse de la fonction croissante : $x \mapsto \displaystyle\int_{x_0}^{x} \frac{dx}{\sqrt{2c - x^4/2}} \cdot$

Exercice V.3

Soit l'hamiltonien $H(x, y) = \frac{1}{2}y^2 - \frac{1}{3}x^3 + \frac{1}{2}ax^2$ où a est un réel strictement positif donné.

1) Étudier l'allure des courbes définies par $H(x, y) = c$. Montrer qu'elles sont non compactes.

2) Déterminer les points stationnaires de H.

3) Y-a-t-il des orbites périodiques ?

Exercice V.4

On donne le graphe $y = V(x)$ de l'énergie potentielle d'un système hamiltonien de type newtonien. Préciser le comportement des solutions du système au voisinage d'un extremum relatif de V.

Exercice V.5

1) Définir le portrait de phase du système dynamique $\ddot{x}(t) = -\sin\bigl(x(t)\bigr)$ associé au mouvement du pendule non amorti.

2) Donner l'équation de la séparatrice.

3) Le temps pour aller, sur la séparatrice, du point d'abscisse 0 au point d'abscisse π est-il fini ?

Exercice V.6

On dit qu'un hamiltonien H est isochrone si toutes ses orbites périodiques γ_c définies par $H(x, y) = c$ sont de même période. Soit l'hamiltonien défini par

$$H(x, y) = \frac{1}{2}\left(x^2 + y^2\right) + xy^2 + \frac{1}{2}y^4 .$$

1) On définit la 1-forme $\omega(u, v)$ par : $\omega(u, v) = \dfrac{v\,du - u\,dv}{u^2 + v^2}$ avec $u = x + y^2$ et $v = y$. Calculer l'intégrale de ω le long de l'orbite γ_c.

2) En déduire que l'hamiltonien considéré est isochrone.

Exercice V.7

Soit $T(c)$ la période de l'orbite périodique $H(x, y) = c$ d'un système hamiltonien de type newtonien.

1) Montrer que $T(c)$ coïncide avec l'intégrale curviligne $\displaystyle\int_{H=c} \frac{dx}{y}$.

2) En déduire que l'intégrale de surface $S(c) = \displaystyle\iint_{H\le c} dx \wedge dy$ vérifie :

$$\frac{dS}{dc}(c) = T(c) .$$

3) Dans le cas, étudié à l'exercice V.5, d'un système hamiltonien d'énergie potentielle V, montrer que la période T des petites oscillations au voisinage d'un minimum x_0 de V est voisine de $T_c = \dfrac{2\pi}{\sqrt{V''(x_0)}}$.

Exercice V.8 (*Figure de Lissajous.*)

1) Soit le système dynamique défini par $\ddot{x}_1 = -x_1$, $\ddot{x}_2 = -\omega^2 x_2$. Montrer qu'il est potentiel. Calculer son énergie potentielle.

2) Donner la solution générale des équations du mouvement.

3) Tracer les orbites dans le cas où $\omega = 1$.

Exercice V.9

Soit la force $F(x,y) = \big(k(x-2y), k(y-3x)\big)$.

1) Définir le travail de F le long d'une courbe fermée sans point double.

2) Montrer de façon indépendante que le système $\ddot{X} = -F$ est non potentiel.

Exercice V.10

1) Calculer l'énergie potentielle du champ central $F(r,\theta) = \dfrac{k}{r^3} e_r$.

2) Définir les équations différentielles des trajectoires en coordonnées polaires. On utilisera le changement de variable $u = \dfrac{1}{r}$ qui conduit à une équation différentielle simple vérifiée par la fonction $\theta \mapsto u$.

3) Construire les trajectoires.

Exercice V.11 (*Vitesse de lancement d'un satellite.*)

Soit un satellite lancé à une vitesse initiale v d'un point X éloigné d'une distance ℓ du centre O de la terre et soumis à l'attraction terrestre de potentiel $U(r) = -\dfrac{kMm}{r}$ (k : constante universelle de gravitation, M masse de la terre, m masse du satellite). On suppose que la vitesse initiale est perpendiculaire au rayon vecteur OX initial, et l'on note R le rayon de la terre (supposée sphérique).

1) Exprimer l'excentricité de l'orbite elliptique en fonction des constantes du problème et de l'énergie totale E. En déduire, en fonction de k et de ℓ, la vitesse limite pour laquelle l'orbite n'est plus compacte (vitesse de *libération*).

2) Exprimer le grand axe de l'orbite elliptique en fonction de l'énergie. En déduire la vitesse minimale nécessaire pour la mise en orbite en fonction de k, ℓ et R.

Chapitre VI
Champs de vecteurs

1. Introduction et notations

Soit U un ouvert de $\mathbb{R}^n$ et $\underline{x} = (x_1, \ldots, x_n)$ un point de U.

Définition VI.1

Un champ de vecteurs de X classe $\mathcal{C}^\infty$ sur U est la donnée du système différentiel :

$$\dot{x}_i = f_i(\underline{x}), \qquad i = 1, \ldots, n \tag{1}$$

où les fonctions $f_i : U \to \mathbb{R}$, appelées les composantes du champ de vecteurs, sont de classe $\mathcal{C}^\infty$.

Définition VI.2

Un point stationnaire d'un champ de vecteurs X est un point $\underline{x}_0 \in U$ tel que

$$f_i(\underline{x}_0) = 0 \quad (i = 1, \ldots, n)\,.$$

En particulier, on retrouve la définition V.9 proposée précédemment pour un champ de vecteurs du plan.

Par le théorème de Cauchy (cf. V.1), il existe, pour tout $\underline{x}_0 \in U$, un intervalle I maximal qui contient 0 et une solution $\underline{x}(t)$ de (1) définie sur I et qui vérifie $\underline{x}(0) = \underline{x}_0$.

On désigne par γ l'arc de courbe paramétré par t $(0 \leq t \leq t_0)$, d'origine $\underline{x}_0$, donné par

$$\gamma = \left\{\underline{x}(t);\ 0 \leq t \leq t_0\right\}.$$

Proposition VI.3

En un point $\underline{x}(t)$ de γ la tangente à l'arc de courbe γ a comme vecteur directeur le vecteur $f(\underline{x})$.

En effet par définition de γ, le vecteur tangent à la courbe $\dot{\underline{x}}(t)$ est égal au vecteur $f(\underline{x})$. L'arc de courbe γ passant par x_0 s'appelle l'orbite du champ de vecteurs (1) d'origine $\underline{x}_0$.

Soit $F : U \to \mathbb{R}$ une fonction $\mathcal{C}^\infty$ sur l'ouvert U. On considère la fonction composée $t \mapsto F\big(\underline{x}(t)\big)$.

Proposition VI.4

La dérivée de la fonction $t \mapsto F\big(\underline{x}(t)\big)$ par rapport à t est égale à :

$$\frac{dF\big(\underline{x}(t)\big)}{dt} = \sum_{i=1}^{n} f_i\big(\underline{x}(t)\big)\,\frac{\partial F}{\partial x_i}\big(\underline{x}(t)\big)\,. \tag{2}$$

Preuve : C'est une conséquence facile de la formule usuelle de la dérivée d'une fonction composée. □

Cette proposition justifie la notation suivante. Soit $\mathcal{E}(U)$ l'anneau des fonctions $\mathcal{C}^\infty$ sur l'ouvert U. On désigne aussi par champ de vecteurs $X : \mathcal{E}(U) \to \mathcal{E}(U)$ l'application

$$X : F \mapsto X\,\boldsymbol{.}\,F = \sum_{i=1}^{n} f_i(\underline{x})\,\frac{\partial F}{\partial x_i}(\underline{x})\,. \tag{3}$$

Proposition VI.5

L'application $X : \mathcal{E}(U) \to \mathcal{E}(U)$ introduite ci-dessus est une dérivation de l'anneau $\mathcal{E}(U)$, c'est-à-dire que

$$\begin{aligned} &X\boldsymbol{.}(\lambda f + \mu g) = \lambda X\boldsymbol{.}f + \mu X\boldsymbol{.}g\,, \quad (\lambda,\mu) \in \mathbb{R}\times\mathbb{R},\ (f,g) \in \mathcal{E}(U)\times\mathcal{E}(U)\,,\\ &X\boldsymbol{.}(fg) = \big(X\boldsymbol{.}f\big)g + f\big(X\boldsymbol{.}g\big)\,. \end{aligned} \tag{4}$$

Preuve : La démonstration, conséquence facile des propriétés usuelles des dérivées partielles, est laissée en exercice. □

L'ensemble des champs de vecteurs $\mathcal{C}^\infty$ sur U est clairement un $\mathcal{E}(U)$–module noté $\mathfrak{X}(U)$.

2. Le produit intérieur d'une forme différentielle par un champ de vecteurs.

Soit $\omega = \sum_{j=1}^{n} a_j(\underline{x})\,dx_j$ une 1-forme différentielle (à coefficients $\mathcal{C}^\infty$) définie sur l'ouvert U de $\mathbb{R}^n$. Soit $X = \sum_{j=1}^{n} f_j(\underline{x})\,\frac{\partial}{\partial x_j}$ un champ de vecteurs $\mathcal{C}^\infty$ (défini sur U).

Définition VI.6

Le produit intérieur de la 1-forme ω par le champ X est la fonction $\mathcal{C}^\infty$ sur U, notée $\mathrm{i}_X\,\omega$ ou $\big(\omega(X)\big)$, définie par :

$$\mathrm{i}_X\,\omega(\underline{x}) = \sum_{j=1}^{n} a_j(\underline{x})\,f_j(\underline{x})\,. \tag{5}$$

En particulier si $f : U \to \mathbb{R}$ est une fonction $\mathcal{C}^\infty$ définie sur l'ouvert U, on a

$$\mathrm{i}_X\,df(\underline{x}) = \sum_{j=1}^{n} f_j(\underline{x})\,\frac{\partial f}{\partial x_j}(\underline{x}) = X\,\boldsymbol{.}\,f(\underline{x})\,. \tag{6}$$

Proposition VI.7

Soit γ l'arc de courbe défini précédemment comme l'orbite de X passant par le point $\underline{x}_0$. L'intégrale de ω le long de γ entre les points $x(0)$ et $x(t_0)$ est :

$$\int_\gamma \omega = \int_0^{t_0} \mathrm{i}_X\, \omega(\underline{x}(t))\, dt\,.$$

Preuve : Il suffit de revenir à la définition de l'intégrale d'une 1-forme différentielle sur un arc de courbe et d'identifier. □

En particulier si $\omega(X) \equiv 0$ on trouve $\int_\gamma \omega = 0$ quelque soit $\underline{x}_0$.

On va utiliser la structure d'algèbre graduée de $\Omega(U) = \bigoplus \Omega^k(U)$ pour étendre i_X en une dérivation de l'algèbre graduée qui est homogène de degré -1.

On commence par définir i_X sur $\Omega^0(U) \simeq \mathcal{E}(U)$ et on convient que pour tout f de $\Omega^0(U)$

$$\mathrm{i}_X \boldsymbol{.} f = 0\,. \tag{7}$$

Il existe alors une unique extention de $\mathrm{i}_X : \Omega(U) \to \Omega(U)$ telle que

$$\mathrm{i}_X : \Omega^k(U) \to \Omega^{k-1}(U) \tag{8}$$

et

$$\mathrm{i}_X(\alpha \wedge \beta) = (\mathrm{i}_X\, \alpha) \wedge \beta + (-1)^k \alpha \wedge (\mathrm{i}_X\, \beta)\,. \tag{9}$$

où $\alpha \in \Omega^k(U)$, $\beta \in \Omega(U)$.

Définition VI.8

La dérivation homogène de degré -1 de l'algèbre extérieure $\Omega(U)$ ainsi définie s'appelle le produit intérieur par le champ de vecteurs X.

3. Applications du produit intérieur

Soit Ω la forme volume sur U :

$$\Omega = dx_1 \wedge \ldots \wedge dx_n\,. \tag{10}$$

Proposition VI.9

L'application de $\mathfrak{X}(U)$ sur $\Omega^{n-1}(U)$ définie par

$$X \mapsto \mathrm{i}_X\, \Omega$$

définit un isomorphisme de $\mathcal{E}(U)$-module.

En effet il suffit de remarquer que pour $X = \sum_{j=1}^{n} f_j(\underline{x}) \dfrac{\partial}{\partial x_j}$,

$$\mathrm{i}_X\, \Omega = \sum_{j=1}^{n} (-1)^{j+1} f_j(\underline{x})\, dx_1 \wedge \ldots \wedge \widehat{dx_j} \wedge \ldots \wedge dx_n\,. \tag{11}$$

(où le symbole $\widehat{\ }$ signifie que dx_j n'apparaît pas dans le produit).

La donnée d'une forme volume permet donc l'identification (non-canonique) de $\Omega^{n-1}(U)$ et de $\mathfrak{X}(U)$.

Définition VI.10

Étant donné un champ $X = \sum_{j=1}^{n} f_j(\underline{x}) \dfrac{\partial}{\partial x_j}$, la divergence de X, notée $\mathsf{div}(X)$, est la fonction définie comme suit :

$$d(\mathsf{i}_X \Omega) = \mathsf{div}(X)\Omega\,. \tag{12}$$

Un calcul facile donne

$$\mathsf{div}(X) = \sum_{j=1}^{n} \frac{\partial f_j}{\partial x_j}(\underline{x})\,. \tag{13}$$

Soit ω une 1-forme définie sur un ouvert U de $\mathbb{R}^3$,

$$\omega = a_1(\underline{x})\,dx_1 + a_2(\underline{x})\,dx_2 + a_3(\underline{x})\,dx_3\,, \tag{14}$$

sa différentielle $d\omega$:

$$\Big(\frac{\partial a_2}{\partial x_1} - \frac{\partial a_1}{\partial x_2}\Big)dx_1 \wedge dx_2 + \Big(\frac{\partial a_3}{\partial x_2} - \frac{\partial a_2}{\partial x_3}\Big)dx_2 \wedge dx_3 + \Big(\frac{\partial a_1}{\partial x_3} - \frac{\partial a_3}{\partial x_1}\Big)dx_3 \wedge dx_1 \tag{15}$$

et soit $\Omega = dx_1 \wedge dx_2 \wedge dx_3$ la forme volume associée canoniquement aux coordonnées (x_1, x_2, x_3). D'après ce qui précède, il existe un unique champ de vecteurs X sur U tel que $\mathsf{i}_X \Omega = d\omega$.

Définition VI.11

Le rotationnel de la 1-forme ω est le champ X tel que $\mathsf{i}_X \Omega = d\omega$, on le note

$$X = \mathsf{rot}(\omega)\,.$$

On trouve

$$X = \Big(\frac{\partial a_3}{\partial x_2} - \frac{\partial a_2}{\partial x_3}\Big)\frac{\partial}{\partial x_1} + \Big(\frac{\partial a_1}{\partial x_3} - \frac{\partial a_3}{\partial x_1}\Big)\frac{\partial}{\partial x_2} + \Big(\frac{\partial a_2}{\partial x_1} - \frac{\partial a_1}{\partial x_2}\Big)\frac{\partial}{\partial x_3}\,. \tag{16}$$

Remarque :

Puisque $d(\mathsf{i}_X \Omega) = \mathsf{div}(X)\Omega$ et que $d(\mathsf{i}_X \Omega) = d^2\omega = 0$, on obtient que pour toute 1-forme ω sur $\mathbb{R}^3$,

$$\mathsf{div}(\mathsf{rot}\,\omega) = 0\,. \tag{17}$$

4. Nouvelle interprétation de la notion de forme différentielle

On a dans un premier temps défini une k-forme différentielle sur un ouvert U de $\mathbb{R}^n$ comme la donnée d'une application $\mathcal{C}^\infty$ de U sur l'espace vectoriel des formes k-linéaires alternées sur $E = \mathbb{R}^n$.

Soit $\omega \in \Omega^k(U)$ et $X_1, \ldots, X_k$, k champs de vecteurs sur U. Soit $\underline{x}$ un point de U ; on note $X_1(\underline{x}), \ldots, X_k(\underline{x})$ les k-vecteurs de E dont les composantes sont les valeurs des composantes des champs $X_1, \ldots, X_k$ évaluées au point $\underline{x}$. On associe à ω la fonction (notée aussi ω) de $\mathfrak{X}(U)^k$ dans $\mathcal{E}(U)$ définie par

$$\omega(X_1, \ldots, X_k)(\underline{x}) = \omega(\underline{x})\big(X_1(\underline{x}), \ldots, X_k(\underline{x})\big)\,. \tag{18}$$

Il est facile de vérifier la

Proposition VI.12

Une k–forme ω définit une application k–linéaire alternée du module $\mathfrak{X}(U)^k$ sur $\mathcal{E}(U)$.

En fait, ceci permet d'identifier une k-forme différentielle avec la donnée d'une application k–linéaire alternée du $\mathcal{E}(U)$–module $\mathfrak{X}(U)^k$ sur $\mathcal{E}(U)$.

Cette identification justifie par exemple la notation $\omega(X)$ pour $\mathsf{i}_X\,\omega$ dans la définition VI.6.

5. La dérivée de Lie par rapport à un champ de vecteurs

Définition VI.13

La dérivée de Lie L_X par rapport à un champ de vecteurs X est la dérivation homogène de degré 0 de $\Omega(U)$ qui est définie de $\Omega^k(U)$ dans lui-même par :

$$L_X\omega = d\ \mathsf{i}_X\,\omega + \mathsf{i}_X\,d\omega\,. \tag{19}$$

Remarque :

Le fait que L_X est une dérivation homogène de degré 0 de l'algèbre extérieure $\Omega(U)$ signifie que

$$L_X(\alpha\wedge\beta) = \big(L_X\alpha\big)\wedge\beta + \alpha\wedge\big(L_X\beta\big)\,. \tag{20}$$

On peut obtenir cette propriété à titre d'exercice à partir des propriétés de la différentielle extérieure d et du produit intérieur i_X .

On peut vérifier les propriétés suivantes de la dérivée de Lie :

pour $f\in\Omega^0(U)\simeq\mathcal{E}(U)$,

(i) $$L_Xf = X\centerdot f\,, \tag{21}$$

(ii) $$L_Xdf = d\big(L_Xf\big)\,, \tag{22}$$

et, plus généralement, pour toute forme différentielle $\omega\in\Omega(U)$,

$$L_Xd\omega = d\big(L_X\omega\big)\,, \tag{23}$$

(iii) $$L_{fX}\omega = f.\,\big(L_X\omega\big) + df\wedge\mathsf{i}_X\,\omega\,, \tag{24}$$

(iv) $$L_X\,\mathsf{i}_X\,\omega = \mathsf{i}_X\,L_X\omega\,. \tag{25}$$

6. Flot local d'un champ de vecteurs et théorème fondamental de la dérivée de Lie.

Le théorème de Cauchy donne, pour toute donnée initiale $\underline{x}_0$, l'existence d'une solution $\underline{x}(t)$ au système différentiel (1) associé à un champ de vecteur X. Ceci amène à considérer l'application Φ_t définie localement par l'application

$$\Phi_t : \underline{x}_0 \mapsto \underline{x}(t)\,.$$

De la définition même il résulte que

$$\Phi_s\circ\Phi_t = \Phi_{t+s} \tag{26}$$

et $\Phi_0 = I$.

En particulier Φ_t est inversible (localement) et $\Phi_t^{-1} = \Phi_{-t}$.

Définition VI.14

L'application Φ_t définit un difféomorphisme local qui s'appelle le flot à l'instant t du champ de vecteurs X.

Soit ω une forme différentielle $\mathcal{C}^\infty$ définie sur le domaine d'existence du flot local de X. On peut considérer la contre-image $\Phi_t^*\omega$ de la forme différentielle ω par le flot Φ_t.

Théorème VI.15

La dérivée par rapport à t de $\Phi_t^*\omega$ est égale à

$$\frac{d}{dt}(\Phi_t^*\omega) = \Phi_t^*(L_X\omega)\,. \tag{27}$$

Preuve : On démontre la formule pour les k-formes différentielles par récurrence sur k. Pour $k=0$, c'est-à-dire pour $\omega = f \in \mathcal{E}(U)$, la formule donne

$$\frac{d}{dt}\Phi_t^* f = \frac{d}{dt} f\big(\underline{x}(t)\big) = X\centerdot f\big(\underline{x}(t)\big)\,. \tag{28}$$

Cette formule a déjà été écrite au début du paragraphe. Pour $k=1$, on prend $\omega = df \in \Omega^1(U)$, et on vérifie que

$$\begin{aligned} \frac{d}{dt}\Big(\Phi_t^*(df)\Big) &= \frac{d}{dt}\Big(d(\Phi_t^* f)\Big) = d\Big(\frac{d}{dt}\Phi_t^* f\Big) = d\Phi_t^* L_X f\,, \\ &= \Phi_t^*\big(dL_X f\big) = \Phi_t^*\big(L_X df\big)\,. \end{aligned} \tag{29}$$

On suppose que $\omega = \alpha\wedge\beta$ et que la formule est démontrée pour α et β. On obtient

$$\begin{aligned} \frac{d}{dt}\Phi_t^*(\alpha\wedge\beta) &= \frac{d}{dt}\Big(\Phi_t^*\alpha\wedge\Phi_t^*\beta\Big) \\ &= \big(\frac{d}{dt}\Phi_t^*\alpha\big)\wedge\Phi_t^*\beta + \Phi_t^*\alpha\wedge\big(\frac{d}{dt}\Phi_t^*\beta\big) \\ &= \Phi_t^*\big(L_X\alpha\big)\wedge\Phi_t^*\beta + \Phi_t^*\alpha\wedge\Phi_t^*\big(L_X\beta\big) \\ &= \Phi_t^*\big(L_X\alpha\wedge\beta + \alpha\wedge L_X\beta\big) \\ &= \Phi_t^*\big(L_X(\alpha\wedge\beta)\big)\,. \end{aligned}$$

et ceci démontre le résultat par récurrence sur k. □

7. Crochet de deux champs de vecteurs

Étant donné deux champs de vecteurs X et Y définis sur un ouvert U de $\mathbb{R}^n$,

$$X = \sum_{i=1}^n f_i(\underline{x})\,\frac{\partial}{\partial x_i}\,, \quad Y = \sum_{j=1}^n g_j(\underline{x})\,\frac{\partial}{\partial x_j}\,. \tag{30}$$

on introduit le crochet de X et de Y :

Définition VI.16

Le crochet des champs de vecteurs $X = \sum_{i=1}^{n} f_i(\underline{x}) \frac{\partial}{\partial x_i}$ et $Y = \sum_{j=1}^{n} g_j(\underline{x}) \frac{\partial}{\partial x_j}$ est le champ de vecteurs noté $[X, Y]$ défini par

$$\begin{aligned} [X,Y] &= \sum_{i,j} \left(f_i(\underline{x}) \frac{\partial g_j}{\partial x_i}(\underline{x}) \frac{\partial}{\partial x_j} - g_j(\underline{x}) \frac{\partial f_i}{\partial x_j}(\underline{x}) \frac{\partial}{\partial x_i} \right) \\ &= \sum_{i,j} \left(X_j \frac{\partial Y_i}{\partial x_j} - Y_j \frac{\partial X_i}{\partial x_j} \right) \frac{\partial}{\partial x_i} . \end{aligned} \tag{31}$$

De la définition, il résulte deux propriétés évidentes :

(i) $$[X,Y] = -[Y,X] , \tag{32}$$

(ii) l'action de $[X,Y]$ en tant que dérivation de $\mathcal{E}(U)$ est

$$f \mapsto [X,Y] \centerdot f = X \centerdot (Y \centerdot f) - Y \centerdot (X \centerdot f) . \tag{33}$$

On peut également vérifier l'identité de Jacobi :

$$\big[X, [Y,Z]\big] + \big[Y, [Z,X]\big] + \big[Z, [X,Y]\big] = 0 . \tag{34}$$

Définition VI.17

On dit que les champs de vecteurs X et Y commutent si $[X,Y] = 0$.

Soit Φ_t le flot local du champ de vecteurs X et $\Psi_{t'}$ celui de Y.

Théorème VI.18

Les deux flots locaux correspondants Φ_t et $\Psi_{t'}$ commutent $\big(\Phi_t \circ \Psi_{t'} = \Psi_{t'} \circ \Phi_t \big)$, si et seulement si les champs de vecteurs commutent $\big([X,Y] = 0\big)$.

Preuve : On suppose que $\Phi_t \circ \Psi_{t'} = \Psi_{t'} \circ \Phi_t$ et soit f une fonction sur U. On a

$$\frac{d}{dt'} \Psi_{t'}^* (\Phi_t^* f) = \Psi_{t'}^* (Y \centerdot \Phi_t^* f) , \tag{35}$$

$$\frac{d^2}{dt\, dt'} \Psi_{t'}^* (\Phi_t^* f) = \Psi_{t'}^* \Phi_t^* (X \centerdot Y \centerdot f) = X \centerdot Y \centerdot f \Big(\Psi_{t'} (\Phi_t(\underline{x})) \Big) , \tag{36}$$

De même, $\frac{d^2}{dt'\, dt} \Phi_t^* \Psi_{t'}^* f = Y \centerdot X \centerdot f \Big(\Phi_t (\Psi_{t'}(\underline{x})) \Big)$, et donc on obtient $[X,Y] = 0$.

La réciproque résulte de l'unicité de la solution d'un problème de Cauchy. □

8. Hypersurfaces dans $\mathbb{R}^n$ et champs de vecteurs tangents à des hypersurfaces.

Soit $H_1, \ldots, H_k : U \to \mathbb{R}$ k fonctions définies (et $\mathcal{C}^\infty$) sur un ouvert U de $\mathbb{R}^n$. Les hypersurfaces de niveau de $\underline{H} : U \to \mathbb{R}^k$ sont les lieux des points $\underline{x}$ de U tels que

$H_1(\underline{x}) = c_1, \ldots, H_k(\underline{x}) = c_k$ (où les c_i, $i = 1, \ldots, k$ sont des constantes fixées). On les note $\underline{H}^{-1}(\underline{c})$. On note $\mathsf{grad}\, H_i$ les k vecteurs

$$\mathsf{grad}\, H_i = \begin{pmatrix} \dfrac{\partial H_i}{\partial x_1} \\ \vdots \\ \dfrac{\partial H_i}{\partial x_n} \end{pmatrix}. \tag{37}$$

Définition VI.19

Le point $\underline{c} \in \mathbb{R}^k$ est dit valeur régulière de l'application $\underline{H} : \underline{x} \mapsto (H_1(\underline{x}), \ldots, H_k(\underline{x}))$ définie sur U et à valeurs dans $\mathbb{R}^k$ si en tout point $x \in \underline{H}^{-1}(\underline{c})$, les k vecteurs $\mathsf{grad}\, H_i$ $(i = 1, \ldots, k)$ sont indépendants.

On fixe un produit scalaire sur $\mathbb{R}^n$. On peut par exemple prendre le produit scalaire canonique sur $\mathbb{R}^n$

$$\langle \underline{x}, \underline{y} \rangle = \sum_{i=1}^{n} x_i y_i \,.$$

Définition VI.20

Soit $\underline{c} \in \mathbb{R}^k$ une valeur régulière de l'application $\underline{H} : U \to \mathbb{R}^k$. L'espace tangent à l'hypersurface $\underline{H}^{-1}(\underline{c})$ en un point $\underline{x} \in \underline{H}^{-1}(\underline{c})$ est l'espace affine passant par $\underline{x}$ formé des vecteurs $v \in \mathbb{R}^k$ tels que

$$\langle \mathsf{grad}\, H_1, v \rangle = \cdots = \langle \mathsf{grad}\, H_k, v \rangle = 0\,.$$

Proposition VI.21

En tout point $\underline{x}$ d'une hypersurface $\underline{H}^{-1}(\underline{c})$ où $\underline{c}$ est une valeur régulière de $\underline{H}$, l'espace tangent est de dimension $n - k$.

Preuve : Le fait que les k vecteurs $\mathsf{grad}\, H_i$ $(i = 1, \ldots, k)$ soient indépendants équivaut au fait que les k–formes linéaires,

$$v \mapsto \mathsf{grad}\, H_1 \bullet v, \; \ldots \; , v \mapsto \mathsf{grad}\, H_k \bullet v\,,$$

le soient et donc la dimension de l'espace vectoriel formé des vecteurs v tels que

$$\langle \mathsf{grad}\, H_1, v \rangle = \cdots = \langle \mathsf{grad}\, H_k, v \rangle = 0$$

est $n - k$. □

Définition VI.22

Un champ de vecteurs $X = \displaystyle\sum_{i=1}^{n} f_i(\underline{x}) \frac{\partial}{\partial x_i}$ est dit tangent à une hypersurface $\underline{H}^{-1}(\underline{c})$ si en tout point $\underline{x} \in \underline{H}^{-1}(\underline{c})$ le vecteur $\begin{pmatrix} f_1(\underline{x}) \\ \vdots \\ f_n(\underline{x}) \end{pmatrix}$ appartient à l'espace tangent à l'hypersurface $\underline{H}^{-1}(\underline{c})$ au point $\underline{x}$.

Par exemple, si le champ X admet les fonctions $H_1, \ldots, H_k$ comme intégrales premières :

$$X \centerdot H_i = 0 \qquad (i = 1, \ldots, k)$$

alors X est tangent aux hypersurfaces $\underline{H}^{-1}(\underline{c})$ ($\underline{c}$ valeur régulière de $\underline{H}$). On peut considérer dans ce cas la restriction du flot Φ_t de X aux hypersurfaces $\underline{H}^{-1}(\underline{c})$.

9. Le lemme de Poincaré

Soit U un ouvert de $\mathbb{R}^n$ et O un point de U.

Définition VI.23

L'ouvert U est dit étoilé par rapport au point O si pour tout point M de U le segment d'origine O et d'extrémité M est tout entier contenu dans U.

Soit ω une k–forme différentielle définie sur l'ouvert U et de classe $\mathcal{C}^\infty$ sur U. Soit $\underline{x} = (x_1, \ldots, x_n)$ le système de coordonnées canoniques sur $\mathbb{R}^n$ et C le champ de vecteur (dit champ d'Euler) :

$$C = \sum_{i=1}^{n} x_i \frac{\partial}{\partial x_i} \cdot$$

Le flot du champ de vecteur C, noté Φ_t, est donné par $\Phi_t : x_0 \mapsto \underline{x}(t) = \underline{x}(0)\, e^t$.

Théorème VI.24 (*Lemme de Poincaré*)

On suppose que ω est fermée et que l'ouvert U est étoilé par rapport à l'un de ses points, alors ω est exacte.

Preuve : On choisit comme origine des coordonnées O un des points par rapport auquel l'ouvert U est étoilé.
Le théorème fondamental de la dérivée de Lie (cf. Théorème VI.15) donne

$$\Phi_t^*\omega - \omega = \int_0^t \Phi_u^*\big(L_c\omega\big)\, du\,.$$

On a (cf. Définition VI.13)

$$L_c\omega = d\,\mathrm{i}_c\,\omega + \mathrm{i}_c\; d\omega = d\,\mathrm{i}_c\,\omega\,.$$

Donc, il vient

$$\Phi_t^*\omega - \omega = \int_0^t \Phi_u^*\big(d\,\mathrm{i}_c\,\omega\big)\, du\,.$$

On a de plus (cf. Théorème VI.15)

$$\int_0^t \Phi_u^*\big(d\,\mathrm{i}_c\,\omega\big)\, du = \int_0^t d\Big(\Phi_u^*\big(\mathrm{i}_c\,\omega\big)\Big)\, du = d\Big(\int_0^t \Phi_u^*\big(\mathrm{i}_c\,\omega\big)\, du\Big)\,.$$

Si on passe à la limite $t \to -\infty$, on obtient le résultat (on ne discute pas ici la convergence de l'intégrale impropre). □

On peut en particulier revenir sur les notions introduites en VI.4.

Soit $X = f_1(\underline{x})\,\dfrac{\partial}{\partial x_1} + f_2(\underline{x})\,\dfrac{\partial}{\partial x_2} + f_3(\underline{x})\,\dfrac{\partial}{\partial x_3}$ un champ de vecteurs défini sur un ouvert U de $\mathbb{R}^3$ $\big(\underline{x} = (x_1, x_2, x_3)\big)$, étoilé par rapport à l'un de ses points. Si la divergence de X est nulle : $\operatorname{div} X = 0$, le lemme de Poincaré implique pour la forme $\omega = \mathsf{i}_X\, dx_1 \wedge dx_2 \wedge dx_3$ l'existence sur U d'une 1–forme

$$A = a_1(\underline{x})dx_1 + a_2(\underline{x})dx_2 + a_3(\underline{x})dx_3 \qquad \text{telle que} \qquad \omega = dA\,.$$

Classiquement A s'appelle le potentiel vecteur et on écrit $X = \operatorname{rot} A$.

Énoncés des exercices

Exercice VI.1

Soient $f_1, \ldots, f_{n-1}$, $(n-1)$ fonctions $\mathcal{C}^\infty$ de $\mathbb{R}^n$ dans $\mathbb{R}$ telles que la forme $df_1 \wedge \ldots \wedge df_{n-1}$ ne soit pas identiquement nulle.

On note $dx_1 \wedge \ldots \wedge dx_n$ la forme volume canonique de $\mathbb{R}^n$. Soit X le champ de vecteurs défini par le produit intérieur :

$$\mathsf{i}_X\, dx_1 \wedge \ldots \wedge dx_n = df_1 \wedge \ldots \wedge df_{n-1}\,.$$

Montrer que les fonctions f_j, $j = 1, \ldots, n$, sont des intégrales premières du champ X.

Exercice VI.2

On considère sur $\mathbb{R}^2$ les champs de vecteurs

$$X_1(x,y) = x\,\frac{\partial}{\partial x} + 2y\,\frac{\partial}{\partial y} \qquad \text{et} \qquad X_2(x,y) = \frac{\partial}{\partial x} + \sin x\,\frac{\partial}{\partial y}\,\cdot$$

Déterminer le flot $\Phi_t^i(x_0, y_0)$ de X_i $(i = 1, 2)$.

Exercice VI.3

Soit X et Y deux champs de vecteurs définis sur un ouvert U de $\mathbb{R}^n$, et Φ_t le flot associé au champ Y.

Soit F un difféomorphisme d'un ouvert V de $\mathbb{R}^n$ sur l'ouvert U. On appelle contre-image du champ $X(x) = \displaystyle\sum_{k=1}^{n} X_k(x)\,\frac{\partial}{\partial x_k}$ le champ F^*X défini en $x \in V$ par :

$$F^*X(x) = \sum_{k,\ell=1}^{n} X_k\big(F(x)\big)\,\frac{\partial y_k}{\partial x_\ell}\,\frac{\partial}{\partial y_\ell} \qquad (\text{avec } y = F(x))$$

c'est-à-dire, en notation plus condensée : $F^*X(x) = J^{-1}\big(F(x)\big)X$ où J est le jacobien de F.

1) Vérifier que, pour toute 1–forme ω définie sur U, on a :

$$\mathsf{i}_{F^*X}\, F^*\omega = F^*\big(\mathsf{i}_X\, \omega\big)\,.$$

2) Vérifier que : $\frac{d}{dt}\Phi_t^* X = \Phi_t^*\Big(\frac{d}{dt}\Phi_t^* X\big|_{t=0}\Big)$.

3) On pose $Z = \frac{d}{dt}\Phi_t^* X$. Vérifier que : $\mathrm{i}_Z\,\omega = \sum_{k=1}^{n}\Big(\sum_{\ell=1}^{n}\frac{\partial X_k}{\partial x_\ell}\,Y_\ell - X_\ell\,\frac{\partial Y_k}{\partial x_\ell}\Big)\,\omega_k$.

En déduire que : $Z = -\sum_{k=1}^{n}\Big(\sum_{\ell=1}^{n}(X_\ell\,\frac{\partial Y_k}{\partial x_\ell} - Y_\ell\,\frac{\partial X_k}{\partial x_\ell})\Big)\,\frac{\partial}{\partial x_k}$, et enfin la formule de Lie–Cartan :

$$\frac{d}{dt}\Phi_t^* X = -\Phi_t^*\big([X,Y]\big).$$

Exercice VI.4

1) Une rotation d'angle t autour de l'axe Ox_3 est une transformation de $\mathbb{R}^3$ du type

$$F_t(x_1,x_2,x_3) = (X_1,X_2,X_3) \qquad \text{avec} \qquad \begin{cases} X_1 = x_1\cos t + x_2\sin t \\ X_2 = -x_1\sin t + x_2\cos t \\ X_3 = x_3 \end{cases}$$

Montrer que F_t définit un groupe à 1 paramètre et que c'est le flot du champ de vecteurs $X(x_1,x_2,x_3) = \begin{pmatrix} x_2 \\ -x_1 \\ 0 \end{pmatrix}$.

2) On dit qu'un champ Y est invariant par rotation autour de l'axe Ox_3 si et seulement si $F_t^* Y = Y$. Montrer que cette définition est équivalente à $[X,Y] = 0$.

Exercice VI.5

Montrer, pour tous champs de vecteur X et Y, pour toute fonction f et toute forme α, les propriétés suivantes de la dérivée de Lie :

1) $L_X f = X\centerdot f$
2) $L_X df = dL_X f$
3) $L_{fX}\alpha = fL_X\alpha + df\wedge \mathrm{i}_X\,\alpha$
4) $L_X\,\mathrm{i}_X\,\alpha = \mathrm{i}_X\,L_X\alpha$
5) $L_{[X,Y]}\alpha = L_X L_Y\alpha - L_Y L_X\alpha$
6) $d\omega(X,Y) = L_X\omega(Y) - L_Y\omega(X) - \omega\big([X,Y]\big), \quad \omega\in\Omega^q(U)$.

Exercice VI.6

Soit V un ouvert de $\mathbb{R}^n$, x des coordonnées sur V, y des coordonnées sur $\mathbb{R}^n$ et $U = V\times\mathbb{R}^n$. Soit $J : \mathfrak{X}(U)\to\mathfrak{X}(U)$ l'endomorphisme de $\mathcal{E}(U)$–module qui à

$$X(x,y) = \sum_{i=1}^{n}\Big(X_i(x,y)\,\frac{\partial}{\partial x_i} + Y_i(x,y)\,\frac{\partial}{\partial y_i}\Big) \text{ associe } J\big(X\big)(x,y) = \sum_{i=1}^{n} X_i(x,y)\,\frac{\partial}{\partial y_i}\,.$$

On définit une unique application d_J de $\Omega(U)$ dans lui même telle que

$$d_J(\omega \wedge \varpi) = d_J\omega \wedge \varpi + \omega \wedge d_J\varpi$$
$$d_J f(X) = J(X).f \qquad\qquad d_J(df) = d(d_J f)$$

1) Montrer que d_J envoie des k–formes sur des $(k+1)$–formes :

$$d_J : \Omega^k(U) \to \Omega^{k+1}(U).$$

2) Montrer que $(d_J)^2 = 0$.

Exercice VI.7

Soit V un ouvert de $\mathbb{R}^n$ et $U = V \times \mathbb{R}^n$. Soit X un champ de vecteur $\mathcal{C}^\infty$ sur U, et J l'endomorphisme du $\mathcal{E}(U)$–module $\mathfrak{X}(U)$ défini à l'exercice VI.6.

On désigne par C le champ de Liouville $C = \sum_{i=1}^{n} y_i \frac{\partial}{\partial y_i}$; montrer que :

$$J(X) = J([C, X]) + [J(X), C].$$

Exercice VI.8

Soit X un champ de vecteurs $\mathcal{C}^\infty$ sur $\mathbb{R}^n$, tel que $\mathsf{div}(X) = 0$. Soit Φ_t le flot du champ de vecteurs X et $\omega = dx_1 \wedge \ldots \wedge dx_n$. Vérifier que $\Phi_t^*\omega = \omega$.

Exercice VI.9

Un polynôme homogène de degré m est un polynôme f qui satisfait :

$$\forall x \in \mathbb{R}^n,\ \forall \lambda \in \mathbb{R}^+, \quad f(\lambda x) = \lambda^m f(x).$$

Vérifier que f est homogène de degré m si et seulement si

$$C.f = mf \qquad \text{avec} \qquad C = \sum_{i=1}^{n} x_i \frac{\partial}{\partial x_i}.$$

Chapitre VII
Systèmes hamiltoniens et géométrie symplectique

1. Formulation des équations de Hamilton, forme symplectique

Soit V un ouvert de $\mathbb{R}^{2m}$ sur lequel on prend des coordonnées (x_i, y_i) $(i = 1, \ldots, m)$.

Définition VII.1

La 2-forme différentielle

$$\omega = \sum_{i=1}^{m} dx_i \wedge dy_i$$

est appelée la forme symplectique canonique de l'ouvert V muni des coordonnées (x_i, y_i) $(i = 1, \ldots, m)$.

Soit $H : V \to \mathbb{R}$ une fonction $\mathcal{C}^\infty$ sur V. On associe un champ de vecteurs hamiltonien X_H à la fonction H par les équations déjà rencontrées :

$$\begin{cases} \dot{x}_i = \dfrac{\partial H}{\partial y_i} \\ \dot{y}_i = -\dfrac{\partial H}{\partial x_i} \qquad (i = 1, \ldots, m)\,. \end{cases}$$

Ce champ X_H est

$$X_H = \sum_{i=1}^{m} \Big(\frac{\partial H}{\partial y_i} \cdot \frac{\partial}{\partial x_i} - \frac{\partial H}{\partial x_i} \cdot \frac{\partial}{\partial y_i} \Big) \cdot$$

Le produit intérieur de ω par le champ de vecteurs X_H est

$$i_{X_H}\omega = \sum_{i=1}^{m} \Big(\frac{\partial H}{\partial y_i}\, dy_i + \frac{\partial H}{\partial y_i}\, dx_i \Big) = dH\,.$$

Proposition VII.2

Étant donnée une fonction $H : V \to \mathbb{R}$ et la forme symplectique ω, il existe un et un seul champ de vecteurs X_H tel que $i_{X_H}\omega = dH$. Il s'appelle le champ hamiltonien associé à la fonction H et à la forme symplectique ω.

Preuve : Soit $\alpha = \sum_{i=1}^{m} (A_i\, dx_i + B_i\, dy_i) \in \Omega^1(V)$ une 1–forme définie sur V. Il existe un seul champ de vecteurs X tel que $i_X\omega = \alpha$ et c'est le champ

$$X = \sum_{i=1}^{m} \Big(B_i \frac{\partial}{\partial x_i} - A_i \frac{\partial}{\partial y_i} \Big) \cdot \square$$

Remarque : Un point stationnaire du champ de vecteurs X_H est un point critique de la fonction H (cf. Définitions III.8 et VI.2).

Définition VII.3

Une 2–forme ω est dite de rang maximal si l'application de $\mathfrak{X}(V)$ vers $\Omega^1(V)$ définie par

$$X \mapsto i_X\omega$$

est une bijection.

Remarque :

Noter que cette application est un morphisme de $\mathcal{E}(V)$–modules. Le fait que ce soit une bijection s'interprète donc en disant que c'est un isomorphisme de $\mathcal{E}(V)$–modules.

Définition VII.4

Une forme symplectique sur V est une 2–forme ω fermée et de rang maximal.

On admet sans démonstration le

Théorème VII.5 (*Darboux*)

Soit ω une forme symplectique définie sur un ouvert U de $\mathbb{R}^{2m}$ et soit M un point de U. Il existe un système de coordonnées locales $(\underline{x}, \underline{y})$ défini au voisinage du point M tel que sur cet ouvert $\omega = \sum_{i=1}^{m} dx_i \wedge dy_i$.

2. Exemples de systèmes hamiltoniens

Exemples du plan $(m = 1)$.

Soit V un ouvert de $\mathbb{R}^2$ rapporté aux coordonnées (x_1, y_1) et soit $\omega = dx_1 \wedge dy_1$ la forme symplectique associée.

Soit $H : V \to \mathbb{R}$ une fonction $\mathcal{C}^\infty$ définie sur l'ouvert V. Le système dynamique défini par le champ X_H :

$$i_{X_H} dx_1 \wedge dy_1 = dH$$

est donné par la solution du système différentiel :

$$\begin{cases} \dot{x}_1 = \dfrac{\partial H}{\partial y_1}, \\ \dot{y}_1 = -\dfrac{\partial H}{\partial x_1}. \end{cases}$$

On suppose que les lignes de niveau $H^{-1}(c)$ contiennent une courbe fermée γ_c. Pour un point (x_0, y_0) de γ_c, la courbe γ_c coïncide avec l'orbite du système différentiel passant par (x_0, y_0). La figure VII.1 (page ci-contre) représente les lignes de niveau $H^{-1}(c)$ pour l'hamiltonien

$$H = \left((x-1)^2 + y^2\right)\left((x+1)^2 + y^2\right).$$

On note sur cette figure les trois points critiques de H et la séparatrice donnée par la lemniscate $H = 1$.

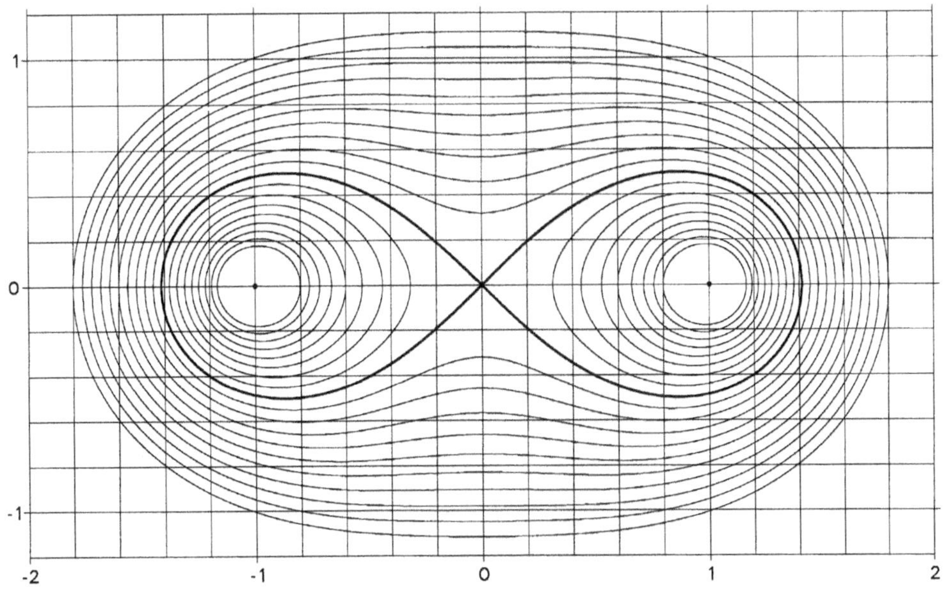

Figure VII.1 : Ovales de Cassini, $\big((x-1)^2+y^2\big)\big((x+1)^2+y^2\big)=c$ avec $c=\left(\dfrac{k}{20}\right)^4$, k entier variant de 12 à 30. La lemniscate de Bernoulli correspond à $c=1$.

Un autre exemple est donné par l'oscillateur harmonique à un degré de liberté.

$$H=\frac{1}{2}my^2+\omega^2x^2\,.$$

Les courbes $H=C$ sont des ellipses centrées en O.

Le théorème V.27 donne ici le résultat suivant : l'aire du parallélogramme $OMPM'$ où M décrit le mouvement solution du système hamiltonien donné par H, PM est porté par la tangente à l'ellipse en M et M' est sur l'ellipse, est constante au cours du temps t. Ce résultat est un théorème d'Apollonius.

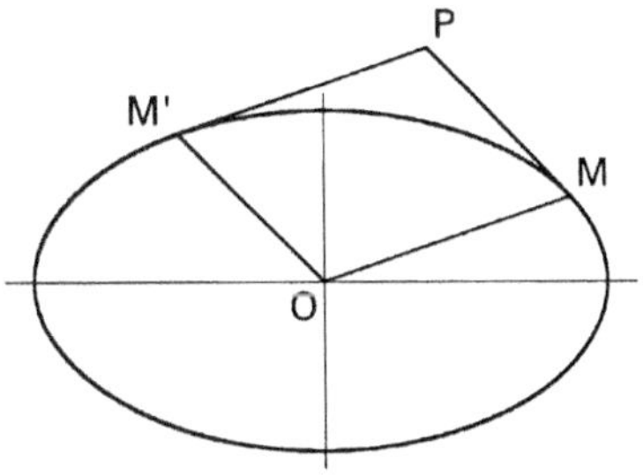

Le flot géodésique sur la sphère.

Soit $S \subset \mathbb{R}^m$, la sphère centrée en zéro de rayon 1 pour la norme euclidienne standard. L'ensemble S est une hypersurface de $\mathbb{R}^m$ donnée par une équation :

$$S = \left\{ \underline{x} \in \mathbb{R}^m;\ \|\underline{x}\|^2 = \sum_{i=1}^{m} x_i^2 = 1 \right\}.$$

L'espace tangent en un point $\underline{x}$ de S à l'hypersurface S est, d'après la définition générale, l'espace affine passant par $\underline{x}$, de direction l'espace vectoriel

$$T_x S = \{ \underline{y} \in \mathbb{R}^m;\ \langle \underline{x}, \underline{y} \rangle = 0 \}.$$

On définit le fibré tangent TS à la sphère par

$$TS = \{ (\underline{x}, \underline{y}) \in \mathbb{R}^{2m};\ \|\underline{x}\|^2 = 1,\ \langle \underline{x}, \underline{y} \rangle = 0 \}.$$

Sur $\mathbb{R}^{2m}$ on considère la forme symplectique $\omega = \sum_{i=1}^{m} dx_i \wedge dy_i$ et la fonction

$$H : (\underline{x}, \underline{y}) \mapsto H(\underline{x}, \underline{y}) = \frac{1}{2} \|\underline{y}\|^2 \|\underline{x}\|^2 - \langle \underline{x}, \underline{y} \rangle^2.$$

Le système hamiltonien associé est :

$$\begin{cases} \dot{\underline{x}} = \dfrac{\partial H}{\partial y} = \|\underline{x}\|^2 \underline{y} - 2\langle \underline{x}, \underline{y} \rangle \underline{x} \\ \dot{\underline{y}} = -\dfrac{\partial H}{\partial x} = -\|\underline{y}\|^2 \underline{x} + 2\langle \underline{x}, \underline{y} \rangle \underline{y}. \end{cases}$$

On introduit les fonctions

$$F : (\underline{x}, \underline{y}) \mapsto F(\underline{x}, \underline{y}) = \|\underline{x}\|^2 - 1 \qquad \text{et} \qquad G : (\underline{x}, \underline{y}) \mapsto G(\underline{x}, \underline{y}) = \langle \underline{x}, \underline{y} \rangle.$$

À l'aide de ces deux fonctions, on obtient que

$$TS = \{ (\underline{x}, \underline{y}) \in \mathbb{R}^{2m};\ F(\underline{x}, \underline{y}) = G(\underline{x}, \underline{y}) = 0 \}.$$

De plus on a

$$X_H \centerdot G = \|\underline{x}\|^2 \|\underline{y}\|^2 - 2\langle \underline{x}, \underline{y} \rangle^2 - \|\underline{y}\|^2 \|\underline{x}\|^2 + 2\langle \underline{x}, \underline{y} \rangle^2 = 0$$

et on peut donc restreindre X_H à l'ensemble défini par $G(\underline{x}, \underline{y}) = 0$.
On a enfin

$$X_H \centerdot F = \|\underline{x}\|^2(\langle \underline{x}, \underline{y} \rangle) - 2\|\underline{x}\|^2 \langle \underline{x}, \underline{y} \rangle = -\langle \underline{x}, \underline{y} \rangle \|\underline{x}\|^2$$

et, en restriction à $G = 0$, on trouve $X_H \centerdot F = 0$.
On peut ainsi restreindre X_H à TS. En restriction à TS le flot devient

$$\begin{cases} \dot{\underline{x}} = \underline{y} \\ \dot{\underline{y}} = -\|\underline{y}\|^2 \underline{x}. \end{cases}$$

La projection des orbites de X_H sur S définit les géodésiques de la sphère S. Le système hamiltonien s'appelle le flot géodésique sur la sphère S.

Noter que la projection de ces orbites sur la sphère S donne des géodésiques au sens de II.12 puisque l'accélération y est orthogonale au plan tangent à la surface.

3. Transformations symplectiques, fonction génératrice

Définition VII.6

Un changement de coordonnées $F : (\underline{x}, \underline{y}) \mapsto (\underline{x}', \underline{y}')$ est dit symplectique si

$$\sum_{i=1}^{m} dx_i \wedge dy_i = \sum_{i=1}^{m} dx_i' \wedge dy_i' .$$

On doit à Jacobi une très belle construction de transformations (ou changement de coordonnées) symplectiques.

Soit $F : (x_1, \dots, x_m; y_1, \dots, y_m) \mapsto (x_1', \dots, x_m'; y_1', \dots, y_m')$ une transformation symplectique. Supposons que la matrice $(m \times m)$ des dérivées partielles d'éléments $\left(\dfrac{\partial y_i'}{\partial y_j}\right)$ soit inversible. On peut alors choisir $(x_1, \dots, x_m; y_1', \dots, y_m')$ comme coordonnées indépendantes (on mélange la moitié des coordonnées de l'espace de départ avec la moitié des coordonnées de l'espace d'arrivée !).

Le fait que F est symplectique s'écrit :

$$\sum_{i=1}^{m} d\big(y_i\, dx_i + x_i'\, dy_i'\big) = 0 .$$

On suppose que l'ouvert V sur lequel on se place est simplement connexe. Il existe alors une fonction $S(\underline{x}, \underline{y}')$ telle que

$$\sum_{i=1}^{m} \big(y_i\, dx_i + x_i'\, dy_i'\big) = dS(\underline{x}, \underline{y}') ,$$

soit

$$\begin{cases} y_i = \dfrac{\partial S}{\partial x_i}(\underline{x}, \underline{y}') \\[2ex] x_i' = \dfrac{\partial S}{\partial y_i'}(\underline{x}, \underline{y}') \end{cases} \qquad (i = 1, \dots, m)$$

Définition VII.7

La fonction S ainsi définie est appelée la fonction génératrice de la transformation symplectique F.

Réciproquement, on peut définir une transformation symplectique

$$F : (\underline{x}, \underline{y}) \mapsto (\underline{x}', \underline{y}')$$

en procédant comme suit :

On prend une fonction $S(\underline{x}, \underline{y}')$ telle que la matrice $\dfrac{\partial^2 S}{\partial y_j' \, \partial x_i}$ soit inversible. On définit d'abord $\underline{y}' = \underline{y}'(\underline{x}, \underline{y})$ en utilisant le théorème des fonctions implicites pour obtenir, à partir de $y_i = \dfrac{\partial S}{\partial x_i}(\underline{x}, \underline{y}')$, une expression $\underline{y}' = \underline{y}'(\underline{x}, \underline{y})$.

On la reporte alors dans les équations

$$x_i' = \frac{\partial S}{\partial y_i'}(\underline{x}, \underline{y}') = \frac{\partial S}{\partial y_i'}\Big(\underline{x}, \underline{y}'(\underline{x}, \underline{y})\Big),$$

et on obtient une expression $\underline{x}' = \underline{x}'(\underline{x}, \underline{y})$. Ceci définit la transformation F :

$$F : (\underline{x}, \underline{y}) \mapsto \big(\underline{x}'(\underline{x}, \underline{y}), \underline{y}'(\underline{x}, \underline{y})\big)$$

qui est symplectique par construction même, puisque

$$\sum_{i=1}^{m}(y_i\, dx_i + x_i'\, dy_i') = \sum_{i=1}^{m}\Big(\frac{\partial S}{\partial x_i}\, dx_i + \frac{\partial S}{\partial y_i'}\, dy_i'\Big) = dS(\underline{x}, \underline{y}'),$$

et donc

$$0 = d\Big(\sum_{i=1}^{m}(y_i\, dx_i + x_i'\, dy_i')\Big) = \sum_{i=1}^{m} dx_i' \wedge dy_i' - \sum_{i=1}^{m} dx_i \wedge dy_i\,.$$

Définition VII.8

On désigne par 1–forme de Liouville sur $\mathbb{R}^{2m} = \big\{(\underline{x}, \underline{y})\big\}$ la 1–forme

$$\eta = \sum_{i=1}^{m} y_i\, dx_i\,.$$

Définition VII.9

Un difféomorphisme $F : V \to V$ est dit de contact s'il satisfait $F^*(\eta) = \eta$ (c'est-à-dire $\sum_{i=1}^{m} y_i'\, dx_i' = \sum_{i=1}^{m} y_i\, dx_i$).

Remarque :

Un difféomorphisme de contact est symplectique puisque

$$F^*(\eta) = \eta \quad \Rightarrow \quad dF^*(\eta) = F^*(d\eta) = d\eta,$$

et que $\sum_{i=1}^{m} dx_i \wedge dy_i = -d\eta\,.$

Proposition VII.10

Étant donné une transformation Φ, inversible et $\mathcal{C}^\infty$ de l'ouvert U de $\mathbb{R}^m$ dans lui-même :

$$\Phi : \underline{x} \mapsto \underline{x}' = \Phi(\underline{x}),$$

il existe un et un seul difféomorphisme de contact F tel que

$$F : (\underline{x}, \underline{y}) \mapsto \big(\underline{x}' = \Phi(\underline{x}), \underline{y}'\big)\,.$$

Preuve : On doit avoir

$$\sum_{i=1}^{m} y_i\, dx_i = \sum_{i=1}^{m} y_i'\, dx_i' = \sum_{i=1}^{m}\sum_{j=1}^{m} y_i' \frac{\partial x_i'}{\partial x_j}\, dx_j\,,$$

et donc

$$y_j = \sum_{i=1}^{m} y_i' \frac{\partial x_i'}{\partial x_j} .$$

Désignons par $J(\Phi)(\underline{x})$ la matrice jacobienne de Φ (qui est inversible). On obtient

$$\underline{y} = J(\Phi)(\underline{x})\underline{y}' .$$

D'où l'unique solution possible pour $\underline{y}'$:

$$\underline{y}' = J(\Phi)(\underline{x})^{-1}(\underline{y}) . \square$$

On a considéré dans le cours (cf. V.5.) les systèmes hamiltoniens du type de Newton

$$H = \frac{1}{2}\|\underline{y}\|^2 + V(\underline{x}) .$$

On fait une transformation ponctuelle $\Phi : \underline{x} \to \underline{x}'$ et on la relève en une transformation symplectique F suivant la proposition VII.10. On peut considérer $F^*(H)$. Dans quel cas le transformé $F^*(H)$ est-il aussi un système hamiltonien du type de Newton ?

On doit avoir :

$$F^*H = \frac{1}{2}\sum_{i=1}^{m} {y_1'}^2 + V(\underline{x}') = \frac{1}{2}\left\|J(\Phi)^{-1}(\underline{x})y\right\|^2 + V \circ \Phi(\underline{x}) .$$

La condition est donc que $J(\Phi)^{-1}(\underline{x})$, et donc aussi $J(\Phi)(\underline{x})$, soit une transformation orthogonale (cf. I.34).

Une application Φ (suffisamment régulière) telle que, en tout point $\underline{x}$, $J(\Phi)(\underline{x})$ est une transformation orthogonale est elle-même une transformation orthogonale (donc affine).

4. L'équation de Hamilton–Jacobi

Soit $H : V \to \mathbb{R}$ une fonction $\mathcal{C}^\infty$: $(\underline{x}, \underline{y}) \mapsto H(\underline{x}, \underline{y})$, et $F_t : (x, y) \mapsto \big(x'(t), y'(t)\big)$ le flot du champ de vecteurs hamiltonien X_H associé à H pour la forme symplectique

$$\omega = \sum_{i=1}^{m} dx_i \wedge dy_i .$$

Le flot de X_H est symplectique puisque

$$\frac{d}{dt}(F_t^*\omega) = F_t^*(L_{X_H}\omega) = 0 .$$

On suppose qu'à tout instant t, on peut choisir $\big(x, y'(t)\big)$ comme coordonnées indépendantes. Soit $S(t; x, y')$ la fonction génératrice de la transformation symplectique F_t. La dépendance comme fonction de t de la fonction génératrice est déterminée par l'équation de Hamilton–Jacobi

$$\frac{\partial S}{\partial t}(t; x, y') + H\Big(x, \frac{\partial S}{\partial x}\Big) = \frac{\partial S}{\partial t}(t; x, y') + H\Big(\frac{\partial S}{\partial y'}, y'\Big) = 0 .$$

5. Crochets de Poisson

Soit $V \subset \mathbb{R}^{2m}$ un ouvert de $\mathbb{R}^{2m}$, $(\underline{x}, \underline{y})$ les coordonnées canoniques sur V et $\omega = \sum_{i=1}^{m} dx_i \wedge dy_i$ la forme symplectique associée.

Soit H, F deux fonctions $\mathcal{C}^\infty$ sur l'ouvert V. On note comme précédemment X_H (resp. X_F) le champ hamiltonien associé à H (resp. F).

Définition VII.11

On désigne par crochet de Poisson de H et de F et on note $\{H, F\}$ la fonction

$$\{H, F\} = X_H \centerdot F .$$

On obtient donc

$$\{H, F\} = \sum_{i=1}^{m} \Big(\frac{\partial H}{\partial y_i} \cdot \frac{\partial F}{\partial x_i} - \frac{\partial F}{\partial y_i} \cdot \frac{\partial H}{\partial x_i} \Big) .$$

De cette expression, on déduit que

$$\{H, F\} = -\{F, H\} = -X_F \centerdot H .$$

On note en particulier que $\{H, F\} = 0$ équivaut à ce que F soit une intégrale première de X_H et à ce que H soit une intégrale première de X_F.

Soit $[X_H, X_F]$ le crochet des deux champs de vecteurs hamiltoniens. Les formules (5) et (31) du chap. VI conduisent à :

$$i_{[X_H, X_F]}\omega = d\{H, F\} ,$$

et ceci a pour conséquence :

Proposition VII.12

Le crochet de Poisson satisfait l'identité de Jacobi :

$$\Big\{H, \{F, G\}\Big\} + \Big\{G, \{H, F\}\Big\} + \Big\{F, \{G, H\}\Big\} = 0 .$$

6. Le flot géodésique sur l'ellipsoïde

Soit A une matrice symétrique définie positive. L'ensemble défini par

$$\mathcal{E} = \{ \underline{x} \in \mathbb{R}^m ;\ \tfrac{1}{2}\langle A\underline{x}, \underline{x}\rangle - 1 = 0 \}$$

est un ellipsoïde centré en $0 \in \mathbb{R}^m$.

L'espace tangent à $\mathcal{E}$ au point $\underline{x}$ de $\mathcal{E}$ est l'espace affine passant par $\underline{x}$ de direction

$$\{ \underline{y} \in \mathbb{R}^m ;\ \langle A\underline{x}, \underline{y}\rangle = 0 \} .$$

On désigne par $T\mathcal{E}$ (fibré tangent à l'ellipsoïde) la sous-variété de $\mathbb{R}^{2m}$ définie par

$$T\mathcal{E} = \{ (\underline{x}, \underline{y}) \in \mathbb{R}^{2m} ;\ \tfrac{1}{2}\langle A\underline{x}, \underline{x}\rangle - 1 = 0 , \quad \langle A\underline{x}, \underline{y}\rangle = 0 \} .$$

Soit H, F, G les trois fonctions :

$$H : (\underline{x}, \underline{y}) \mapsto H(\underline{x}, \underline{y}) = \tfrac{1}{2}\|\underline{y}\|^2$$

$$F : (\underline{x}, \underline{y}) \mapsto F(\underline{x}, \underline{y}) = \tfrac{1}{2}\langle A\underline{x}, \underline{x}\rangle - 1$$

$$G : (\underline{x}, \underline{y}) \mapsto G(\underline{x}, \underline{y}) = \tfrac{1}{2}\langle A\underline{x}, \underline{y}\rangle .$$

Proposition VII.13
Il existe deux fonctions λ_1 et λ_2 définies (et $\mathcal{C}^\infty$) sur $\mathbb{R}^m \setminus \{0\} \times \mathbb{R}^m$ telles que

$$X^* = X_H - \lambda_1 X_F - \lambda_2 X_G$$

satisfait

$$X^* \centerdot F = X^* \centerdot G = 0 \,.$$

Preuve : On a $X^* \centerdot F = X_H \centerdot F - \lambda_1 X_F \centerdot F - \lambda_2 X_G \centerdot F$ et les trois relations

$$X_H \centerdot F = \{H, F\} = \langle A\underline{x}, \underline{y}\rangle$$
$$X_F \centerdot F = 0$$
$$X_G \centerdot F = \{G, F\} = \langle A\underline{x}, A\underline{x}\rangle \,.$$

La première condition $\langle X^*, F\rangle = 0$ est satisfaite si

$$\lambda_2 = \frac{\langle \underline{y}, A\underline{x}\rangle}{\langle A\underline{x}, A\underline{x}\rangle} \,.$$

De plus, on obtient :

$$X^* \centerdot G = X_H, G - \lambda_1 X_F \centerdot G - \lambda_2 X_G \centerdot G \,,$$

puis

$$X_H \centerdot G = \{H, G\} = \ \frac{1}{2}\langle \underline{y}, A\underline{y}\rangle \,,$$
$$X_F \centerdot G = \{F, G\} = -\frac{1}{2}\langle A\underline{x}, A\underline{x}\rangle \,,$$
$$X_G \centerdot G = 0 \,.$$

Donc la condition $\langle X^*, G\rangle = 0$ est satisfaite si

$$\lambda_1 = -\frac{\langle \underline{y}, A\underline{y}\rangle}{\langle A\underline{x}, A\underline{x}\rangle} \,. \ \square$$

On considère alors le système hamiltonien défini par la fonction

$$H^* = \tfrac{1}{2}\|\underline{y}\|^2 + \frac{\langle \underline{y}, A\underline{y}\rangle}{\|A\underline{x}\|^2}\Big(\tfrac{1}{2}\langle A\underline{x}, \underline{x}\rangle - 1\Big) - \frac{\langle \underline{y}, A\underline{x}\rangle^2}{\|A\underline{x}\|^2} \,.$$

En restriction à $T\mathcal{E}$, on obtient :

$$\{H*, F\} = \{H, F\} - \lambda_2\{G, F\} = 0 \,,$$
$$\{H*, G\} = \{H, G\} - \lambda_1 \{F, G\} = 0 \,.$$

Il s'ensuit que le flot de l'hamiltonien associé à H^* : X_{H^*} préserve $T\mathcal{E}$. En restriction à $T\mathcal{E}$, les équations de Hamilton de H^* donnent

$$\dot{\underline{x}} = \frac{\partial H^*}{\partial \underline{y}}\Big|_{T\mathcal{E}} = \underline{y} \qquad \text{et} \qquad \dot{\underline{y}} = -\frac{\partial H^*}{\partial \underline{x}}\Big|_{T\mathcal{E}} = -\frac{\langle \underline{y}, A\underline{y}\rangle}{\|A\underline{x}\|^2} A\underline{x} \,.$$

On trouve en particulier que la courbe $\underline{x}(t)$ tracée dans $\mathcal{E}$ avec, comme donnée initiale $\underline{x}_0$ et comme tangente $\underline{y}_0$ au point $\underline{x}_0$, a une accélération $\ddot{\underline{x}}(t)$ qui est parallèle à $A\underline{x}$, donc normale à $\mathcal{E}$. C'est donc la géodésique passant par $\underline{x}_0$ et ayant $\underline{y}_0$ comme tangente en $\underline{x}_0$. Le flot du champ X_{H^*} s'appelle le flot géodésique sur l'ellipsoïde.

La présentation suivie ici est celle donnée par J. Moser.

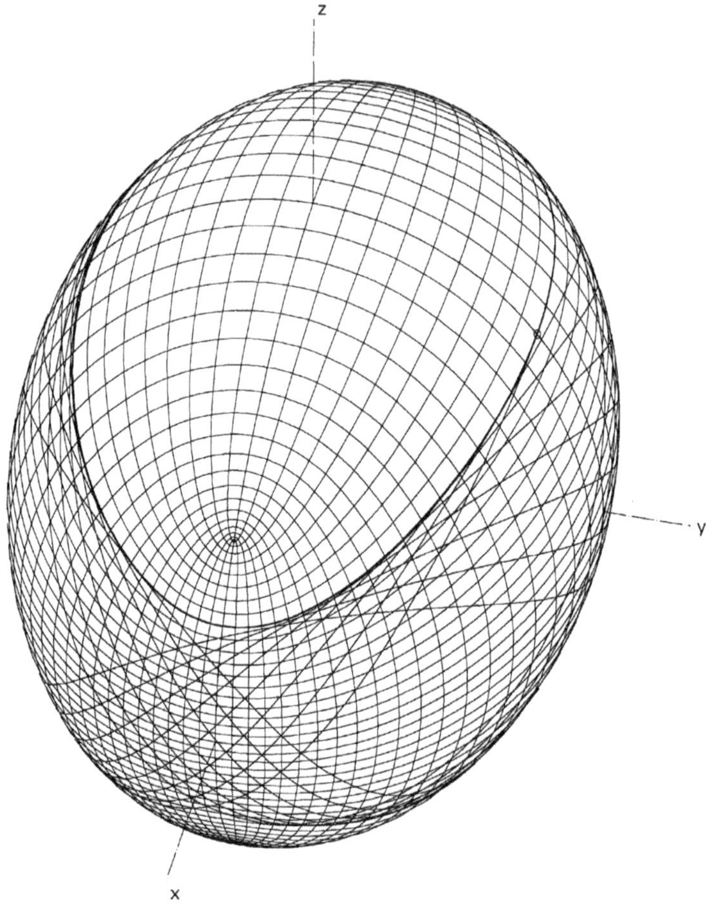

Géodésique de l'ellipsoïde $0,2x^2 + 0,4y^2 + z^2 = 1$
issue du point $x = 0,6$, $y = 0,2$.

Figure VII.2

Énoncés des exercices

Exercice VII.1

On considère l'équation différentielle complexe $\ddot{z} = i\omega\dot{z}$ $(*)$ où ω est réel non nul.

1) Intégrer cette équation et montrer que toutes ses solutions sont périodiques de période $2\pi/\omega$.

2) Exprimer le système dynamique à deux degrés de liberté associé à $(*)$ en posant $z = x_1 + ix_2$.

3) On veut représenter ce système comme système hamiltonien. Trouver une fonction H holomorphe en (z, p) telle que le système

$$\left(\dot{z} = \frac{\partial H}{\partial p}\,,\quad \dot{p} = -\frac{\partial H}{\partial z}\right) \qquad \text{implique} \quad (*)\,.$$

4) On pose $z = x_1 + ix_2$, $p = y_1 - iy_2$ et on considère les fonctions

$$H_1(x_1, x_2; y_1, y_2) = \Re H(z,p) \qquad \text{et} \qquad H_2(x_1, x_2; y_1, y_2) = \Im H(z,p)\,.$$

a) Montrer que le crochet de Poisson $\{H_1, H_2\}$ est nul.

b) Montrer que le système dynamique considéré est hamiltonien d'hamiltonien H_1 pour la forme symplectique canonique. Déterminer une autre forme symplectique pour laquelle le système est hamiltonien d'hamiltonien H_2.

Exercice VII.2 (*Calogero–Françoise*)

On considère un polynôme de degré n en z :

$$P_n(z,t) = z^n + \sum_{m=1}^{n} c_m(t) z^{n-m}$$

où les coefficients c_m vérifient l'équation différentielle $\ddot{c}_m(t) = -\omega_m^2\, c_m(t)$ $(*)$.

1) Montrer que les coefficients $c_m(t)$ sont solutions d'un système hamiltonien. Précisez l'hamiltonien $\widetilde{H}(c,p)$.

2) On veut déterminer le système hamiltonien qui permet d'exprimer le mouvement des racines z_i, $i = 1, \ldots, n$ du polynôme P_n. Pour cela on introduit de nouvelles coordonnées (z_i, v_i).

a) Exprimer c en fonction de z par les formules de Newton. Montrer que cette transformation est un difféomorphisme local au voisinage de chaque point z tel que $z_i \neq z_j$ pour $i \neq j$.

b) En explicitant la condition $\{c_m, p_{m'}\} = \delta_{m,m'}$ où le calcul est effectué en fonction de z et de v, montrer que

$$p_m = \sum_{j=1}^{m} c_{mj}(z) v_j + r_m(z)\,.$$

On impose la condition $r_m(z) = 0$. En déduire l'expression de $c_{m,j}(z)$ en fonction de $\dfrac{\partial z_j}{\partial c_m}(c)\cdot$

c) En dérivant l'identité $z^n + \sum_{m=1}^{n} c_m z^{n-m} = \prod_{j=1}^{n}(z - z_j)$ par rapport à c_m, puis en posant $z = z_j$, montrer que $\dfrac{\partial z_j}{\partial c_m}(c) = -\dfrac{z_j^{n-m}}{P_n'(z_j)}$.

d) En déduire l'expression de l'hamiltonien

$$H(z,v) = \widetilde{H}\big(c(z), p(z,v)\big).$$

Exercice VII.3 (*Système de Toda*)

On considère les équations du type de Newton :

$$\begin{cases} \ddot{x}_1 = -e^{-(x_2-x_1)} \\ \ddot{x}_j = \quad e^{-(x_j-x_{j-1})} - e^{-(x_{j+1}-x_j)}\,, \qquad (j=2,\ldots,n-1) \\ \ddot{x}_n = \quad e^{-(x_n-x_{n-1})} \end{cases} \tag{1}$$

1) Montrer qu'elles sont équivalentes au système différentiel suivant :

$$\begin{aligned} \dot{x}_j &= \frac{\partial H}{\partial y_j}(\underline{x}, \underline{y}) = y_j \\ \dot{y}_j &= -\frac{\partial H}{\partial x_j}(\underline{x}, \underline{y}) \end{aligned}$$

pour une fonction $H(\underline{x}, \underline{y}) = \frac{1}{2}\sum_{i=1}^{n} y_i^2 + V(\underline{x})$.

On va donner une méthode qui permet d'exprimer explicitement la solution $x_j = x_j\big(t, \underline{x}(0), \underline{y}(0)\big)$ en fonction du temps t et de la donnée intiale :

$$\underline{x}(0) = \big(x_1(0), \ldots, x_n(0)\big), \quad \underline{y}(0) = \big(y_1(0), \ldots, y_n(0)\big) = \big(\dot{x}_1(0), \ldots, \dot{x}_n(0)\big).$$

2) Montrer que la fonction $F(\underline{x}, \underline{y}) = \sum_{j=1}^{n} y_j$ est une intégrale première du système.

On suppose dans la suite que : $\sum_{j=1}^{n} y_j = \sum_{j=1}^{n} x_j = 0.$

3) On pose :

$$\begin{cases} a_j = \frac{1}{2}\exp -\big(\dfrac{x_{j+1}-x_j}{2}\big) & j = 1, \ldots, n-2\,, \\ b_j = -\frac{1}{2}y_j\,. & j = 1, \ldots, n-1\,. \end{cases}$$

L'application $(\underline{x}, \underline{y}) \mapsto (\underline{a}, \underline{b})$ définit-elle un changement de variables ?

4) Montrer que les équations (1) donnent :

$$\begin{aligned} &\dot{b}_1 = 2a_1^2\,, \quad \dot{b}_j = 2\big(a_j^2 - a_{j-1}^2\big) \quad (j=2,\ldots,n-2)\,; \qquad \dot{b}_{n-1} = -2a_{n-2}^2\,, \\ &\qquad \dot{a}_{j-1} = a_{j-1}\big(b_j - b_{j-1}\big) \quad (j=2,\ldots,n-1)\,. \end{aligned} \tag{2}$$

5) Montrer que les équations (2) sont équivalentes à l'équation matricielle :

$$\dot{L} = [B, L] \qquad \text{avec}$$

$$L = \begin{pmatrix} b_1 & a_1 & 0 & \cdots & 0 \\ a_1 & b_2 & \ddots & 0 & 0 \\ 0 & \ddots & \ddots & \ddots & 0 \\ \vdots & \ddots & a_{n-3} & b_{n-2} & a_{n-2} \\ 0 & 0 & 0 & a_{n-2} & b_{n-1} \end{pmatrix}, \quad B = \begin{pmatrix} b_1 & 2a_1 & 0 & \cdots & 0 \\ 0 & b_2 & \ddots & 0 & 0 \\ 0 & \ddots & \ddots & \ddots & 0 \\ \vdots & \ddots & 0 & b_{n-2} & 2a_{n-2} \\ 0 & 0 & 0 & 0 & b_{n-1} \end{pmatrix}$$

En déduire que les quantités $\mathrm{Tr}(L^k)$ sont des intégrales premières.

6) On décompose $e^{tL(0)}$ en le produit d'une matrice orthogonale et d'une matrice triangulaire supérieure :

$$e^{tL(0)} = k(t).b(t) \tag{2}$$

et l'on définit $\mathcal{L}(t) = k(t)^{-1}L(0)k(t)$. Vérifier que $\dot{\mathcal{L}} = -[C, \mathcal{L}]$ avec $C = k^{-1}\dot{k}$.

7) Montrer que :

$$k^{-1}L(0)k = k^{-1}\dot{k} + \dot{b}\,b^{-1}\,.$$

En déduire que $\mathcal{L}$ vérifie $\dot{\mathcal{L}} = [D, \mathcal{L}]$ avec $D = \dot{b}\,b^{-1}$.

8) Montrer que $k^{-1}\dot{k}$ est antisymétrique et $\dot{b}\,b^{-1}$ triangulaire supérieure.

9) Montrer que $L(t)$ et $\mathcal{L}(t)$ coïncident.

Exercice VII.4 (*Système de Neumann*)

Soit $\underline{x} = (x_1, \ldots, x_m)$ les composantes du vecteur $\underline{x}$ par rapport à la base canonique de $\mathbb{R}^m$, A une matrice $m \times m$ symétrique réelle et $H \in \mathcal{C}^\infty(\mathbb{R}^{2m})$ définie par :

$$H(\underline{x}, \underline{y}) = \tfrac{1}{2}\langle A\underline{x}, \underline{x}\rangle + \tfrac{1}{2}\big(\|\underline{x}\|^2\,\|\underline{y}\|^2 - \langle \underline{x}, \underline{y}\rangle^2\big).$$

1) Définir les équations de Hamilton pour H.

2) Soit F et G deux fonctions de $\mathcal{C}^\infty(\mathbb{R}^{2m})$ définies par :

$$F(\underline{x}, \underline{y}) = \tfrac{1}{2}\big(\|\underline{x}\|^2 - 1\big) \qquad G(\underline{x}, \underline{y}) = \langle \underline{x}, \underline{y}\rangle\,.$$

Calculer $\langle X_H, F\rangle$ et $\langle X_H, G\rangle$.

3) Soit $TS^{m-1} = \big\{(\underline{x}, \underline{y}) \in \mathbb{R}^{2m};\ F(\underline{x}, \underline{y}) = G(\underline{x}, \underline{y}) = 0\big\}$. Montrer qu'en tout point de TS^{m-1}, $\big\{F, G\big\} = -1$. En déduire l'existence d'une fonction $\lambda \in \mathcal{C}^\infty(\mathbb{R}^{2m})$ telle que $H^* = H - \lambda F$ vérifie $\big\{H^*, F\big\} = \big\{H^*, G\big\} = 0$ en tout point de TS^{m-1}.

4) On peut donc restreindre le flot du champ hamiltonien X_{H^*} à TS^{m-1}. Montrer que les équations de Hamilton de H^* en restriction à TS^{m-1} définissent le mouvement d'un point soumis à une force linéaire (type ressort) et à une force de contrainte qui l'assujettit à rester sur la sphère S^{m-1}.

Exercice VII.5 (*Système de Calogero–Moser.*)
On considère le système dynamique à m degrés de liberté d'hamiltonien :

$$H(x_1, \ldots, x_m, y_1, \ldots, y_m) = \frac{1}{2}\sum_{i=1}^{m} y_i^2 + \frac{1}{2}\sum_{i \neq j} \frac{g^2}{(x_i - x_j)^2} + \frac{\lambda^2}{2}\sum_{i=1}^{m} x_i^2 .$$

On introduit les matrices d'élément général :

$$L_{ij} = \begin{cases} \dfrac{g\sqrt{-1}}{x_i - x_j} & \text{si} \quad i \neq j \\ y_i & \text{si} \quad i = j \end{cases}, \qquad X_{ij} = x_i \delta_{ij} .$$

1) Écrire le système différentiel vérifié par :

$$\big(x_1(t), \ldots, x_m(t), y_1(t), \ldots, y_m(t)\big).$$

2) On veut montrer qu'il existe une matrice M telle que

$$\begin{aligned} i) \quad & \frac{dX}{dt} = \quad L + [X, M] \\ ii) \quad & \frac{dL}{dt} = -\lambda^2 X + [L, M] \end{aligned} \qquad (*)$$

où le crochet de deux matrices A et B est le commutateur $[A, B] = AB - BA$. Exprimer les termes non diagonaux de $\dfrac{dL}{dt}$ et $[L, M]$. Par identification, en déduire d'abord les termes non diagonaux M_{ij}, puis la différence $M_{ij} - M_{jj}$. Vérifier que l'on obtient bien :

$$M_{ij} = \begin{cases} \dfrac{L_{ij}}{x_i - x_j} & \text{si} \quad i \neq j, \\ g \displaystyle\sum_{k \neq i} \frac{\sqrt{-1}}{(x_k - x_i)^2} & \text{sinon.} \end{cases}$$

3) Quel est le rapport entre H et L dans le cas où $\lambda = 0$? Montrer dans ce cas que les fonctions $\mathrm{Tr}(L^k)$ sont des intégrales premières de H.

4) Soit W la solution du problème matriciel de Cauchy : $\dfrac{dW}{dt} = WM, \quad W(0) = \mathrm{Id}.$
Montrer que si l'on pose $\mathfrak{X} = WXW^{-1}$ et $\mathfrak{L} = WLW^{-1}$, le système $(*)$ est équivalent à

$$\frac{d\mathfrak{X}}{dt} = \mathfrak{L} , \qquad \frac{d\mathfrak{L}}{dt} = -\lambda^2 \mathfrak{X} .$$

En déduire que $\mathfrak{X}$ est une matrice de la forme

$$\mathfrak{X}(t) = \mathfrak{X}(0) \cos(\lambda t) + \frac{1}{\lambda}\dot{\mathfrak{X}}(0) \sin(\lambda t) .$$

5) Prouver en conclusion que les solutions du système dynamique initial exprimé à la question 1) sont périodiques de période $\dfrac{2\pi}{\lambda}$ ·

Chapitre VIII
Systèmes lagrangiens et calcul variationnel

1. Calcul variationnel

Soient q_1 et q_2 deux points d'un ouvert U de $\mathbb{R}^n$.

Définition VIII.1

L'espace $\Omega(q_1, q_2)$ des chemins allant de q_1 à q_2 est l'ensemble des applications σ de $[0, 1]$ dans U, de classe $\mathcal{C}^\infty$, et telles que : $\sigma(0) = q_1$, $\sigma(1) = q_2$.

Soit $L : U \times \mathbb{R}^n \to \mathbb{R}$ une fonction $\mathcal{C}^\infty$. On considère la fonction $\mathfrak{L} : \Omega(q_1, q_2) \to \mathbb{R}$ définie par

$$\mathfrak{L}(\sigma) = \int_0^1 L\Big(\sigma(t), \dot{\sigma}(t)\Big)\, dt\,.$$

On va considérer que le chemin σ subit "une petite variation" $\Delta\sigma$ (à extrémités fixes, $\Delta\sigma(0) = \Delta\sigma(1) = 0$).

Dans cette petite variation $\mathfrak{L}(\sigma)$ devient $\mathfrak{L}(\sigma + \Delta\sigma)$ et on calcule $\mathfrak{L}(\sigma + \Delta\sigma) - \mathfrak{L}(\sigma)$ au premier ordre en la perturbation $\Delta\sigma$. Il vient :

$$\mathfrak{L}(\sigma + \Delta\sigma) - \mathfrak{L}(\sigma) =$$
$$\int_0^1 \sum_{i=1}^m \left(\frac{\partial L}{\partial x_i}\Big(\sigma(t), \dot{\sigma}(t)\Big)\, \Delta\sigma_i(t) + \frac{\partial L}{\partial \dot{x}_i}\Big(\sigma(t), \dot{\sigma}(t)\Big)\, \Delta\dot{\sigma}_i(t) \right) dt + \mathcal{O}(\|\Delta\sigma\|^2)\,.$$

Une intégration par parties du deuxième terme de l'intégrant conduit (puisque $\Delta\sigma_i(0) = \Delta\sigma_i(1) = 0$) à :

$$\int_0^1 \sum_{i=1}^m \left(\frac{\partial L}{\partial x_i}\Big(\sigma(t), \dot{\sigma}(t)\Big)\, \Delta\sigma_i(t) + \frac{\partial L}{\partial \dot{x}_i}\Big(\sigma(t), \dot{\sigma}(t)\Big)\, \Delta\dot{\sigma}_i(t) \right) dt$$
$$= \int_0^1 \sum_{i=1}^m \left(\frac{\partial L}{\partial x_i}\Big(\sigma(t), \dot{\sigma}(t)\Big) - \frac{d}{dt}\left(\frac{\partial L}{\partial \dot{x}_i}\Big(\sigma(t), \dot{\sigma}(t)\Big) \right) \right) \Delta\sigma_i(t)\, dt$$

Il est naturel de définir la différentielle de $\mathfrak{L}$ comme l'application linéaire

$$d\,\mathfrak{L} : v \mapsto \sum_{i=1}^m \int_0^1 \left(\frac{\partial L}{\partial x_i} - \frac{d}{dt}\Big(\frac{\partial L}{\partial \dot{x}_i}\Big) \right) v_i(t)\, dt\,.$$

Définition VIII.2

Un chemin σ_0 est dit extrémal pour la fonction $\mathfrak{L}$ si $d\,\mathfrak{L}(\sigma_0) = 0$.

Proposition VIII.3

Un chemin σ_0 est extrémal pour la fonction $\mathfrak{L}$ si et seulement si σ_0 est une solution des équations de Lagrange :

$$\frac{\partial L}{\partial x_i} - \frac{d}{dt}\Big(\frac{\partial L}{\partial \dot{x}_i}\Big) = 0 \qquad (i = 1, \ldots, m).$$

Preuve :

On a $d\,\mathfrak{L}(\sigma_0)(v) = \displaystyle\int_0^1 \sum_{i=1}^m \Big(\frac{\partial L}{\partial x_i}\big(\sigma(t), \dot{\sigma}(t)\big) - \frac{d}{dt}\Big(\frac{\partial L}{\partial \dot{x}_i}\big(\sigma(t), \dot{\sigma}(t)\big)\Big)\Big) v_i(t)\, dt = 0$ pour tout élément $v_i \in \mathcal{C}^\infty[0,1]$, et ceci équivaut au résultat annoncé. □

2. Quelques exemples

La première forme quadratique fondamentale a été définie dans le cours pour les surfaces. Sa définition se généralise immédiatement aux hypersurfaces S comme la restriction à l'espace tangent à l'hypersurface de la forme quadratique

$$\underline{y} \mapsto \|\underline{y}\|^2 .$$

Cette restriction dépend bien sûr en général du point $\underline{x}$ de l'hypersurface en lequel on se place. On note

$$\underline{y} \mapsto \sum_{i,j} g_{ij}(\underline{x}) y_i\, y_j$$

cette première forme quadratique fondamentale. La longueur d'un arc $\gamma : [0,1] \to S$ est

$$\int_0^1 \Big(\sum_{i,j} g_{ij}(\gamma(t))\, \dot{\gamma}_i(t)\, \dot{\gamma}_j(t)\Big)^{1/2} dt .$$

Si on fixe deux points q_1 et q_2 de S, on peut s'intéresser à trouver une courbe γ de S qui passe par q_1 et q_2 et dont la longueur soit minimale. Ceci conduit à minimiser

$$\int_0^1 \Big(\sum_{i,j} g_{ij}(\underline{x})\, \dot{x}_i(t)\, \dot{x}_j(t)\Big)^{1/2} dt .$$

On se ramène à minimiser (voir exercice VIII.3)

$$\int_0^1 \Big(\sum_{i,j} g_{ij}(\underline{x})\, \dot{x}_i(t)\, \dot{x}_j(t)\Big) dt$$

pour lequel les équations de Lagrange s'écrivent :

$$\sum_{j=1}^m g_{ij}(\underline{x})\, \ddot{x}_j + \sum_{k,j=1}^m \Big(\frac{\partial g_{ij}}{\partial x_k}(\underline{x}) - \frac{1}{2}\frac{\partial g_{kj}}{\partial x_i}(\underline{x})\Big) \dot{x}_k\, \dot{x}_j = 0 .$$

On peut voir ces courbes d'une autre manière. En reprenant le calcul du paragraphe précédent, on peut introduire la fonction $\mathfrak{L}$ sur $\Omega(q_1, q_2)$:

$$\mathfrak{L} : \sigma \mapsto \mathfrak{L}(\sigma) = \int_0^1 \Big(\sum_{i=1}^m \dot{\sigma}_i^2(t)\Big)^{1/2} dt$$

et chercher à minimiser $\mathfrak{L}$ parmi les petites variations $\sigma + \Delta\sigma$ où $\Delta\sigma$ est tangent à l'hypersurface S. On trouve alors

$$\mathfrak{L}(\sigma + \Delta\sigma) - \mathfrak{L}(\sigma) = \int_0^1 \sum_{i=1}^m \dot{\sigma}_i \Delta\dot{\sigma}_i \Big(\sum_{i=1}^m \dot{\sigma}_i^2(t)\Big)^{-1/2} dt + \mathcal{O}(\|\Delta\sigma\|^2).$$

Ceci conduit au fait que l'accélération de la courbe γ doit être normale à l'hypersurface et on retrouve la notion de géodésique.

3. Systèmes hamiltoniens associés aux équations de Lagrange

Les équations de Lagrange s'écrivent :

$$\frac{d}{dt}\Big(\frac{\partial L}{\partial \dot{x}_i}\Big) = \frac{\partial L}{\partial x_i} \qquad (i = 1, \ldots, m),$$

soit :

$$\sum_j \frac{\partial^2 L}{\partial x_j\, \partial \dot{x}_i}\, \dot{x}_j + \sum_k \frac{\partial^2 L}{\partial \dot{x}_k\, \partial \dot{x}_i}\, \ddot{x}_k = \frac{\partial L}{\partial x_i}\cdot$$

Introduisons les variables

$$y_j = \frac{\partial L}{\partial \dot{x}_j}(\underline{x}, \dot{\underline{x}})$$

qu'on appelle les moments conjugués aux variables $\dot{x}_j$. On suppose que la matrice $\dfrac{\partial^2 L}{\partial \dot{x}_i\, \partial \dot{x}_j}$ est inversible en tout point.

Dans ce cas, le théorème des fonctions implicites assure qu'on peut exprimer les variables $\dot{\underline{x}}$ en fonction des $\underline{x}$ et $\underline{y}$. La transformation qui fait passer des $(\underline{x}, \dot{\underline{x}})$ aux $(\underline{x}, \underline{y})$ s'appelle la transformation de Legendre et on suppose qu'elle est inversible.

Les équations de Lagrange s'écrivent alors :

$$\dot{y}_j = \frac{\partial L}{\partial x_j}\cdot$$

On introduit la fonction E des variables $(\underline{x}, \dot{\underline{x}}, \underline{y})$ considérées provisoirement comme indépendantes :

$$E = \sum_{k=1}^m \dot{x}_k y_k - L(\underline{x}, \dot{\underline{x}}).$$

Puis on impose la condition

$$\underline{y} = \frac{\partial L}{\partial \dot{\underline{x}}}\cdot$$

La fonction E devient alors une fonction de $(\underline{x}, \underline{y})$ seul et l'on a :

$$dE = \sum_{k=1}^m \Big(\dot{x}_k\, dy_k + y_k\, d\dot{x}_k - \frac{\partial L}{\partial x_k}\, dx_k - \frac{\partial L}{\partial \dot{x}_k}\, d\dot{x}_k\Big).$$

On note $H(\underline{x}, \underline{y})$ la restriction de $E(\underline{x}, \underline{\dot{x}}, \underline{y})$ à $\underline{y} = \dfrac{\partial L}{\partial \underline{\dot{x}}}$ et l'on a

$$dH = \sum_{k=1}^{m} \Big(\dot{x}_k \, dy_k - \frac{\partial L}{\partial x_k} \, dx_k \Big) .$$

Les équations de Lagrange s'écrivent $dH = \displaystyle\sum_{k=1}^{m} \big(\dot{x}_k \, dy_k - \dot{y}_k \, dx_k \big)$, ce qui donne

$$\begin{cases} \dot{x}_k = \dfrac{\partial H}{\partial y_k} \\ \dot{y}_k = -\dfrac{\partial H}{\partial x_k} \end{cases} \qquad (k = 1, \ldots, m)$$

qui sont les équations de Hamilton pour H.

Réciproquement, si on suppose donné un système hamiltonien

$$\begin{cases} \dot{x}_k = \dfrac{\partial H}{\partial y_k} \\ \dot{y}_k = -\dfrac{\partial H}{\partial x_k} \end{cases} \qquad (k = 1, \ldots, m)$$

tel que la première partie des équations de Hamilton $\underline{\dot{x}} = \dfrac{\partial H}{\partial \underline{y}}(\underline{x}, \underline{y})$ se renverse en des équations $\underline{y} = \Phi(\underline{x}, \underline{\dot{x}})$, la seconde partie $\underline{\dot{y}} = -\dfrac{\partial H}{\partial \underline{x}}(\underline{x}, \underline{y})$ de ces équations est alors équivalente au système d'équations de Lagrange

$$\frac{d}{dt}\Big(\frac{\partial \mathfrak{L}}{\partial \dot{x}_i} \Big) = \frac{\partial \mathfrak{L}}{\partial x_i} \qquad (i = 1, \ldots, m)$$

avec $\mathfrak{L}(\underline{x}, \underline{\dot{x}}) = -H\big(\underline{x}, \Phi(\underline{x}, \underline{\dot{x}})\big) + \big\langle \underline{\dot{x}}, \Phi(\underline{x}, \underline{\dot{x}}) \big\rangle$.

Ceci permet d'interpréter le système hamiltonien de façon variationnelle. Un cas particulier est considéré plus en détail à l'exercice VIII.4.

Énoncés des exercices

Exercice VIII.1

Soit un système dynamique de Lagrangien :

$$L(x, y, \dot{x}, \dot{y}) = T(x, y, \dot{x}, \dot{y}) + U(x, y, \dot{x}, \dot{y}) \qquad \text{où}$$

$$T(x, y, \dot{x}, \dot{y}) = \frac{1}{2} m \dot{x}^2 + \frac{1}{2} m \dot{y}^2 \qquad \text{et} \qquad U(x, y, \dot{x}, \dot{y}) = U(x, y) .$$

1) Montrer que $W = \dot{x} \dfrac{\partial L}{\partial \dot{x}} + \dot{y} \dfrac{\partial L}{\partial \dot{y}} - L$ est constant sur toute courbe intégrale du mouvement.

2) Déterminer le temps pour aller d'un point à un autre sur une orbite donnée par $y = y(x)$.

Exercice VIII.2

On considère un Lagrangien de type suivant :

$$L(\underline{x}, \dot{\underline{x}}) = T(\underline{x}, \dot{\underline{x}}) + U(\underline{x}) \qquad \text{avec} \qquad T(\underline{x}, \dot{\underline{x}}) = \frac{1}{2}\sum_{i,j} T_{ij}(\underline{x})\dot{x}_i\dot{x}_j$$

où la matrice T est symétrique et inversible.

Montrer que les équations de Lagrange conduisent à une équation du second ordre que l'on explicitera.

Exercice VIII.3

1) Soit un système dynamique, de Lagrangien $L(\underline{x}, \dot{\underline{x}})$, tel que, pour tout x, $y \mapsto L(x, y)$ soit une forme quadratique définie positive. Montrer que L est constant sur toute courbe intégrale du mouvement.

2) En déduire que toute courbe intégrale de L est courbe intégrale de $\sqrt{L}$.

Exercice VIII.4 (*Principe de moindre action de Hamilton*)

Soient N points matériels numérotés de 1 à N, de masse respective $m_i > 0$, situés dans un espace euclidien $\mathbb{R}^3$, soumis à des forces dérivant d'un potentiel $U(q_1, \dots, q_N)$ où $q_i(t)$ et $v_i(t)$ désignent les positions et les vitesses respectives à l'instant t.

On note $T = \frac{1}{2}\sum_{i=1}^{N} m_i\|v_i\|^2$ l'énergie cinétique et $L(q, v) = T - U$ le Lagrangien.

1) Montrer que les équations de Lagrange coïncident avec les équations de Newton.

2) En déduire le principe de moindre action de Hamilton : les mouvements du système sont donnés par les extrémales de l'intégrale d'action $\int (T - U)$.

Exercice VIII.5 (*Brachistochrone*)

On veut trouver la courbe, située dans le plan vertical, joignant deux points p_1 et p_2, telle qu'un point mobile $p(x, z)$, partant au repos du point p_1, parcourt la courbe p_1p_2 en un temps minimum, les frottements étant supposés négligeables.

1) En tenant compte des conditions initiales montrer que l'énergie totale $E(x, z, \dot{x}, \dot{z}) = \frac{1}{2}m(\dot{x}^2 + \dot{z}^2) - mgz$ est nulle sur toute courbe intégrale du mouvement (on suppose que $z_1 = 0$ pour $t = 0$). En déduire que le temps nécessaire pour se rendre à un point de cote z_0 est donné par

$$I(x) = \int_0^{z_0} \sqrt{\frac{1 + x'^2(z)}{2gz}}\, dz\,.$$

2) Montrer que les extrémales de I sont des arcs de cycloïde.

Exercice VIII.6

On considère, en coordonnées cylindriques, la surface de révolution S engendrée par rotation autour de l'axe Oz de la portion de courbe dont l'équation est, dans le plan méridien zOx :

$$X(x) = \begin{pmatrix} x \\ 0 \\ z(x) \end{pmatrix} \qquad \text{où } r_1 \leq x \leq r_2\,.$$

1) Par quelle intégrale l'aire latérale A de S est-elle donnée ?

2) Déterminer la courbe qui minimise A.

Exercice VIII.7

On donne, dans $\mathbb{R}^3$, la surface de révolution S d'axe Oz et de section méridienne d'équation :

$$z(r) = \sqrt{1-r^2} + \ln\Big(\frac{r}{1+\sqrt{1-r^2}}\Big) \qquad (0 < r \leq 1)\,.$$

On note φ la latitude du point courant (x, y, z).

1) Cette surface est-elle une sous-variété ? Exprimer l'élément de longueur d'arc ds en fonction de dr et $d\varphi$, puis en fonction de $d\rho$ et $d\varphi$ où $\rho = \dfrac{1}{r}\cdot$

2) On cherche à déterminer les géodésiques de S sous la forme $\varphi = f(\rho)$ où f est une fonction de classe $\mathcal{C}^1$. Quelle équation différentielle f doit-elle vérifier ?

Montrer que, dans le plan (ρ, φ), les géodésiques, hormis les sections méridiennes, sont portées par une famille de cercles que l'on précisera.

3) Donner, sous la forme $r = g(\varphi)$, l'équation des géodésiques issues d'un point P du cercle unité Γ de S du plan $z = 0$ (par exemple $P = (1, 0, 0)$).

Vérifier que, excepté la section méridienne contenant P, ces courbes recoupent Γ en un point Q dont on déterminera les coordonnées.

Combien de courbes du type précédent joignent-elles deux points P et Q du cercle Γ ? Réalisent-elles toutes le minimum de la distance, sur S, entre ces deux points ?

Chapitre IX
Variétés différentiables

On désigne par H_m le demi-espace de $\mathbb{R}^m$ défini par $H_m = \{x \in \mathbb{R}^m ; x_m \geq 0\}$. Une application h d'un ouvert U de H_m dans un espace $\mathbb{R}^n$ est différentiable s'il existe un ouvert V de $\mathbb{R}^m$ contenant U et une application différentiable $g : V \to \mathbb{R}^n$ tels que h soit la restriction de g à U.

On admet deux résultats de topologie :

(i) Pour $m \neq n$, un ouvert de H_m n'est pas homéomorphe à un ouvert de H_n.

(ii) On identifie $\mathbb{R}^{m-1}$ avec le sous-ensemble de H_m formé des points x tels que $x_m = 0$. Soient U, V deux ouverts de H_m et h un homéomorphisme de U sur V alors $h(U \cap \mathbb{R}^{m-1}) = V \cap \mathbb{R}^{m-1}$.

1. Définition des variétés différentiables à bord

Définition IX.1

Une variété topologique de dimension m est un espace topologique séparé à base dénombrable d'ouverts, dont tout point possède un voisinage ouvert homéomorphe à un ouvert de H_m.

Soit M^m une variété de dimension m. Une carte de M^m est un couple (U, φ) constitué d'un ouvert U de M^m et d'un homéomorphisme $\varphi : U \to \varphi(U)$ sur un ouvert de H_m. Un atlas est une collection de cartes qui recouvrent toute la variété. Les fonctions $y_1 = x_1 \circ \varphi, \ldots, y_m = x_m \circ \varphi$ forment ce qu'on appelle un système de coordonnées locales (définies dans l'ouvert U) de la variété M^m.

Définition IX.2

Soit M^m une variété topologique de dimension m. On désigne par $\mathrm{Int}(M^m)$ l'ensemble des points de M^m qui possèdent un voisinage ouvert homéomorphe à un ouvert de $\mathbb{R}^m$. Le bord de M^m noté ∂M^m est $\partial M^m = M^m \setminus \mathrm{Int}(M^m)$.
Quand la variété est sans bord on peut se limiter à remplacer H_m par $\mathbb{R}^m$ dans la définition.

Définition IX.3

Soit M^m une variété topologique de dimension m. Une structure de variété différentiable sur M^m est déterminée par la donnée d'un atlas dénombrable formé de cartes (U_i, φ_i) telles que si $U_i \cap U_j \neq \emptyset$, $\varphi_j \circ \varphi_i{}^{-1}$ est une application $\mathcal{C}^\infty$ de $\varphi_i(U_i \cap U_j)$ dans $\varphi_j(U_i \cap U_j)$.

Les applications $\varphi_j \circ \varphi_i{}^{-1}$ sont appelées les changements de cartes.

Une sous-variété de $\mathbb{R}^n$ est un exemple de variété différentiable. Si on reprend la définition d'une sous-variété S donnée en III.4, tout point x de S possède un voisinage V_x tel que $S \cap V_x$ coïncide avec l'image d'un plongement h d'un ouvert de $\mathbb{R}^n$. La topologie qu'on prend sur S est la topologie induite par celle de $\mathbb{R}^n$. Il suffit d'extraire du recouvrement par les V_x un sous-recouvrement dénombrable. On obtient alors les cartes voulues du type (V_x, h_x^{-1}). On note que l'on peut étendre la définition III.4 en celle d'une sous-variété à bord de $\mathbb{R}^n$ en remplaçant $\mathbb{R}^k$ par H_k dans la définition III.4.

2. Application différentiable d'une variété différentiable dans une autre.

Définition IX.4

Soient M^m et N^n deux variétés différentiables. Une application continue F de M^m dans N^n est dite différentiable si pour toute carte (U, φ) de M^m et toute carte (V, ψ) de N^n telle que $F(U) \cap V \neq \emptyset$, $\psi \circ F \circ \varphi^{-1}$ est une application différentiable de $\varphi(U \cap F^{-1}(V))$ dans $\psi(V)$.

Exemple IX.5

Une courbe différentiable tracée dans M^m est une application différentiable d'un intervalle I de $\mathbb{R}$ dans M^m.

Définition IX.6

Soient M^m et N^n deux variétés différentiables. Un difféomorphisme F de M^m sur N^n est une application différentiable qui est un homéomorphisme et telle que F^{-1} soit différentiable.

On note $\mathcal{E}(M)$ l'algèbre des fonctions différentiables sur M.

3. Champs de vecteurs et formes différentielles sur une variété différentiable.

Soit M^m une variété différentiable et $A = (U_i, \varphi_i)$ un atlas de M^m.

Définition IX.7

Un champ de vecteurs $\mathfrak{X}$ sur M^m est une famille d'applications différentiables X_i : $U_i \to \mathbb{R}^n$ telle que pour tout $x \in U_i \cap U_j$,

$$X_j(x) = d\left(\varphi_j \circ \varphi_i^{-1}\right)_{\varphi_i(x)} X_i(x)\,.$$

L'ensemble $\mathfrak{X}(M)$ des champs de vecteurs sur M est un module sur l'anneau $\mathcal{E}(M)$ des fonctions différentiables sur M.

On peut démontrer, comme on l'a fait pour le cas d'un ouvert de $\mathbb{R}^n$, que $\mathfrak{X}(M)$ s'identifie à l'ensemble des dérivations de l'anneau $\mathcal{E}(M)$ (cf. Proposition VI.5).

Pour définir l'ensemble des k-formes différentielles sur M, on suit ce qu'on a fait en VI.4 dans le cas d'un ouvert de $\mathbb{R}^n$.

Définition IX.8

Une k–forme différentielle sur M est une application k–linéaire alternée du $\mathcal{E}(M)$–module $\mathfrak{X}(M)^k$ dans $\mathcal{E}(M)$.

On pourrait bien sûr procéder différemment et définir (par exemple) les k–formes différentielles en restriction aux ouverts U_i comme des contre-images par h_i de formes différentielles sur $h_i(U_i)$ assujeties à une condition de raccordement sur $U_i \cap U_j$.

On note $\Omega^k(M)$ le $\mathcal{E}(M)$–module des k–formes différentielles sur la variété M.

La notion de flot d'un champ de vecteurs s'étend de suite à partir de celle donnée pour un ouvert de $\mathbb{R}^n$. Dans un système de coordonnées locales définies sur l'ouvert U_i, la donnée locale X_i détermine un système différentiel dont la solution locale existe par le théorème de Cauchy et la solution de ce système définit le flot local du champ de vecteurs X.

Les notions de produit intérieur d'une k–forme différentielle par un champ de vecteurs, de dérivée de Lie L_X par le champ de vecteurs X s'étendent aussi de suite.

4. Orientation d'une variété différentiable

Définition IX.9

Soit M^m une variété différentiable de dimension m. Une forme volume sur M^m est une forme différentielle Ω de degré m sur M^m telle que Ω ne s'annule en aucun point de M^m.

Définition IX.10

Soit M^m une variété différentiable de dimension m. On dit que M^m est orientable s'il existe une forme volume sur M^m. La donnée d'une telle forme volume détermine une orientation de M^m ; on dit alors que M^m est orientée.

En revenant sur les conditions de raccordement qui définissent une n–forme différentiable, on peut montrer (ce qu'on admet ici) une autre caractérisation des variétés orientables :

Proposition IX.11

La variété M^m est orientable si et seulement s'il existe un atlas tel que, pour tout changement de cartes $\varphi_j \circ \varphi_i^{-1}$ et tout point x de $U_i \cap U_j$, le jacobien $\det\Big(d(\varphi_j \circ \varphi_i^{-1})\Big)_{\varphi_i(x)}$ est positif.

Théorème IX.12

Si M^m est une variété différentiable orientable, son bord ∂M^m est orientable et une orientation de M^m détermine une orientation du bord ∂M^m.

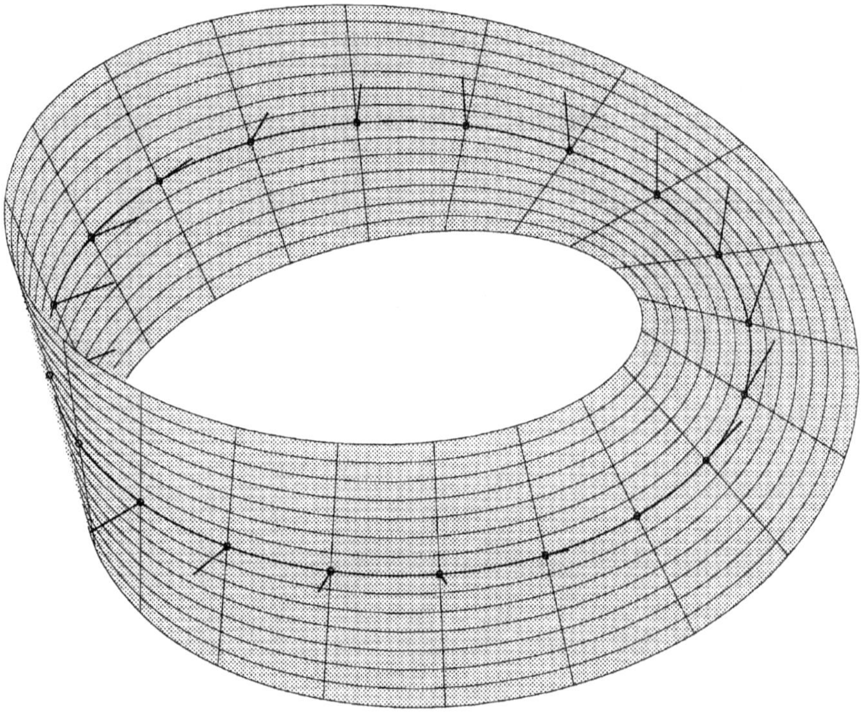

Figure IX.1 : Le ruban de Möbius .

Exemple classique de variété non orientable

Convention :

Si M^m est de dimension paire (resp. impaire) on munit ∂M^m de l'orientation déterminée par celle de M^m (resp. opposée à cette orientation).

5. Exemples de variétés différentiables : les sphères et les espaces projectifs.

1) La sphère $\mathbb{S}^n$.

La sphère $\mathbb{S}^n = \{x \in \mathbb{R}^{n+1};\, x_1^2 + \cdots + x_{n+1}^2 - 1 = 0\}$ est munie de la topologie induite par celle de $\mathbb{R}^{n+1}$. On considère les ouverts $U_i = \{x \in \mathbb{R}^n;\, x_i > 0\}$ $U_{i+n} = \{x \in \mathbb{R}^n;\, x_i < 0\}$ $(i = 1, \ldots, n)$ et les applications $h_i = U_i \to \mathbb{R}^n$:

$$h_i : (x) \mapsto \big(x_1, \ldots, x_{i-1}, x_{i+1}, \ldots, x_{n+1}\big)\,.$$

Les applications h_i sont des homéomorphismes puisque au point $(x_1, \ldots, x_{i-1}, x_{i+1}, \ldots, x_n)$ de $h_i(U_i)$ il ne correspond qu'un seul point x déterminé par

$$x_i = \sqrt{1 - \sum_{j \neq i} x_j^2}\,.$$

Il est de plus clair que h_i^{-1} est continue. Noter que $h_i(U_i)$ est un ouvert de $\mathbb{R}^n$ et donc que la sphère $\mathbb{S}^n$ est une variété sans bord.

De plus les changements de cartes sont les applications (le $\widehat{\ }$ signifie que la variable n'apparaît pas)

$$(x_1, \ldots, \widehat{x_i}, \ldots, x_{n+1}) \xrightarrow{h_j \circ h_i^{-1}} \left(x_1, \ldots, \sqrt{1 - \sum_{j \neq i} x_j^2}, \ldots, \widehat{x_j}, \ldots x_{n+1}\right)$$

(le radical en i–ème position) et sont donc différentiables.

2) Les espaces projectifs.

On définit sur $\mathbb{R}^{n+1} \setminus \{0\}$ la relation d'équivalence

$$x \sim x' \qquad \Longleftrightarrow \qquad x = \lambda x', \ \lambda \in \mathbb{R} \setminus \{0\}\,.$$

L'espace projectif $\mathbb{P}_n(\mathbb{R})$ est défini topologiquement comme l'espace quotient $\mathbb{P}_n(\mathbb{R}) = \mathbb{R}^{n+1}/\sim$. Sur l'ouvert U_i déterminé par $U_i = \{x \in \mathbb{R}^{n+1};\ x_i \neq 0\}/\sim$, on considère l'application $h_i : U_i \to \mathbb{R}^n$ définie par

$$h_i(x/\sim) = \left(\frac{x_1}{x_i}, \ldots, \frac{\widehat{x_i}}{x_i}, \ldots, \frac{x_{n+1}}{x_i}\right).$$

L'atlas constitué par les cartes (U_i, h_i) détermine sur $\mathbb{P}_n(\mathbb{R})$ une structure de variété différentiable. $\mathbb{P}_n(\mathbb{R})$ est également une variété sans bord.

6. Partition de l'unité associée à un atlas d'une variété

Soit M^m une variété. Soit x un point de M^m et (U, φ) une carte locale de M^m telle que $x \in U$. On peut, en composant au but φ avec une application appropriée de $\varphi(U)$ dans $\mathbb{R}^m$ (ou H_m), remplacer φ par $\psi : U \in \mathbb{R}^m$ en sorte que $\psi(x) = 0$ et image$(\psi) = \mathbb{R}^m$ (ou H_m).

En utilisant le fait qu'une variété M^m est un espace topologique localement compact ayant une base dénombrable d'ouverts, on arrive au résultat suivant :

Lemme IX.13

Soit $\mathcal{U} = (U_i)$ un recouvrement ouvert d'une variété différentiable M^m. Il existe un atlas (V_k, ψ_k) plus fin que $\mathcal{U}$ tel que :

(i) L'image de ψ_k est $\mathbb{R}^m$ ou H_m.

(ii) Les ouverts $W_k = \{x \in V_k;\ \|\psi_k(x)\| < 1\}$ forment un recouvrement ouvert de M^m.

On note $V_k' = \{x \in V_k;\ \|\psi_k(x)\| < 2\}$.

Lemme IX.14

Il existe une fonction différentiable et positive $\theta : \mathbb{R}^n \to \mathbb{R}$ telle que

$$\theta(x) = \begin{cases} 1 & \text{pour} \quad \|x\| \leq 1\,, \\ 0 & \text{pour} \quad \|x\| \geq 2\,. \end{cases}$$

Preuve : Prendre la fonction $e(t) = \begin{cases} \exp(-1/t) & \text{si} \quad t > 0\,, \\ 0 & \text{si} \quad t \leq 0\,, \end{cases}$ et

$$\theta(x) = \frac{e(2 - \|x\|)}{e(2 - \|x\|) + e(\|x\| - 1)} \cdot \square$$

Proposition IX.15

Soit $\mathcal{U} = (U_i)$ un recouvrement ouvert de M^m. Il existe un recouvrement ouvert $\mathcal{V} = (V'_k)$ de M^m, localement fini et plus fin que $\mathcal{U}$ et des fonctions $\mathcal{C}^\infty$ sur M notées θ_k telles que :

$$i) \quad \sum \theta_k = 1\,, \qquad\qquad ii) \quad \operatorname{supp}(\theta_k) \subset V'_k\,.$$

On rappelle que le support d'une fonction $f \in \mathcal{C}^\infty(M)$, noté $\operatorname{supp}(f)$, est le fermé

$$\operatorname{supp}(f) = \overline{\{x \in M;\ f(x) \neq 0\}}\,.$$

Remarque :

On dit que (θ_k) est une partition différentiable de l'unité subordonnée au recouvrement $\mathcal{U}$.

Preuve : On considère l'atlas (V_k, ψ_k) du lemme IX.12, puis on introduit les fonctions $\widehat{\theta}_k = \theta \circ \psi_k$ qui se prolongent par zéro sur $M^m \setminus V'_k$ en des fonctions positives $\widehat{\theta}_k \in \mathcal{E}(M)$ égales à 1 sur W_k et à support contenu dans V'_k. On définit alors

$$\theta_k = \frac{\widehat{\theta}_k}{\sum \widehat{\theta}_k} \cdot \square$$

7. Intégration des formes différentielles sur une variété

Définition IX.16

Soit ω une k–forme différentielle sur M^m , le support de ω, noté $\operatorname{supp}(\omega)$ est défini par $\operatorname{supp}(\omega) = \overline{\{x \in M^m;\ \omega(x) \neq 0\}}$.

On note $\Omega^k_c(M)$ le $\mathcal{E}(M)$–module des k–formes différentielles à support compact.

Définition IX.17

Soit $\omega = f\, dx_1 \wedge \ldots \wedge dx_m$ une m–forme différentielle à support compact d'un ouvert U de $\mathbb{R}^m$ (resp. H_m). L'intégrale de ω sur U est définie par

$$\int_U \omega = \int_U f\, d\mu$$

où $d\mu$ est la mesure de Lebesgue $dx_1\, dx_2 \ldots dx_m$ sur l'ouvert U.

Définition IX.18

Soit $h : V \to U$ un difféomorphisme d'un ouvert V de M^m sur un ouvert U de R^m. On dit que h préserve l'orientation si la contre-image de la forme volume canonique $dx_1 \wedge \ldots \wedge dx_m$ sur U par h définit la même orientation que celle choisie sur M^m et induite sur V.

Théorème IX.19

Soit M^m une variété orientée. Il existe une unique forme linéaire sur $\Omega_c^m(M)$: $\omega \mapsto \int_{M^m} \omega$ telle que si h est un difféomorphisme compatible avec l'orientation de M^m, d'un ouvert U de $\mathbb{R}^m$ sur un ouvert V de M^m, et si $\text{supp}(\omega) \subset V$, alors :

$$\int_{M^m} \omega = \int_U h^* \omega .$$

L'unicité est facile à vérifier. En effet soit $V = (V_i)$ un recouvrement de M^m tel que les (V_i, h_i^{-1}) forment un atlas de M^m avec des applications $h_i = H_{|V_i}$ qui conservent l'orientation et tel qu'il y ait une partition θ_i de l'unité associée ; il vient :

$$\int_{M^m} \omega = \int_{M^m} \sum_i \theta_i \, \omega = \sum_i \int_{M^m} \theta_i \, \omega = \sum_i \int_{h_i(V_i)} h_i^*(\theta_i \, \omega) .$$

Soit h un difféomorphisme qui conserve l'orientation d'un ouvert U de $\mathbb{R}^m$ (ou H_m) sur un ouvert V de M^m. On a :

$$\begin{aligned}\int_M \omega &= \sum_i \int_{U_i \cap h_i^{-1}(V_i)} h_i^*(\theta_i \, \omega) = \sum_i \int_{U_i \cap h^{-1}(V_i)} (h_i^{-1} \circ h)^* h_i^*(\theta_i \, \omega) \\ &= \sum_i \int_{U_i \cap h^{-1}(V_i)} (\theta_i \circ h) h^* \omega = \int_U h^* \omega\end{aligned}$$

Soit $\omega = \sum a_i \, dx_1 \wedge \ldots \wedge \widehat{dx_i} \wedge \ldots \wedge dx_m$ une $(m-1)$–forme différentielle à support compact sur un ouvert U de H_m. Si $U \cap \partial H_m = \emptyset$, on a :

$$\int_U d\omega = \sum (-1)^{i-1} \int_U \frac{\partial a_i}{\partial x_i} \, d\mu = 0 .$$

Si $U \cap \partial H_m = V \neq \emptyset$, on a, en notant $j : V \to U$ l'injection canonique de V dans U,

$$\begin{aligned}\int_U d\omega &= \sum_i (-1)^{i-1} \int_U \frac{\partial a_i}{\partial x_i} \, d\mu \\ &= -(-1)^{m-1} \int_V a_m(x_1, \ldots, x_{m-1}, 0) dx_1 \, dx_2 \ldots dx_{m-1} \\ &= \int_V j^* \omega ,\end{aligned}$$

avec la convention choisie pour l'orientation du bord de H_m. On a plus généralement le

Théorème IX.20 (*Formule de Stokes*)
Soit M^m une variété orientée, soit $j : \partial M^m \to M^m$ l'injection canonique. Pour toute forme différentielle $\omega \in \Omega_c^{m-1}(M^m)$, on a :

$$\int_{M^m} d\omega = \int_{\partial M^m} j^*\omega\,.$$

Preuve : En reprenant les notations précédentes, il vient :

$$\int_{M^m} d\omega = \int_{M^m} d\Big(\sum \theta_i\,\omega\Big) = \sum_i \int_{U_i} h_i^*\, d(\theta_i\,\omega)\,.$$

Soit i l'injection canonique de ∂H_m dans $\mathbb{R}^m$ et $k_i = h_i\big|_{U_i \cap \partial H_m}$:

Si $U_i \cap \partial H_m = \emptyset$, on a $\displaystyle\int_{U_i} h_i^* d(\theta_i\,\omega) = 0\,.$

Si $U_i \cap \partial H_m \neq \emptyset$, on a :

$$\int_{U_i} h_i^* d(\theta_i\,\omega) = \int_{U_i \cap \partial H_m} i^*\, h_i^*\,(\theta_i\,\omega) = \int_{U_i \cap \partial H_m} k_i^*\Big(\big((\theta_i \circ j) j^*\omega\Big)\,,$$

et on trouve

$$\int_{M^m} d\omega = \int_{\partial M^m} j^*\omega\,.\,\square$$

Un cas particulier du théorème de Stokes est donné par la formule de Green–Riemann : soit D un domaine du plan dont le bord est une courbe $\partial D = \gamma$ qui est une variété différentiable de dimension 1.

Soit $\omega = d\big(a(x,y)\,dx + b(x,y)\,dy\big)$ une 2–forme différentielle exacte $\mathcal{C}^\infty$ sur un ouvert U contenant D.

Proposition IX.21 (*Formule de Green-Riemann*)
On a :

$$\int_D \omega = \int_{\partial D} \big(a(x,y)\,dx + b(x,y)\,dy\big)\,.$$

Soit un ouvert U de $\mathbb{R}^3$ et $X = a(x,y,z)\,\dfrac{\partial}{\partial x} + b(x,y,z)\,\dfrac{\partial}{\partial y} + c(x,y,z)\,\dfrac{\partial}{\partial z}$ un champ de vecteurs $\mathcal{C}^\infty$ défini sur U. Soit $D \subset U$ un domaine fermé borné contenu dans U dont le bord ∂D est une variété $\mathcal{C}^\infty$ de dimension 2. On introduit la 2–forme $\omega = \mathrm{i}_X\, dx \wedge dy \wedge dz$ et (cf. définition VI.10) $d\omega = \mathrm{div}(X)\, dx \wedge dy \wedge dz$. La formule de Stokes donne en particulier :

Proposition IX.22
On a :

$$\int_{\partial D} \omega = \int_D \mathrm{div}(X)\, dx \wedge dy \wedge dz\,.$$

Dans les cours de physique, l'intégrale $\displaystyle\int_{\partial D} \omega$ s'appelle le flux du champ de vecteurs X au travers de la surface ∂D. Si le champ de vecteurs est isochore ($\mathrm{div}\, X = 0$), on retrouve le fait connu que son flux au travers d'une surface ∂D est nul.

Énoncés des exercices

Exercice IX.1 (*Sphère de* $\mathbb{R}^3$)

1) Montrer que la sphère S^2, centrée à l'origine et de rayon R, est une sous-variété de $\mathbb{R}^3$ de dimension 2.

2) Soient $U_+ = \{(x,y,z) \in S^2,\ z > 0\}$ et $U_- = \{(x,y,z) \in S^2,\ z < 0\}$. On note π la projection de $\mathbb{R}^3$ sur $\mathbb{R}^2$: $(x,y,z) \to (x,y)$. Les deux cartes $(U_+, \pi|_{U_+})$ et $(U_-, \pi|_{U_-})$ constituent-elles un atlas de S^2 ?

3) Soient N et S (pôles Nord et Sud) les points de coordonnées $(0,0,R)$ et $(0,0,-R)$ respectivement. On note ψ la projection stéréographique de pôle N (resp. χ, de pôle S) qui, à chaque point M de S^2, distinct de N, fait correspondre le point d'intersection de la droite MN avec le plan d'équation $z = 0$.
Montrer que $(S^2 \setminus \{N\}, \psi)$ et $(S^2 \setminus \{S\}, \chi)$ constituent un atlas. Déterminer l'application de changement de carte.

4) Montrer que si l'intersection de 2 cartes admissibles (U_ψ, ψ) et (U_φ, φ) est connexe par arcs, le déterminant de la matrice jacobienne de $(\psi \circ \varphi^{-1})$ a un signe constant sur $\varphi(U_\psi \cap U_\varphi)$. En déduire que la sphère est une variété orientable.

Exercice IX.2 (*Bande de Möbius*)

Sur la bande de $\mathbb{R}^2$ définie par $|X| < 4$, on construit une relation d'équivalence R en posant :

$$(x', y')\ R\ (x,y) \Longleftrightarrow \{\ (x' = x \text{ et } y' = y) \quad \text{ou} \quad (x' = x + 7 \text{ et } y' = -y)\}\ .$$

Soit M l'ensemble quotient, p la projection canonique, p_1 sa restriction à la bande $U_1 = \{(x,y);\ -4 < x < 2\}$ et p_2 sa restriction à bande $U_2 = \{(x,y);\ -2 < x < 4\}$.

1) Montrer que M peut-être munie d'une structure de variété différentiable de classe $\mathcal{C}^\infty$ et de dimension 2, appelée bande de Moëbius.

2) Montrer que M n'est pas orientable.

Exercice IX.3 (*Espace projectif*)

On note $\mathbb{P}_n(\mathbb{R})$ (resp. $\mathbb{P}_n(\mathbb{C})$) l'espace projectif réel. (resp. l'espace projectif complexe) de dimension n, c'est-à-dire le quotient de $\mathbb{R}^{n+1} \setminus \{0\}$ (resp. $\mathbb{C}^{n+1} \setminus \{0\}$) par la relation d'équivalence

$$(x_1, \ldots, x_{n+1}) = x \sim y = (y_1, \ldots, y_{n+1})$$

s'il existe $\lambda \in \mathbb{R}^*$ (resp. $\lambda \in \mathbb{C}^*$) tel que $y = \lambda x$.

1) Définir sur cet espace une structure de variété différentiable de dimension n telle que la projection de $\mathbb{R}^{n+1} \setminus \{0\}$ sur $\mathbb{P}_n(\mathbb{R})$ soit différentiable et partout de rang n. On définira un atlas de $\mathbb{P}_n(\mathbb{R})$ et on donnera l'expression explicite de changements de carte.

2) Montrer que la droite projective réelle $\mathbb{P}_1(\mathbb{R})$ est difféomorphe au cercle S_1.

3) Montrer que $\mathbb{P}_1(\mathbb{C})$ est difféomorphe à la sphère de $\mathbb{R}^3$.

Exercice IX.4 (*Grassmanniennes*)

Soit $G_k(\mathbb{R}^n)$ l'ensemble des sous-espaces réels de $\mathbb{R}^n$ de dimension k.

1) Montrer que $G_1(\mathbb{R}^n)$ s'identifie avec $\mathbb{P}_{n-1}(\mathbb{R})$.

2) Soit $B = (e_1, \ldots, e_n)$ une base fixée de $\mathbb{R}^n$, U_B le sous-ensemble de $G_k(\mathbb{R}^n)$ constitué des sous-espaces supplémentaires de $V = \mathrm{Vect}(e_{k+1}, \ldots, e_n)$. Tout élément de U_B admet une base unique dont la matrice dans la base B est de la forme $\begin{pmatrix} I_k \\ M_X \end{pmatrix}$ où I_k est l'identité de $\mathbb{R}^k$ et M_X une matrice à $n-k$ lignes et k colonnes. Montrer que l'application $h_B : X \to M_X$ définit une bijection de U_B sur l'espace $\mathcal{M}_{n-k,k}(\mathbb{R})$ des matrices à $n-k$ lignes et k colonnes.

3) En considérant les cartes (U_B, h_B) montrer que $G_k(\mathbb{R}^n)$ a une structure de variété différentiable de classe $\mathcal{C}^\infty$ et de dimension $k(n-k)$.

Exercice IX.5 (*Variétés de Stiefel*)

On désigne par $\langle\ ,\ \rangle$ le produit scalaire canonique sur $\mathbb{R}^n$ et δ_{ij} le symbole de Kronecker $\big(\delta_{ij} = 0$ si $i \neq j$, $\delta_{ij} = 1$ si $i = j\big)$.

Soit $V_{n,k} = \big\{(e_1, \ldots, e_k),\ e_i \in \mathbb{R}^n,\ \langle e_i, e_j\rangle = \delta_{ij}\big\}$ l'ensemble des k-uplets ordonnés de vecteurs de $\mathbb{R}^n$ qui forment un système orthonormal $(k \leq n)$. On considère $V_{n,k}$ comme sous-ensemble de $\mathbb{R}^{nk}$; les vecteurs $(e_1, \ldots, e_k)$ sont donnés par les coordonnées $x = \big\{x_{ij}\ (i = 1, \ldots, k\,;\ j = 1, \ldots, n)\big\}$, $e_i = (x_{i1}, \ldots, x_{in})$: ces coordonnées sont liées entre elles par le système des $k(k+1)/2$ équations : $\displaystyle\sum_{s=1}^{n} x_{is}\, x_{js} = \delta_{ij}$.

On désigne par f l'application f de $\mathbb{R}^{kn}$ dans $\mathbb{R}^{k(k+1)/2}$ définie par

$$f = \Big\{f_{ij}\,;\ f_{ij} = \sum_{s=1}^{n} x_{is}\, x_{js}\,;\ i = 1, \ldots, k\,;\ j = 1, \ldots, n\Big\}$$

1) Soit x_0 le point de $V_{n,k}$ donné par

$$x_0 = \big\{x_{ij}(0) = \delta_{ij}\,;\ i = 1, \ldots, k\,;\ j = 1, \ldots, n\big\}.$$

Soit $\mathcal{C}$ l'ensemble des courbes $\mathcal{C}^\infty$ tracées dans $V_{n,k}$ et d'origine x_0 ;

$$\mathcal{C} = \Big\{x : [0,1] \to V_{n,k}\ ; x : t \mapsto x(t) \quad \text{tels que} \quad \sum_{s=1}^{n} x_{is}\, x_{js} = \delta_{ij} \text{ et } x(0) = x_0\Big\}.$$

On désigne par $T : \mathcal{C} \to \mathbb{R}^{kn}$, l'application qui associe à $x \in \mathcal{C}$, sa tangente à l'origine $\Big(\xi_{ij} = \dfrac{dx_{ij}}{dt}\Big|_{t=0}\Big)$. Montrer que $T\mathcal{C}$ est un espace vectoriel de dimension $nk - k(k+1)/2$. En déduire que le rang de f au point x_0 est $k(k+1)/2$.

2) Justifier par un argument d'algèbre linéaire que le groupe orthogonal $O(n, \mathbb{R})$ opère transitivement sur $V_{n,k}$.

3) En déduire que f est une submersion au voisinage de tous les points de $V_{n,k}$.

4) En déduire que $V_{n,k}$ est une sous-variété de $\mathbb{R}^{kn}$ de dimension $nk - \frac{1}{2}k(k+1)$.

Exercice IX.6 (*Formule de Green*)

Soit $D \subset \mathbb{R}^3$ un domaine borné de l'espace $\mathbb{R}^3$ de bord ∂D. Montrer que si u et v sont des fonctions $\mathcal{C}^\infty$ sur un ouvert U contenant D, on a :

$$\int_D (v\triangle u - u\triangle v)\, dx\wedge dy\wedge dz = \int_{\partial D} \omega$$

où ω est la 2-forme différentielle définie par :

$$v\Big(\frac{\partial u}{\partial x}\, dy\wedge dz+\frac{\partial u}{\partial y}\, dz\wedge dx+\frac{\partial u}{\partial z}\, dx\wedge dy\Big)-u\Big(\frac{\partial v}{\partial x}\, dy\wedge dz+\frac{\partial v}{\partial y}\, dz\wedge dx+\frac{\partial v}{\partial z}\, dx\wedge dy\Big)$$

et $\triangle$ est le laplacien $\qquad \triangle = \dfrac{\partial^2}{\partial x^2}+\dfrac{\partial^2}{\partial y^2}+\dfrac{\partial^2}{\partial z^2}\cdot$

Exercice IX.7

Soit $B(O,R) \subset \mathbb{R}^n$ la boule ouverte centrée en 0 et de rayon R. Soit $F : \mathbb{R}^n \to \mathbb{R}^n$ une application $\mathcal{C}^\infty$ dont la restriction $F\big|_{\partial B(0,R)}$ définit un difféomorphisme :

$$F\big|_{\partial B(0,R)} : \partial B(0,R) \to F\big(\partial B(0,R)\big)\,.$$

On suppose que $F^{-1}(0)\cap\partial B(0,R) = \emptyset$ et $F^{-1}(0)\cap B(0,R) = \{M_1,\dots,M_N\}$. On suppose de plus qu'en tous les points M_j $(j=1,\dots,N)$ de $F^{-1}(0)\cap B(0,R)$ le déterminant $J(F)$ de la matrice jacobienne de F est non nul.

Soit Ω la $(n-1)$–forme

$$\Omega = \sum_{j=1}^{n} (-1)^{j-1}\,\frac{x_j}{r^n}\, dx_1\wedge\dots\wedge\widehat{dx_j}\wedge\dots\wedge dx_n\,.$$

1) Montrer que l'intégrale $\displaystyle\int_{\partial B(0,\varepsilon)} \Omega$ ne dépend pas de ε et est égale à :

$$C_n = \int_{\partial B(0,1)} \Omega = n\,\mathrm{vol}\big(B(0,1)\big) \neq 0\,.$$

2) Montrer que $\displaystyle\int_{\partial B(0,R)} F^*\Omega = \sum_{j=1}^{N}\int_{\partial \mathcal{V}_\varepsilon(M_j)} F^*\Omega$ où ∂B et $\partial\mathcal{V}_\varepsilon$ sont des surfaces orientées et $\mathcal{V}_\varepsilon(M_j)$ est le voisinage de M_j difféomorphe à $B(0,\varepsilon)$ défini par le théorème de l'inverse local.

3) Soit N_+ (resp. N_-) le nombre de points de $F^{-1}(0)\cap B(0,R)$ tels que $J(F) > 0$ (resp. $J(F) < 0$). Montrer que :

$$\int_{\partial B(0,R)} F^*\Omega = C_n\big(N_+ - N_-\big)\,.$$

4) On prend en particulier $n = 2$ et

$$F : \mathbb{R}^2 \to \mathbb{R}^2 \qquad (x,y) \mapsto \big(f(x,y), g(x,y)\big)$$

un champ de vecteurs du plan. Soit γ une orbite périodique de F. Que représente géométriquement $\int_\gamma F^*\Omega$?

On suppose que F a un nombre fini de zéros dans le domaine D dont le bord est γ. On les note $p_1, \ldots, p_N$. Montrer que

$$\int_\gamma F^*\Omega = 2\pi \sum_{j=1}^{N} \operatorname{sgn}\big(J(p_j)\big)$$

où le symbole sgn( ) désigne la fonction signe.

Chapitre X

Fibré sur une variété
Le fibré tangent et le fibré cotangent

1. Fibré vectoriel topologique et différentiable

Définition X.1

Soit (F, p, B) où F, B sont deux espaces topologiques et $p : F \to B$ est une surjection continue. On dit que (F, p, B) est un fibré (topologique) vectoriel s'il existe un recouvrement $\mathcal{U} = (U_i)$ de B et des homéomorphismes $\varphi_i : p^{-1}(U_i) \to U_i \times \mathbb{R}^n$ tels que pour $b \in U_i \cap U_j$,

$$\varphi_j \circ \varphi_i^{-1}(b, v) = \big(b, \gamma_{ji}(b).v\big)$$

où γ_{ji} est une application continue de $U_i \cap U_j$ dans $Gl_n(\mathbb{R})$.

Remarque :

Les applications $\gamma_{ji} : U_i \cap U_j \to Gl_n(\mathbb{R})$ ont la propriété :

$$\forall b \in U_i \cap U_j \cap U_k\ , \qquad \gamma_{ji}(b)\,\gamma_{ik}(b) = \gamma_{jk}(b)\,.$$

Définition X.2

Soit B un espace topologique et $\mathcal{U} = (U_i)$ un recouvrement de B par des ouverts. Un cocycle (continu) du recouvrement à valeurs dans $Gl_n(\mathbb{R})$ est la donnée d'applications continues $\gamma_{ji} : U_i \cap U_j \to Gl_n(\mathbb{R})$ telles que $\gamma_{ji}(b)\,\gamma_{ik}(b) = \gamma_{jk}(b)$ pour tout $b \in U_i \cap U_j \cap U_k$.

Réciproquement, la donnée d'un cocycle détermine un fibré topologique vectoriel sur B.

Définition X.3

Soit $B = M$ une variété différentiable de dimension m. Un fibré (topologique) vectoriel (F, p, B) sur B est dit différentiable si B a un atlas (U_i, h_i) et s'il existe des homéomorphismes $\varphi_i : p^{-1}(U_i) \to U_i \times \mathbb{R}^n$ tels que les cocycles $\gamma_{ji} : U_i \cap U_j \to Gl_n(\mathbb{R})$ soient différentiables.

On admet que, dans ce cas, F est une variété différentiable de dimension $m + n$. L'application $p : F \to B$ s'appelle la projection. La variété F s'appelle l'espace total du fibré. Pour un point b de B, l'ensemble $p^{-1}(b)$ est un espace vectoriel de dimension n.

La donnée d'un cocycle $\gamma_{ji} : U_i \cap U_j \to Gl_n(\mathbb{R})$ différentiable sur le recouvrement $\mathcal{U} = (U_i)$ détermine un fibré différentiable sur $B = M$.

Définition X.4

Une section $\mathcal{C}^\infty$ d'un fibré différentiable $p : F \to B$ est une application $s : B \to F$ de classe $\mathcal{C}^\infty$ telle que $p \circ s =$ identité.

2. Le fibré tangent TM et le fibré cotangent T^*M

Soit M une variété différentiable de dimension m définie par un atlas $\mathcal{A} = (U_i, h_i)$. On vérifie que les applications $\gamma_{ji} : x \mapsto d\Big(h_j \circ h_i^{-1}\Big)_{h_i(x)} \in Gl_m(\mathbb{R})$ définissent des cocycles différentiables du recouvrement $\mathcal{U} = (U_i)$.

Définition X.5

Le fibré tangent $p : TM \to M$ est le fibré différentiable défini sur la variété M par les cocycles $\gamma_{ji} : x \mapsto d\Big(h_j \circ h_i^{-1}\Big)_{h_i(x)}$.

Une section $\mathcal{C}^\infty$ du fibré tangent $s : M \to TM$ détermine au-dessus de chaque ouvert U_i de M une application $s_i : U_i \to \mathbb{R}^n$ telle que :

$$\forall x \in U_i \cap U_j, \qquad s_j(x) = d\Big(h_j \circ h_i^{-1}\Big)_{h_i(x)} s_i(x)\,.$$

C'est donc (cf. Définition IX.6) un champ de vecteurs $\mathcal{C}^\infty$ sur la variété M.

Plus généralement on peut définir de façon analogue le fibré $\Omega^k(M)$ dont les sections $\mathcal{C}^\infty$ sont les k–formes différentielles sur M. En particulier le fibré $\Omega^1(M)$ est aussi noté T^*M et s'appelle le fibré cotangent de la variété M.

Soit $F : M^n \to N^k$ une application différentiable de la variété M de dimension m dans la variété N de dimension k.

Définition X.6

Pour toute carte (U, φ) de M^n et (V, ψ) de N^k telles que $F(U) \cap V \neq \emptyset$, l'application

$$\gamma : x \mapsto d\big(\psi \circ F \circ \varphi^{-1}\big)_{\varphi(x)}$$

est une application différentiable de $F^{-1}(V) \cap U$ dans $\mathrm{Hom}(\mathbb{R}^n, \mathbb{R}^k)$. Elle détermine donc une application différentiable de TM dans TN appelée l'application tangente à F et notée TF.

On note T_xM (resp. T_x^*M) la fibre au dessus du point x de M du fibré tangent (resp. cotangent) à M.

Définition X.7

La contre-image d'un champ de vecteur $Y : N \to TN$ par un difféomorphisme $F : M \to N$ est le champ noté F^*Y défini par :

$$F^*Y(x) = TF^{-1}_{F(x)}\Big(Y\big(F(x)\big)\Big)\,.$$

3. Forme symplectique canonique sur T^*M, notion de variété riemannienne et définition du flot géodésique sur une variété riemannienne.

Soit $T^*M \xrightarrow{p} M$ le fibré cotangent d'une variété M. Soit $x \in M$ et $\alpha \in T_x^*M$. L'application tangente à p, notée Tp, va de TT^*M dans TM. Soit $u \in T_\alpha T^*M$, on définit $\lambda(u) = \alpha\big(Tp(u)\big)$.

Une forme symplectique est une 2–forme fermée ω telle que $\underbrace{\omega\wedge\ldots\wedge\omega}_{m \text{ fois}} = \Omega$ est une forme volume.

Proposition X.8

L'application $u \mapsto \lambda(u) = \alpha\big(T(p)(u)\big)$ définit une 1-forme différentielle sur T^*M dont la différentielle est une forme symplectique ω.

Définition X.9

Soit M une variété différentiable. Une structure riemannienne sur la variété M est la donnée d'une application $\mathcal{E}(M)$–bilinéaire $g : \mathfrak{X}(M) \times \mathfrak{X}(M) \to \mathcal{E}(M)$ telle que la restriction aux espaces vectoriels $T_xM \times T_xM$ soit une forme bilinéaire définie positive. On dit que la variété M est une variété riemannienne si elle est munie d'une structure riemannienne.

Soit M une variété riemannienne. L'application $g : TM \times TM \to \mathcal{E}(M)$ détermine une application $\Phi : TM \to T^*M$ telle que, pour tout $x \in M$,

$$\Phi(X) : Y \mapsto g(X,Y), \quad X \in T_xM, \quad Y \in T_xM\,.$$

Définition X.10

Le flot géodésique sur la variété riemannienne est le système hamiltonien défini sur TM par la fonction de Hamilton $Q : TM \to \mathbb{R}$ et la forme symplectique $\Phi^*\omega$:

$$Q(\xi) = g(\xi,\xi)\,.$$

On donne (figures X.1 et 2, pages suivantes) deux représentations graphiques des géodésiques issues d'un point, dans le cas particulier du paraboloïde hyperbolique (qui est une surface réglée).

4. Connexion linéaire, exemple de la connexion de Levi–Civita, transport parallèle.

La notion de connexion linéaire a été dégagée par H.Weyl. La définition sous la forme qui suit est due à J.L. Koszul.

Définition X.11

Une connexion linéaire sur le fibré TM associe à tout champ de vecteurs X sur M une application $\nabla_X : TM \to TM$ (appelée dérivation covariante par rapport à X) telle que :

$$\nabla_{fX+gX'}Y = f\nabla_XY + g\nabla_{X'}Y\,,$$
$$\nabla_X\big(Y+Y'\big) = \nabla_XY + \nabla_XY'\,,$$
$$\nabla_X\big(fY\big) = X\,.\,fY + f\nabla_XY\,,$$

pour tout $f, g \in \mathcal{E}(M)$ et X, X', Y, $Y' \in \mathfrak{X}(M)$.

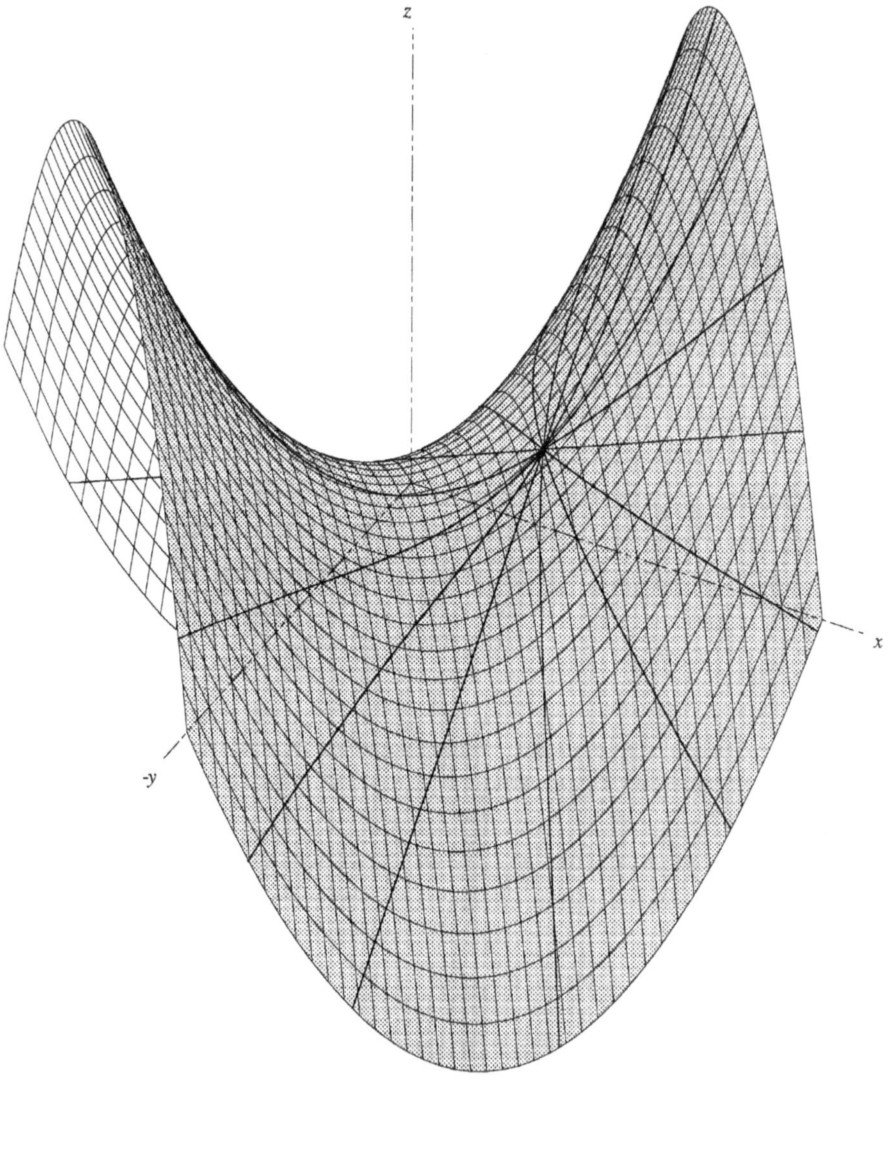

Géodésiques du ph $z = xy$ issues du point $x = 5, y = 2$;
parmi celles-ci figurent deux droites.

Figure X.1

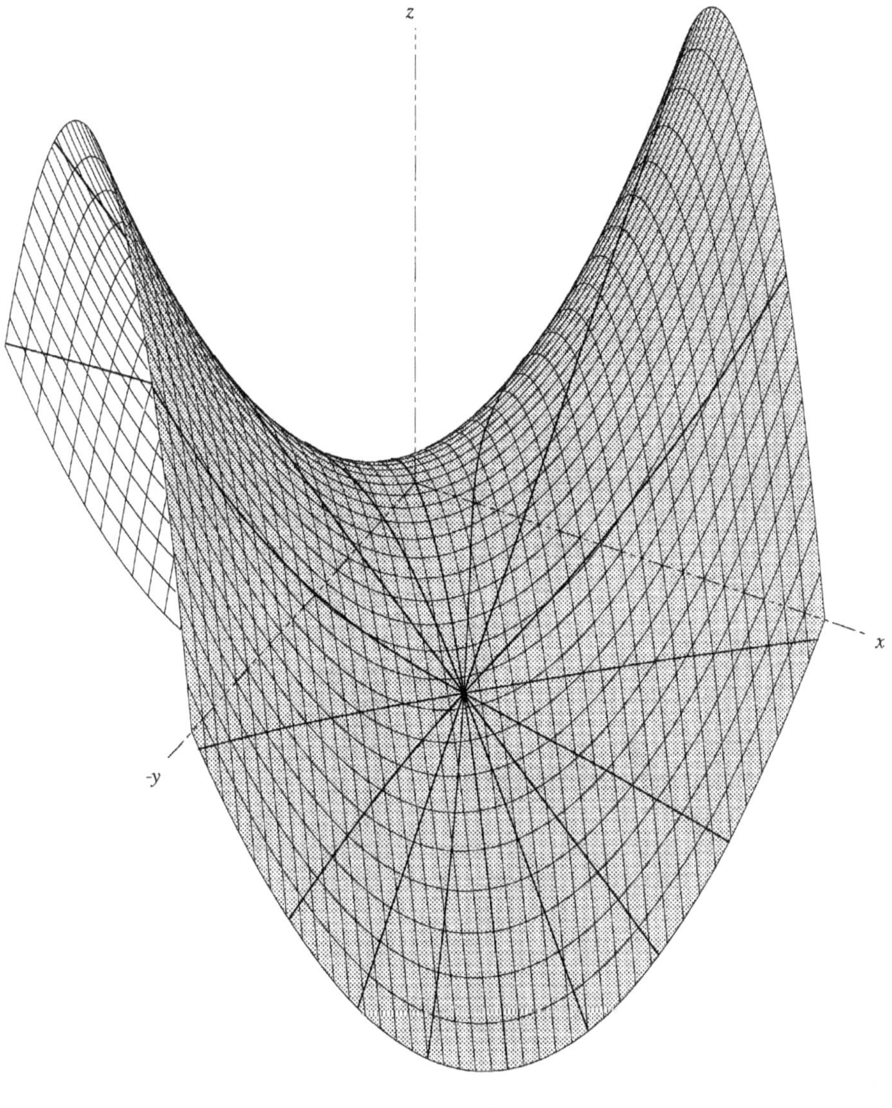

Géodésiques du ph $z = xy$ issues du point $x = 5, y = -5$;
parmi celles-ci figurent deux droites.

Figure X.2

On suppose qu'il existe une base (e_i) $(i = 1, \ldots, n)$ de l'espace tangent $T_x M$ dépendant différentiablement de x. De la définition ci-dessus, il résulte qu'une connexion linéaire est entièrement définie par les coefficients Γ_{ij}^k tels que :

$$\nabla_{e_i} e_j = \sum_k \Gamma_{ij}^k \, e_k \, .$$

En particulier, si on considère à nouveau le cas, étudié au paragraphe II.8, d'une surface plongée dans $\mathbb{R}^3$, il existe une seule connexion ∇_X dont les coefficients sont les symboles de Christoffel associés à la seconde forme fondamentale. Cette connexion peut être définie sur n'importe quelle variété riemannienne (en fait, plus généralement, même si la forme bilinéaire symétrique g n'est pas définie positive) par la formule locale :

$$\Gamma_{ij}^k = \frac{1}{2} \sum_\ell g^{k\ell} \Big(\frac{\partial}{\partial x_i} g_{\ell j} + \frac{\partial}{\partial x_j} g_{\ell i} - \frac{\partial}{\partial x_\ell} g_{ij} \Big) \, .$$

Cette connexion est appelée la connexion de Levi–Civita associée à g.
Dans une variété M, on considère deux points infinitésimalement proches x et $x + \delta x$. La question se pose de comparer les directions de deux vecteurs qui appartiennent à deux espaces tangents distincts $T_x M$ et $T_{x+\delta x} M$. C'est précisément ce que permet de faire une connexion. En général, le résultat dépend du chemin $x(t)$ choisi pour aller de x à $x + \delta x$.

Définition X.12

Soit M une variété sur laquelle est définie une connexion (par exemple une variété riemannienne équipée de la connexion de Levi–Civita). Soit $x(t)$ une courbe tracée sur M, d'origine $x(0)$ et de vecteur tangent $\dot{x}(t)$. Un champ de vecteur Y est dit parallèle pour la connexion et la courbe $x(t)$ si :

$$\nabla_{\dot{x}(t)} Y\big(x(t)\big) = 0 \, .$$

On note que les composantes $y_k(t)$ de $Y\big(x(t)\big)$ vérifient alors les égalités :

$$\dot{y}_k + \sum_{i,j} \Gamma_{ij}^k \, \dot{x}_i \, y_j = 0 \, .$$

En particulier pour la connexion de Levi–Civita, on trouve qu'une géodésique est une courbe telle que le vecteur tangent reste parallèle à lui-même.

On peut présenter ces notions de manière légèrement différente. Soit $Y(0)$ un vecteur de $T_{x(0)} M$:

Définition X.13

Le transport parallèle du vecteur $Y(0)$ le long de la courbe $x(t)$ suivant la connexion est la solution $Y(t)$ du problème de Cauchy :

$$\dot{y}_k + \sum_{i,j} \Gamma_{ij}^k \, \dot{x}_i(t) \, y_j = 0$$

avec, comme donnée initiale, $Y(0)$.

5. Notion de tenseur, exemple du tenseur de courbure et du tenseur de Ricci.

Définition X.14

Un champ de tenseurs de type (p, q) est déterminé par une application $\mathcal{E}(M)$–linéaire de $\Omega^1(M)^p \times \mathfrak{X}(M)^q$ dans $\mathcal{E}(M)$.

Exemple X.15

Sur une variété riemannienne, l'application g définie en X.9. est un tenseur de type $(0, 2)$ appelé le tenseur métrique.

Exemple X.16

Une connexion ne définit pas un tenseur. Mais, étant données deux connexions ∇_X et ∇'_X, leur différence définit un tenseur :

$$(X, Y) \mapsto \nabla_X Y - \nabla'_X Y$$

de type $(1, 2)$.
Le transport parallèle d'un vecteur $Y(0)$ le long d'une courbe $x(t)$ dépend de la courbe. En particulier, si on considère deux champs de vecteurs X et X' qui commutent et que l'on suit d'abord le flot de X suivi du flot de X', puis le flot de X' suivi de celui de X ; on sait que l'on se retrouve dans les deux cas au même point, mais le transport parallèle dans l'un et l'autre cas ne donne pas le même résultat. La comparaison conduit à considérer $\nabla_X \nabla_{X'} Y - \nabla_{X'} \nabla_X Y$ et même, plus généralement (si X et X' ne commutent pas), le tenseur de type $(1, 3)$:

$$R : (X, X', Y) \mapsto \nabla_X \nabla_{X'} Y - \nabla_{X'} \nabla_X Y - \nabla_{[X,X']} Y \,.$$

Ce tenseur s'appelle le tenseur de courbure de la connexion.

Dans le cas particulier d'une connexion de Levi–Civita, la trace de l'opérateur $\mathcal{E}(M)$–linéaire

$$X \mapsto R(X, Y, Z)$$

est un tenseur de type $(2, 0)$ appelé tenseur de Ricci.

Dans un calcul local, si on choisit un repère orthonormé (e_i), on peut aussi introduire l'opérateur de Ricci :

$$X \mapsto R(X) = \sum_i R(X, e_i, e_i) \,,$$

et sa trace est la courbure scalaire R. Dans le cas particulier, considéré au paragraphe II.5, d'une surface plongée dans $\mathbb{R}^3$, la courbure scalaire coïncide avec la courbure de Gauss.

Énoncés des exercices

Exercice X.1

Cet exercice donne une autre démonstration de la formule de Lie–Cartan déjà obtenue en l'exercice VI.3.

Soit X et Y deux champs de vecteurs et Φ_t le flot de Y, on pose : $Z = \dfrac{d}{dt}\Phi_t^* X$.

Calculer Z à l'aide de la définition de la contre–image d'un champ et en déduire la formule de Lie–Cartan pour un champ de vecteurs :

$$\frac{d}{dt}\Phi_t^* X = -\Phi_t^*\big([X,Y]\big)\,.$$

Exercice X.2

Soit (X, p, B) un fibré différentiable de base B connexe. On dit que c'est un revêtement si, pour tout $y \in B$, il existe un voisinage ouvert U_y de y dans B tel que $p^{-1}(U_y)$ soit union disjointe d'ouverts difféomorphes à U_y.

1) Montrer que si p est un revêtement alors p est un difféomorphisme local surjectif.

2) Montrer l'équivalence entre les propositions suivantes :

(i) p est un revêtement propre (propre signifie que l'image réciproque d'un compact est compacte).

(ii) Pour tout y dans B, $p^{-1}(y)$ est discret et $y \mapsto \mathrm{card}\big(p^{-1}(y)\big)$ est constante.

Exercice X.3

On veut montrer qu'au voisinage de tout point x d'une variété riemannienne compacte de dimension n, on peut trouver un système de coordonnées locales $(u_1, \ldots, u_n)$ dites coordonnées normales, telles que :

$$\underline{u}(x) = 0\,, \qquad \forall\, i,j \in [\![1,n]\!],\quad g_x\Big(\frac{\partial}{\partial u_i}, \frac{\partial}{\partial u_j}\Big) = \delta_{ij}$$

et les coefficients de Christoffel associés sont nuls au point x.

1) Pour tout vecteur v de l'espace tangent T_xM, soit $\gamma_v(t)$ l'unique géodésique sur M issue de x avec les conditions initiales $\gamma_v(0) = x$ et $\gamma_v'(0) = v$. L'application exponentielle de $TM \to M$ est définie par $\exp v = \gamma_v(1)$ et l'on notera par $\exp_x$ sa restriction à T_xM.

a) Montrer que l'application $\Phi : TM \to M \times M$ définie par

$$\Phi(x,v) = \big(x, \exp_x(v)\big)$$

est, au voisinage de $(x,0)$, un difféomorphisme local de TM sur un voisinage de (x,x).

b) En déduire que pour $\varepsilon > 0$ suffisamment petit, $\exp_x$ définit un difféomorphisme de $B\big((x,0),\varepsilon\big)$ sur son image.

2) Montrer qu'étant donné une base orthonormale $\big(e_1,\ldots,e_n\big)$ de T_xM, on peut lui associer, à l'aide de ce difféomorphisme, des coordonnées locales $u_1,\ldots,u_n$ vérifiant :

$$\underline{u}(x)=0\ ,\qquad g_x\Big(\frac{\partial}{\partial u_i},\frac{\partial}{\partial u_j}\Big)=g_x\big(e_i,e_j\big)=\delta_{ij}\qquad \text{et}\quad \nabla_{u_i}u_j=0\,.$$

Exercice X.4

Un groupe de Lie est un groupe G muni d'une structure de variété telle que l'application $(g,h)\mapsto gh^{-1}$ de G dans G soit régulière. Le groupe est muni d'une métrique bi–invariante si les translations à droite et à gauche sont des isométries.

Soit G un groupe de Lie muni d'une métrique bi–invariante.

1) Soit $u \in T_eG$ et c la géodésique issue de e, de condition initiale $c(0) = e$ et $c'(0) = v$. Montrer que l'application $c : \big(\mathbb{R},+\big) \to \big(G,\cdot\big)$ est un homomorphisme de groupe.

2) Montrer que les géodésiques de G sont les courbes intégrales des champs invariants à gauche.

3) Montrer que pour tous champs X et Y invariants à gauche,

$$\nabla_XY=\frac{1}{2}\big[X,Y\big]=\frac{1}{2}\big(\nabla_XY-\nabla_YX\big)$$

où ∇_XY est la connexion de Levi–Civita associée à la métrique.

4) En déduire que le tenseur de courbure de la connexion de Levi–Civita vérifie, pour tous champs de vecteurs X,Y,Z invariants à gauche, l'égalité :

$$R(X,Y,Z)=\frac{1}{4}\Big[\big[X,Y\big],Z\Big]\,.$$

Exercice X.5

Soit M une variété riemannienne de tenseur de courbure R. Démontrer la première identité de Bianchi :

$$\forall\ X,Y,Z\in TM\ ,\qquad R\big(X,Y,Z\big)+R\big(Y,Z,X\big)+R\big(Z,X,Y\big)=0\,.$$

Solutions des exercices

Chapitre I : Courbes.

Exercice I.1

1) La paramétrisation de la courbe en coordonnées polaires $\rho(\theta)$ est

$$x(\theta) = \rho(\theta)\cos\theta$$
$$y(\theta) = \rho(\theta)\sin\theta\,,$$

donc $\rho^4 - a^2\rho^2(\cos^2\theta - \sin^2\theta) = 0$ et par conséquent $\rho^2(\theta) = a^2\cos 2\theta$.

2) Pour obtenir la représentation graphique de la courbe, on observe que la fonction $\theta \mapsto \rho(\theta)$ est paire et π–périodique ; $\cos 2\theta$ devant être positif, on limite l'intervalle de variation de θ à $\left[0, \frac{\pi}{4}\right]$, intervalle sur lequel $\rho(\theta)$ est monotone décroissante, de a à 0. L'origine est un point double, les deux bissectrices du plan étant des tangentes d'inflexion de la courbe : voir la figure XI.1.

3) Le produit des carrés des distances MA^2 et MB^2 s'écrit

$$\begin{aligned}\left(\left(x+\frac{a}{\sqrt{2}}\right)^2+y^2\right)\left(\left(x-\frac{a}{\sqrt{2}}\right)^2+y^2\right) &= \left(x^2-\frac{a^2}{2}\right)^2+y^4+2y^2\left(x^2+\frac{a^2}{2}\right)^2\\ &= \left(x^2+y^2\right)^2-a^2\left(x^2-y^2\right)+\frac{a^4}{4}\end{aligned}$$

ce qui montre que l'ensemble des points M de la lemniscate est exactement le lieu des points du plan dont le produit des distances aux points A et B est $\frac{1}{2}a^2$.

Exercice I.2

1) La matrice $\begin{pmatrix} 1 & 1/2 \\ 1/2 & 1 \end{pmatrix}$ associée à la forme bilnéaire symétrique x^2+xy+y^2 admet les vecteurs propres $(1,1)$ et $(1,-1)$. Une rotation de $\frac{\pi}{4}$ autour de l'origine la rend diagonale. C'est pourquoi l'on pose $X = \frac{1}{\sqrt{2}}(x+y)$ et $Y = \frac{1}{\sqrt{2}}(x-y)$, ce qui donne $x = \frac{1}{\sqrt{2}}(X+Y)\,, y = \frac{1}{\sqrt{2}}(X-Y)$ d'où :

$$x^2+y^2+xy+x+y-1 = X^2+Y^2+\frac{1}{2}(X^2-Y^2)+\sqrt{2}X-1 = \frac{3}{2}X^2+\frac{1}{2}Y^2+\sqrt{2}X-1\,.$$

La courbe considérée se déduit donc de l'ellipse $\frac{3}{2}\left(X+\frac{\sqrt{2}}{3}\right)^2+\frac{1}{2}Y^2 = \frac{4}{3}$, de centre $\left(-\frac{\sqrt{2}}{3}, 0\right)$, de demi petit axe $\frac{2\sqrt{2}}{3}$ parallèle à Ox et de demi grand axe $2\sqrt{\frac{2}{3}}$ sur Oy, par une rotation de centre 0 et d'angle $\pi/4$.

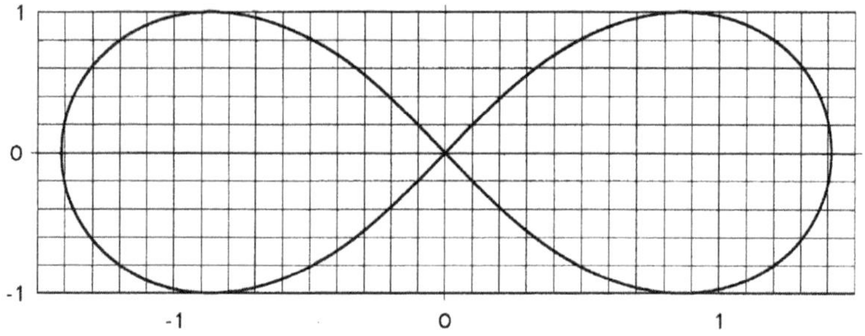

Fig. XI.1 : Lemniscate de Bernoulli , $\left(x^2+y^2\right)^2-2\left(x^2-y^2\right)=0$ (Exercice I.1).

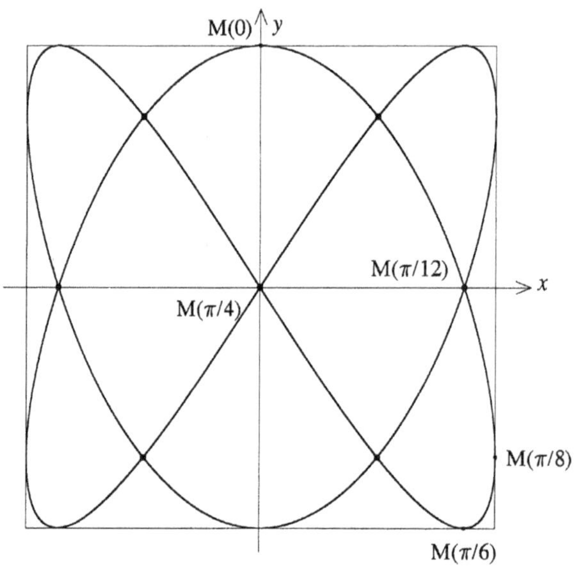

Fig. XI.2 : Courbe de Lissajous , $x(t)=\sin 4t$, $y(t)=\cos 6t$ (Exercice I.3).

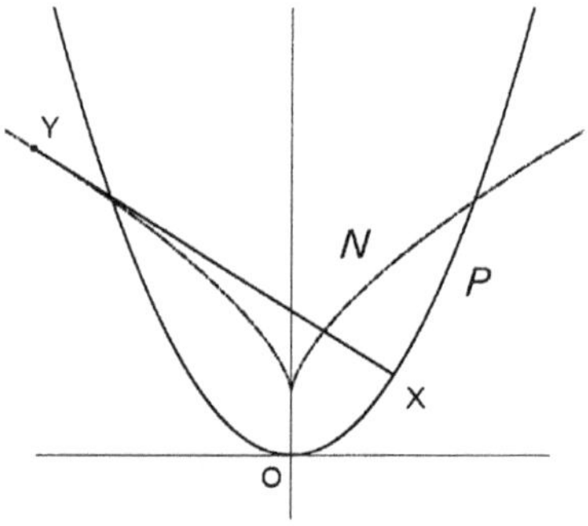

Fig. XI.3 : Parabole et sa développée, la courbe de Neil (Exercice I.7).

Elle admet donc la représentation :

$$\begin{pmatrix} x(t) \\ y(t) \end{pmatrix} = \frac{1}{\sqrt{2}} \begin{pmatrix} 1 & 1 \\ 1 & -1 \end{pmatrix} \begin{pmatrix} -\dfrac{\sqrt{2}}{3} + \dfrac{2\sqrt{2}}{3}\cos t \\ 2\sqrt{\dfrac{2}{3}}\sin t \end{pmatrix} \qquad \text{avec} \qquad t \in [0, 2\pi[\,.$$

2) La rotation étant une isométrie, on applique la formule du cours donnant la courbure d'une ellipse de grand axe et petit axe donnés :

$$c[\varphi](t) = \frac{\dfrac{8}{3\sqrt{3}}}{\left(\dfrac{8}{9}\sin^2 t + \dfrac{8}{3}\cos^2 t\right)^{3/2}} = \frac{1}{2\sqrt{2}\left(1 - \dfrac{2}{3}\sin^2 t\right)^{3/2}}\,.$$

Exercice I.3

Courbe de Lissajous $M(t) = \begin{pmatrix} x(t) \\ y(t) \end{pmatrix}$ avec $\begin{cases} x(t) = \sin 4t \\ y(t) = \cos 6t \end{cases}$

1) Les fonctions données admettent π comme période. Changer t en $-t$ revient à effectuer sur la courbe une symétrie par rapport à Oy, et changer t en $\dfrac{\pi}{2} - t$ revient à effectuer une symétrie par rapport à Ox. D'où l'étude sur $[0, \pi/4]$:

t	0		$\pi/12$		$\pi/8$		$\pi/6$		$\pi/4$
$x'(t)$		$+$		$+$	0	$-$		$-$	
$x(t)$	0	$\nearrow$	$\frac{1}{2}\sqrt{3}$	$\nearrow$	1	$\searrow$	$\frac{1}{2}\sqrt{3}$	$\searrow$	0
$y'(t)$	0	$-$		$-$		$-$	0	$+$	0
$y(t)$	1	$\searrow$	0	$\searrow$	$\frac{1}{2}\sqrt{2}$	$\searrow$	-1	$\nearrow$	0

2) Points doubles de la courbe de Lissajous :

On cherche, pour tout $t_1 \in [0, \pi/4]$, s'il existe $t_2 \in [0, \pi[$ tel que $M(t_1) = M(t_2)$ (avec $t_2 \neq t_1$). Ceci impose $\sin 12t_2 = \sin 12t_1$ et $\cos 12t_2 = \cos 12t_1$, donc

$$t_2 = t_1 + n\frac{\pi}{6} \qquad \text{avec} \qquad n \in \{-1, 1, 2, 3, 4, 5\}$$

Si n est impair, la condition $\cos 6t_2 = \cos 6t_1$ impose que ces deux termes soient nuls, donc que $t_1 \in \left\{\frac{\pi}{12}, \frac{\pi}{4}\right\}\cdot$ Pour $t_1 = \frac{\pi}{12}$ on trouve facilement $t_2 = \frac{7\pi}{12}$, et pour $t_1 = \frac{\pi}{4}$ on a la solution $t_2 = \frac{3\pi}{4}$ (l'origine des coordonnées). Ces points étant sur l'axe Ox, les symétries n'ajoutent donc qu'un seul autre point double. On a déjà trois points doubles, situés sur l'axe des x : l'origine, le point $M\left(\frac{\pi}{12}\right) = M\left(\frac{7\pi}{12}\right)$ et le point $M\left(\frac{5\pi}{12}\right) = M\left(\frac{11\pi}{12}\right)$, son symétrique par rapport à l'axe Oy.

Si n est pair, on l'écrit $n = 2k$ avec $k = 1$ ou 2. La condition $\sin 4t_2 = \sin 4t_1$ donne $\sin\left(4t_1 + \frac{4k\pi}{3}\right) = \sin 4t_1$ d'où l'on tire : $8t_1 + \frac{4k\pi}{3}$ est un multiple impair de π. Comme $8t_1 + \frac{4k\pi}{3} \in \left[\frac{4\pi}{3}, \frac{14\pi}{3}\right]$, il vient $8t_1 + \frac{4k\pi}{3} = 3\pi$, soit $24t_1 = (9-4k)\pi$ $(k = 1, 2)$ qui donne, pour $k = 1$, le point $t_1 = \frac{5\pi}{24}$ avec $t_2 = \frac{13\pi}{24}\cdot$ La valeur $k = 2$ conduit à $t_1 = \frac{\pi}{24}$ et $t_2 = \frac{17\pi}{24}\cdot$ Ces deux points sont symétriques par rapport à l'axe Ox ; la symétrie par rapport à l'axe Oy rajoute deux points doubles : en plus des trois premiers points déjà cités, on a donc les quatre autres points doubles : $M\left(\frac{\pi}{24}\right) = M\left(\frac{17\pi}{24}\right)$, $M\left(\frac{5\pi}{24}\right) = M\left(\frac{13\pi}{24}\right)$, $M\left(\frac{7\pi}{24}\right) = M\left(\frac{23\pi}{24}\right)$ et $M\left(\frac{11\pi}{24}\right) = M\left(\frac{19\pi}{24}\right)\cdot$

Exercice I.4

1) On a à étudier les variations des fonctions $x(t) = \frac{a}{2}(2\cos t - \cos 2t)$ et $y(t) = \frac{a}{2}(2\sin t - \sin 2t)$. Ces fonctions sont 2π-périodiques ; de plus x est paire tandis que y est impaire. Il suffit donc de faire l'étude sur $[0, \pi]$, puis de compléter la courbe par symétrie par rapport à Ox.

On a :

$$x'(t) = -a\sin t(1 - 2\cos t) \quad \text{et} \quad y'(t) = a(\cos t - \cos 2t) = -2a(\cos t + \frac{1}{2})(\cos t - 1)$$

d'où les tableaux de variation (dans le cas $a > 0$) :

t	0		$\pi/3$		$2\pi/3$		π
$x'(t)$	0	$-$	0	$-$		$-$	0
$x(t)$	$a/2$	$\nearrow$	$3a/4$	$\searrow$	$-a/4$	$\searrow$	$-3a/2$

t	0		$\pi/3$		$2\pi/3$		π
$y'(t)$	0	$+$		$+$	0	$-$	0
$y(t)$	0		$\nearrow$		$3a\frac{\sqrt{3}}{4}$	$\searrow$	0

Au point $M(\pi)$, la courbe admet une tangente verticale ; il en va de même au point $M(\pi/3)$. Au point $M(2\pi/3)$, la tangente est horizontale. Enfin, le point

$M(0) = \left(\frac{1}{2}a, 0\right)$ est singulier car $x'(0) = y'(0) = 0$. On a immédiatement, au voisinage de 0,

$$x(t) = \frac{a}{2}\left(1 + t^2 + \mathcal{O}(t^4)\right) \qquad \text{et} \qquad y(t) = \frac{a}{2}\left(t^3 + \mathcal{O}(t^5)\right)$$

ce qui montre que ce point est un point de rebroussement de première espèce. Voir le tracé en Figure I.5. p. 11.

2) On a déjà $M'(t) = a\begin{pmatrix} \sin 2t - \sin t \\ \cos t - \cos 2t \end{pmatrix}$, donc $\dfrac{ds}{dt} = \|M'(t)\| = 2a \sin\dfrac{t}{2}\cdot$ Il en résulte, avec l'orientation naturelle, le vecteur tangent (unitaire) et le vecteur normal :

$$T(t) = \begin{pmatrix} \cos\frac{1}{2}t\left(2\cos t - 1\right) \\ \sin\frac{1}{2}t\left(2\cos t + 1\right) \end{pmatrix} \qquad N(t) = \begin{pmatrix} -\sin\frac{1}{2}t\left(2\cos t + 1\right) \\ \cos\frac{1}{2}t\left(2\cos t - 1\right) \end{pmatrix}$$

La courbure $\mathrm{c}(t)$ au point courant $(t \neq 0)$ vaut $\langle N, \dfrac{dT}{ds}\rangle = \langle N, T'\,\dfrac{dt}{ds}\rangle\cdot$ Un calcul élémentaire donne

$$\mathrm{c}(t) = \frac{3}{4a\sin\frac{1}{2}t} \qquad (t \neq 0)\,.$$

La formule du cours $\mathrm{c}(t) = \dfrac{\det\left(M'(t), M''(t)\right)}{\|M'(t)\|^{3/2}}$ donne bien sûr le même résultat.

Comme il se doit, la courbure est "infinie" au point de rebroussement. On observe aussi qu'elle est toujours positive $(0 < t < \pi)$, conformément à la figure obtenue ; la courbe n'admet pas de point d'inflexion.

3) On a déjà relevé l'invariance de la courbe par la symétrie d'axe Ox. Comme la courbure est strictement décroissante de $t = 0$ à $t = \pi$, les seuls points de la cardioïde ayant même courbure (cette dernière étant toujours positive) sont les points échangés par la symétrie d'axe Ox, qui est donc l'unique isométrie laissant la cardioïde invariante.

Exercice I.5

1) On a $X'(\varphi) = r'(\varphi)U(\varphi) + r(\varphi)U(\varphi + \frac{\pi}{2})$, donc

$$\langle X'(\varphi), U(\varphi)\rangle = r'(\varphi) = \|X'\|\cos\alpha$$

de sorte que α est constant si et seulement si $\dfrac{r'}{\sqrt{r^2 + r'^2}} = \mathrm{C}^{te} = \cos\alpha$, ce qui donne une fonction du type $r(\varphi) = a\,e^{m\varphi}$ avec a constante réelle strictement positive et $\dfrac{m}{\sqrt{1+m^2}} = \cos\alpha$ soit $m = \cot\alpha$ (le signe de m situe la position de la tangente par rapport au vecteur U).

2) Le point image (x', y', z') du point $(x, y, 0)$ vérifie $(x', y', z' + 1) = \lambda(x, y, 1)$, avec $\lambda > 0$, et $\left(x'^2 + y'^2 + (z' + 1)^2\right)\left(x^2 + y^2 + 1\right) = 4$, donc $\lambda = 2/(1 + r^2)$ avec $r^2 = x^2 + y^2$. Il vient :

$$x' = \frac{2x}{1 + r^2} \qquad y' = \frac{2y}{1 + r^2} \qquad z' = \frac{1 - r^2}{1 + r^2}$$

(on vérifie que le cercle unité du plan initial $z = 0$ est invariant).
Si l'on écrit un vecteur du cercle unité de $\mathbb{R}^3$ à l'aide des coordonnées sphériques : $(\sin\theta\cos\varphi, \sin\theta\sin\varphi, \cos\theta)$, on voit que $\sin\theta = \dfrac{2r}{1+r^2}\cdot$ On utilise le repère orthonormé local des coordonnées sphériques :

$$(U, V, W) = \begin{pmatrix} \sin\theta\cos\varphi & \cos\theta\cos\varphi & -\sin\varphi \\ \sin\theta\sin\varphi & \cos\theta\sin\varphi & \cos\varphi \\ \cos\theta & -\sin\theta & 0 \end{pmatrix}$$

qui donne, pour la courbe image $X(\varphi)$: $X' = \theta' V + \sin\theta W$. Or la tangente au méridien est le vecteur V, donc $\langle X', V\rangle = \theta'$, soit, en introduisant l'angle β de la courbe avec le méridien, $\|X'\|\cos\beta = \theta'$.
La relation $\sin\theta = \dfrac{2r}{1+r^2}$ donne :

$$\theta' = \tan\theta\Big(\frac{r'}{r} - \frac{2rr'}{1+r^2}\Big) = \frac{r'}{r}\tan\theta\,\frac{1-r^2}{1+r^2} = \frac{r'}{r}\sin\theta$$

donc, pour l'image de la spirale $r = ae^{m\varphi}$, il vient l'égalité $\theta' = m\sin\theta$, d'où $\sqrt{1+m^2}\cos\beta = m$ soit $\cos\beta = \cos\alpha$, donc $\beta = \alpha$ au signe près : la courbe image est une loxodromie ; elle coupe les méridiens avec l'angle constant α. Ceci provient, sans calcul, du fait que l'inversion est une transformation conforme (elle "conserve les angles ").

On remarque que, si $m < 0$, la courbe tend vers le pôle nord quand $\varphi \to +\infty$: elle s'enroule indéfiniment autour du pôle nord (ce n'est pas une hélice – cf. Exercice 9 – car le vecteur tangent ne fait pas un angle constant avec une direction fixe). On a aussi $\dfrac{ds}{d\varphi} = \dfrac{\sin\theta}{\sin\alpha}$, d'où la courbure de la courbe image : $\mathrm{c} = \dfrac{\sin\alpha}{\sin\theta}$: elle n'est pas constante et n'est donc pas portée par un grand cercle, si bien qu'une loxodromie n'est pas une géodésique.

3) Il est clair que tout point du plan coupé admet une représentation unique $re^{i\varphi}$ avec $r > 0$ et $|\varphi| < \pi$, ce qui montre bien que la fonction logarithme introduite détermine un homéomorphisme entre ce plan coupé et la bande $\mathcal{B} = \mathbb{R}\times\,]-\pi, \pi[$. Cet homéomorphisme en détermine un autre entre la sphère unité privée du méridien $\varphi = \pm\pi$ et $\mathcal{B}$, et l'image des méridiens de cette sphère "coupée" sont les droites horizontales de $\mathcal{B}$.

L'image d'une portion de la spirale logarithmique $r = ae^{m\varphi}$ appartient à la droite $x = my + \ln a$; l'angle de cette droite avec les horizontales (images des méridiens) est α car $m = \cot\alpha$. Ceci résulte aussi du fait que la fonction logarithme complexe est une application conforme. On remarque que les segments de droites ne sont pas les images des géodésiques de la sphère : une navigation à cap constant entre deux points ne réalise pas le trajet de longueur minimale.

Exercice I.6

1) Le vecteur tangent unitaire s'exprime en fonction de l'angle $\alpha(s) = \big(Ox, T(s)\big)$ par :

$$T(s) = \cos\alpha(s)e_1 + \sin\alpha(s)e_2\,.$$

En utilisant les formules de Frenet, il vient

$$\frac{dT}{ds} = \frac{d\alpha}{ds}\big(-\sin\alpha\, e_1 + \cos\alpha\, e_2\big) = \frac{d\alpha}{ds} N = c(s)N$$

d'où le résultat : $\mathrm{c}(s) = \dfrac{d\alpha}{ds}(s)\cdot$

2) On a $x'(t) = (1-\cos t)$ et $y'(t) = \sin t$, par conséquent

$$\Big(\frac{ds}{dt}\Big)^2 = (1-\cos t)^2 + \sin^2 t = 4\sin^2\frac{t}{2}\cdot$$

Donc $\dfrac{ds}{dt} = 2\sin\dfrac{t}{2}$ pour $t \in [0, 2\pi]$. L'abcisse curviligne, comptée à partir du point $t = 0$ est donc $s(t) = 4\big(1-\cos\dfrac{t}{2}\big)$ et la longueur de l'arc vaut $s(2\pi) = 8$. Le vecteur tangent unitaire est $T(s) = \sin\dfrac{t}{2}e_1 + \cos\dfrac{t}{2}e_2$ et l'angle α vaut $\dfrac{\pi}{2} - \dfrac{t}{2}\cdot$ D'après la question précédente, on a pour la courbure l'égalité :

$$\mathrm{c}(s) = \frac{d\alpha}{ds} = \frac{d\alpha}{dt}\frac{dt}{ds} = -\frac{1}{4\sin t/2}\cdot$$

Exercice I.7

1) On a $Y'(s) = -\dfrac{\mathrm{c}'(s)}{\mathrm{c}^2(s)}N(s)$ car $N'(s) = -c(s)T(s)$. Ceci montre que la tangente à la développée est normale, en $X(s)$, à la courbe.

2) La paramétrisation de la parabole est définie par : $X(t) = \big(t, \dfrac{t^2}{2a}\big)\cdot$ Par conséquent

$$X'(t) = \big(1, \frac{t}{a}\big), \quad \frac{ds}{dt} = \frac{1}{a}\sqrt{a^2+t^2} \quad \text{et} \quad T(t) = \Big(\frac{a}{\sqrt{a^2+t^2}}, \frac{t}{\sqrt{a^2+t^2}}\Big)\cdot$$

Il vient alors

$$T'(t) = \Big(\frac{-at}{(a^2+t^2)^{3/2}}, \frac{a^2}{(a^2+t^2)^{3/2}}\Big) = \mathrm{c}(t)\frac{\sqrt{a^2+t^2}}{a}N(t)\,.$$

Comme $N(t) = \Big(-\dfrac{t}{\sqrt{a^2+t^2}}, \dfrac{a}{\sqrt{a^2+t^2}}\Big)$ et $\mathrm{c}(t) = \dfrac{a}{\sqrt{a^2+t^2}}\langle T'(t), N(t)\rangle$, on a :

$$\mathrm{c}(t) = \frac{a^2}{(a^2+t^2)^{3/2}} \quad \text{d'où} \quad Y(t) = X(t) + \frac{1}{\mathrm{c}(t)}N(t) = \Big(-\frac{t^3}{a^2}, \frac{2a^2+3t^2}{2a}\Big)\cdot$$

On vérifie que les coordonnées $x(t)$ et $y(t)$ de la développée satisfont l'égalité $27ax^2 = 8(y-a)^3$ (la courbe de Neil est une cubique). Voir la figure XI.3.

Exercice I.8

1) a) Si Γ est une droite passant par a, de vecteur directeur unitaire u, on a $X(s) = a + su$. Alors $T(s) = X'(s) = u$ est constant et $T'(s) = 0 = c(s)N(s)$, par conséquent la courbure c est nulle. Inversement, si la courbure est nulle, le vecteur tangent T est constant et $X(s) = a + sT$ où a est un vecteur arbitraire.

b) Supposons la torsion $\tau(s)$ nulle. Alors, les formules de Frenet donnent $B'(s) = 0$; le vecteur binormal B est donc constant et la courbe Γ est dans un plan perpendiculaire à B.
En effet $\langle X(s) - X(0), B\rangle = 0$ car $\big(\langle X(s) - X(0), B\rangle\big)' = \langle X'(s), B\rangle = \langle T, B\rangle = 0$.

Réciproquement si Γ est dans le plan passant par a, de vecteur normal B, on a $\langle X(s) - a, B\rangle = 0$, d'où, par dérivation, les deux relations

$$\langle X'(s), B\rangle = \langle T, B\rangle = 0 \qquad \text{et} \qquad \langle X''(s), B\rangle = \mathrm{c}\langle N, B\rangle = 0\,.$$

Le vecteur fixe B étant perpendiculaire aux deux vecteurs T et N, c'est, au signe près, la binormale à Γ. Cette binormale étant fixe, la troisième formule de Frenet montre que la torsion τ est nulle.

2) Si Γ est un arc de cercle, Γ est une courbe plane ; sa torsion est donc nulle. On peut supposer ce cercle de centre O et de rayon r : alors $\|X(s)\|^2 = r^2$, d'où, par dérivation, $\langle T(s), X(s)\rangle = 0$, puis $\langle T'(s), X(s)\rangle + \|T(s)\|^2 = 0$, soit $\mathrm{c}(s)\langle N(s), X(s)\rangle = -1$. Une nouvelle dérivation donne $\mathrm{c}'(s)\langle N(s), X(s)\rangle = 0$, car $\langle N(s), X(s)\rangle' = \langle N(s), T(s)\rangle + \langle -\mathrm{c}(s)T(s) + \tau(s)B(s), X(s)\rangle = 0$ puisque la torsion est nulle. Comme $\langle N(s), X(s)\rangle \neq 0$ d'après l'égalité précédente, on voit que $\mathrm{c}'(s) = 0$: la courbure est constante.

Inversement, si la courbure c de Γ est une constante strictement positive, on a $\big(X(s) + \dfrac{1}{\mathrm{c}}N(s)\big)' = 0$; le vecteur $X(s) + \dfrac{1}{\mathrm{c}}N(s)$ est donc constant. On peut, par translation, le supposer nul. Alors $X(s) = -\frac{1}{\mathrm{c}}N(s)$, d'où $\langle X(s), T(s)\rangle = 0$, soit $\|X(s)\|^2 = \mathrm{C}^{te}$. La torsion étant supposée nulle, la courbe est plane et est donc un cercle (de rayon $\dfrac{1}{\mathrm{c}}$).

Exercice I.9

1) On utilise le repère de Frenet : $\dot{T} = \mathrm{c}\,N$, $\dot{N} = -\,\mathrm{c}\,T + \tau B$, $\dot{B} = -\tau N$. Comme $\|X\| = 1$, on a $\langle X, T\rangle = 0$, donc $1 + \mathrm{c}\langle X, N\rangle = 0$, soit $\langle X, N\rangle = -r$ (r est le rayon de courbure). Une nouvelle dérivation (par rapport à l'abscisse curviligne s) donne $\tau\langle X, B\rangle = -\dot{r}$.

2) On a $\langle K, T\rangle = \cos\alpha$, une constante, supposée non nulle, donc $\langle K, N\rangle = 0$ (on suppose que la courbure ne s'annule pas) et $\mathrm{c}\langle K, T\rangle = \tau\langle K, B\rangle$, ou encore $\mathrm{c}\cos\alpha = \tau\langle K, B\rangle$; comme $K = \langle K, T\rangle T + \langle K, B\rangle B$, il vient (au signe près) $\langle K, B\rangle = \sin\alpha$, donc, en supposant la torsion positive, $\mathrm{c}\cos\alpha = \tau\sin\alpha$ (propriété caractéristique de l'hélice).

On a donc $r\tau\tan\alpha = 1$, d'où $\langle X, B\rangle = -r\dot{r}\tan\alpha$, et, en définitive, l'importante relation :

$$X = -rN - r\dot{r}\tan\alpha\, B\,. \qquad (*)$$

3) Comme $r^2(1 + \dot{r}^2\tan^2\alpha) = 1$, on peut poser $r = \cos\omega$ avec $0 \leq \omega \leq \pi/2$. Alors $\dot{r} = -\dot{\omega}\sin\omega$, et $(*)$ donne :

$$1 = r^2\big(1 + \dot{r}^2\tan^2\alpha\big) = \cos^2\omega\big(1 + \dot{\omega}^2\tan^2\alpha\sin^2\omega\big)\,, \qquad (**)$$

d'où, au signe près, $\dot{w}\cos\omega\tan\alpha = 1$ soit $\dfrac{ds}{d\omega} = \cos\omega\tan\alpha$. Il en résulte que $\tau\cos\omega\tan\alpha = 1$. La fonction $s \mapsto \omega$ étant strictement monotone, on peut utiliser la variable réelle ω plutôt que s.

On a alors immédiatement :

$$T' = \tan\alpha N\,, \qquad N' = -\tan\alpha\, T + B\,, \qquad B' = -N\,.$$

4) Il vient alors $N'' = -\tan^2\alpha\, N - N = -\dfrac{1}{\cos^2\alpha}N$, si bien qu'il existe deux vecteurs constants I et J tels que : $N = -\cos\Big(\dfrac{\omega}{\cos\alpha}\Big)I - \sin\Big(\dfrac{\omega}{\cos\alpha}\Big)J$. Comme $\|N\| = 1$, il est immédiat que ces deux vecteurs sont orthogonaux et de norme unité. Il en résulte que :

$$N = -\cos\Big(\frac{\omega}{\cos\alpha}\Big)I - \sin\Big(\frac{\omega}{\cos\alpha}\Big)J$$
$$T = -\sin\alpha\bigg(\sin\Big(\frac{\omega}{\cos\alpha}\Big)I - \cos\Big(\frac{\omega}{\cos\alpha}\Big)J\bigg) + \cos\alpha\, W$$

le vecteur W étant constant. $\langle K, T\rangle = \cos\alpha$ implique $\langle K, I\rangle = \langle K, J\rangle = 0$ et $\langle K, W\rangle = 1$, si bien que $W = \|W\|K$. Comme $\|T\| = 1$, on a $\|W\| = 1$, d'où $K = W = I \wedge J$ (au signe près), de sorte que le repère $\big(I, J, K\big)$ est orthonormé direct. On a alors :

$$B = T \wedge N = \cos\alpha\bigg(\sin\Big(\frac{\omega}{\cos\alpha}\Big)I - \cos\Big(\frac{\omega}{\cos\alpha}\Big)J\bigg) + \sin\alpha K\,.$$

On suppose maintenant que l'hélice part d'un point X_0 tel que $\langle K, X_0\rangle = 0$ (point situé sur "l'équateur" si K donne l'axe Oz). Comme la relation $(*)$ donne $X = -\cos\omega N + \sin\omega B$, il vient, en notant ω_0 la valeur du rayon de courbure en X_0 : $0 = \langle K, X_0\rangle = -\cos\omega_0\langle K, N\rangle + \sin\omega_0\langle K, B\rangle$. Mais $\langle K, N\rangle = 0$, car $\langle K, I\rangle = \langle K, J\rangle = 0$, et $\langle K, B\rangle = \sin\alpha$, donc $\sin\omega_0 = 0$, soit $\omega_0 = 0$. Il en résulte que $X_0 = -N_0 = I$ et $T_0 = \sin\alpha J + \cos\alpha K$. En définitive, on a, dans le repère orthonormé direct $\big(I, J, K\big)$, l'équation de l'hélice :

$$X = \bigg(\cos\omega\cos\Big(\frac{\omega}{\cos\alpha}\Big) + \cos\alpha\sin\omega\sin\Big(\frac{\omega}{\cos\alpha}\Big)\bigg)I$$
$$+ \bigg(\cos\omega\sin\Big(\frac{\omega}{\cos\alpha}\Big) - \cos\alpha\sin\omega\cos\Big(\frac{\omega}{\cos\alpha}\Big)\bigg)J + \sin\alpha\sin\omega K\,.$$

On note que $\langle K, B\rangle = \sin\alpha$: le plan osculateur de l'hélice fait un angle constant (égal à $\pi/2 - \alpha$) avec la verticale, et que $\langle K, N = 0\rangle$: la normale principale reste horizontale (comme sur toute surface de révolution d'axe vertical).

Quand ω varie de 0 à $\pi/2$, le rayon de courbure décroît de 1 à 0. Au point $\omega = \pi/2$, les vecteurs X, T et K sont coplanaires (le vecteur tangent est dans le plan méridien). Ce point est singulier ; on pourrait, au prix d'un rebroussement, prolonger l'hélice par l'arc symétrique à celui qui vient d'être étudié par rapport au plan des vecteurs T et K.

Dans le cas limite $\alpha = 0$, l'hélice se réduit au point I, et si $\alpha = \pi/2$, il est facile de voir que la courbure est constamment égale à 1 et que l'hélice est plane : il s'agit de l'équateur.

On donne une représentation graphique d'une telle hélice :

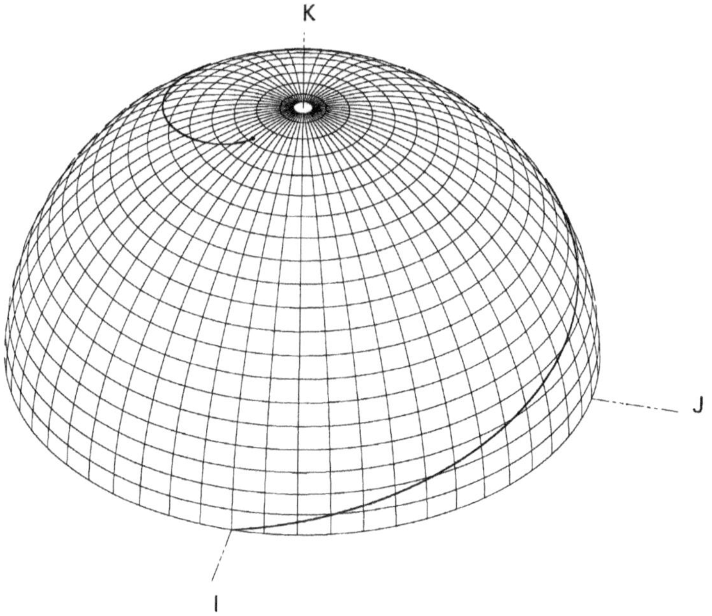

Fig. XI.4 : Hélice correspondant à $\alpha = 0.43\pi$.

5) Si $\cos\alpha = 1/3$, on obtient, en posant $t = 2\omega$: $\begin{cases} 3x = -1 + 2\cos t(1+\cos t) \\ 3y = 2\sin t(1+\cos t) \end{cases}$

Pour $\cos\alpha = -1/3$, il vient la même courbe (elle est symétrique par rapport à l'axe Ox). On reconnaît là, à une translation et une homothétie près, la représentation paramétrique d'une cardioïde. Noter que ces valeurs de $\cos\alpha$ sont tout à fait exceptionnelles.

Exercice I.10

Dans les quatre premières questions, le symbole $'$ désigne la dérivation par rapport à l'abscisse curviligne s.

1) On a, le long de Γ, $\|X\|^2 = a^2$, donc $\langle X, T\rangle = 0$: le vecteur X est dans le plan normal de la courbe Γ. On peut donc écrire $X = a\cos\theta N + a\sin\theta B$. Les fonctions $a\cos\theta = \langle X, N\rangle$ et $a\sin\theta = \langle X, B\rangle$ sont aussi régulières que X et ses dérivées. L'égalité $\langle X, T\rangle = 0$ donne, en dérivant par rapport à l'abscisse curviligne s : $1 + \mathrm{c}(s)\langle X, N\rangle = 0$ soit $\mathrm{c}(s)\cos\theta = -1$. Une nouvelle dérivation donne :

$$0 = \mathrm{c}'(s)\langle X, N\rangle + \mathrm{c}(s)\langle X, -\mathrm{c}(s)T + \tau(s)B\rangle = a\,\mathrm{c}'(s)\cos\theta + a\,\mathrm{c}(s)\tau(s)\sin\theta$$

d'où $a\mathrm{c}^2\,\tau\sin\theta = \mathrm{c}'$. L'élimination de θ donne la relation cherchée :

$$\big(a\,\mathrm{c}^2\,\tau\big)^2 = \mathrm{c}'^2 + \big(\mathrm{c}\,\tau\big)^2 .$$

2) Si la courbe est non plane, sa torsion est non identiquement nulle. Comme la sphère ne contient aucun segment, la courbure de Γ n'est pas non plus identiquement nulle. Les fonctions R et $\mathcal{T}$ introduites dans l'énoncé ont donc un sens, excepté éventuellement en quelques points. Il suffit alors de diviser la relation obtenue à la question 1. par $\big(\mathrm{c}^2\,\tau\big)^2$ pour obtenir la relation demandée.

3) Si $\mathrm{c}' = 0$, on a $\langle X, N'\rangle = 0$ (car $\mathrm{c} \neq 0$), donc $\tau\langle X, B\rangle = 0$. Une dérivation par rapport à s donne alors $\tau'\langle X, B\rangle - \tau^2\langle X, N = 0$, d'où $\tau^3\langle X, N = 0$. Mais alors le vecteur $\tau^3 X$ est orthogonal à T, N et B : il est donc nul, ce qui implique que $\tau = 0$. La courbe est donc plane. En définitive, parmi les courbes tracées sur une sphère, seuls les cercles (les sections planes) sont de courbure constante.

4) On a : $Y' = T + R'N - T + \tau RB + (R'\mathcal{T})'B - R'N = \big(\tau R + (R'\mathcal{T})'\big)B$, mais la dérivation de la contrainte imposée à la courbe donne : $RR' + (R'\mathcal{T})(R'\mathcal{T})' = 0$, soit $\tau R + (R'\mathcal{T})' = 0$, puisque $R' \neq 0$. Il en résulte que le vecteur Y est constant, donc que $\|\overrightarrow{XY}\|^2 = a^2$: la courbe est tracée sur la sphère de centre Y et de rayon a. Cette sphère est, en tout point de la courbe, la sphère surosculatrice.

5) On a, sur la courbe, $x^2 + y^2 + z^2 = a^2$ et $x^2 + y^2 = ax$, donc $ax = a^2 - z^2$, ce qui suggère $z = a\cos t$, $x = a\sin^2 t$ et $y = a\sin t\cos t$, soit

$$X(t) = a\big(\sin^2 t,\ \sin t\cos t,\ \cos t\big) .$$

Désormais, le symbole $'$ désigne la dérivation par rapport à la variable t.

Alors $X'(t) = a\big(\sin 2t,\ \cos 2t,\ \cos t\big)$, de sorte que, posant $\omega = \sqrt{1+\cos^2 t}$, on a :

$$\frac{ds}{dt} = a\omega \qquad \text{et} \qquad T = \frac{1}{\omega}\begin{pmatrix} \sin 2t \\ \cos 2t \\ \cos t \end{pmatrix} .$$

Une dérivation donne $a\omega\,\mathrm{c}\,N = -\dfrac{\omega'}{\omega^2}\begin{pmatrix} \sin 2t \\ \cos 2t \\ \cos t \end{pmatrix} + \dfrac{1}{\omega}\begin{pmatrix} 2\cos 2t \\ -2\sin 2t \\ -\sin t \end{pmatrix}$ d'où :

$$2a\,\mathrm{c}\,\omega^4 N = \begin{pmatrix} 1+\cos 2t(6+\cos 2t) \\ -\sin 2t(6+\cos 2t) \\ -2\sin t \end{pmatrix} \qquad \text{donc} \qquad a\,\mathrm{c} = \frac{2\sqrt{13+3\cos 2t}}{(3+\cos 2t)^{3/2}} .$$

L'égalité $B = T\wedge N$ donne alors : $a\,\mathrm{c}\,\omega^3 B = \begin{pmatrix} \sin t(2+\cos 2t) \\ \cos t(1+\cos 2t) \\ -2 \end{pmatrix}$. On en tire

$\big(a\,\mathrm{c}\,\omega^3 B\big)' = \begin{pmatrix} \cos t\cos 2t \\ -\sin t(1+\cos 2t) \\ 0 \end{pmatrix}$, et comme $B' = -a\omega\tau N$, il vient :

$$a\tau = -\frac{12\cos t}{13+3\cos 2t} .$$

On en tire les rayons de courbure et de torsion :

$$R = \frac{a}{2} \cdot \frac{(3+\cos 2t)^{3/2}}{\sqrt{13+3\cos 2t}} \qquad \text{et} \qquad \mathcal{T} = -a\frac{13+3\cos 2t}{12\cos t}\cdot$$

Il reste à vérifier que $R^2 + \Big(\mathcal{T}\dfrac{dR}{ds}\Big)^2 = a^2$ soit $(a\omega)^2 + \Big(\mathcal{T}\dfrac{R'}{R}\Big)^2 = \Big(\dfrac{a^2\omega}{R}\Big)^2$.
On a $\dfrac{R'}{R} = 3\sin 2t\Big(\dfrac{1}{13+3\cos 2t} - \dfrac{1}{3+\cos 2t}\Big) = -\dfrac{6\sin 2t(5+\cos 2t)}{(13+3\cos 2t)(3+\cos 2t)}$ donc $\mathcal{T}\dfrac{R'}{R} = a\sin t\dfrac{5+\cos 2t}{3+\cos 2t}\cdot$ Il reste donc à vérifier que :

$$\omega^2 + \sin^2 t\Big(\frac{5+\cos 2t}{3+\cos 2t}\Big)^2 = \frac{a^2\omega^2}{R^2} = 2\frac{13+3\cos 2t}{(3+\cos 2t)^2}$$

ou encore $\omega^2(3+\cos 2t)^2 + \sin^2 t(5+\cos 2t)^2 = 4(13+3\cos 2t)$ soit enfin l'égalité $(3+\cos 2t)^3 + (1-\cos 2t)(5+\cos 2t)^2 = 4(13+3\cos 2t)$, qui est exacte.

Chapitre II : Surfaces.

Exercice II.1

1) Soit v l'angle de rotation autour de l'axe Oz ; la surface est paramétrée par :

$$\boldsymbol{\sigma}(u,v) = (a\,\mathrm{ch}\,\frac{u}{a}\cos v, a\,\mathrm{ch}\,\frac{u}{a}\sin v, u)$$

puisque $u \mapsto (u, a\,\mathrm{ch}\,\frac{u}{a})$ est la paramétrisation naturelle de la chaînette. Voir la représentation graphique figure XI.5.

On a immédiatement, N étant un vecteur normal unitaire :

$$\frac{\partial X}{\partial u} = \begin{pmatrix} \mathrm{sh}\,\frac{u}{a}\cos v \\ \mathrm{sh}\,\frac{u}{a}\sin v \\ 1 \end{pmatrix} \qquad \frac{\partial X}{\partial v} = a\,\mathrm{ch}\,\frac{u}{a}\begin{pmatrix} -\sin v \\ \cos v \\ 0 \end{pmatrix} \qquad \text{donc} \quad N = \frac{1}{\mathrm{ch}\,\frac{u}{a}}\begin{pmatrix} -\cos v \\ -\sin v \\ \mathrm{sh}\,\frac{u}{a} \end{pmatrix}$$

$$\frac{\partial^2 X}{\partial u^2} = \frac{1}{a}\begin{pmatrix} \mathrm{ch}\,\frac{u}{a}\cos v \\ \mathrm{ch}\,\frac{u}{a}\sin v \\ 0 \end{pmatrix}, \quad \frac{\partial^2 X}{\partial u\,\partial v} = \mathrm{sh}\,\frac{u}{a}\begin{pmatrix} -\sin v \\ \cos v \\ 0 \end{pmatrix}, \quad \frac{\partial^2 X}{\partial v^2} = -a\,\mathrm{ch}\,\frac{u}{a}\begin{pmatrix} \cos v \\ \sin v \\ 0 \end{pmatrix}$$

Il en résulte que la matrice symétrique de la seconde forme fondamentale est :

$$H = \begin{pmatrix} -\frac{1}{a} & 0 \\ 0 & a \end{pmatrix}.$$

On voit que, pour toute valeur de a, la courbure de Gauss vaut -1. La courbure moyenne est nulle si $a = 1$: la caténoïde $x^2 + y^2 = \mathrm{ch}^2 z$ est une surface de révolution de courbure moyenne partout nulle.

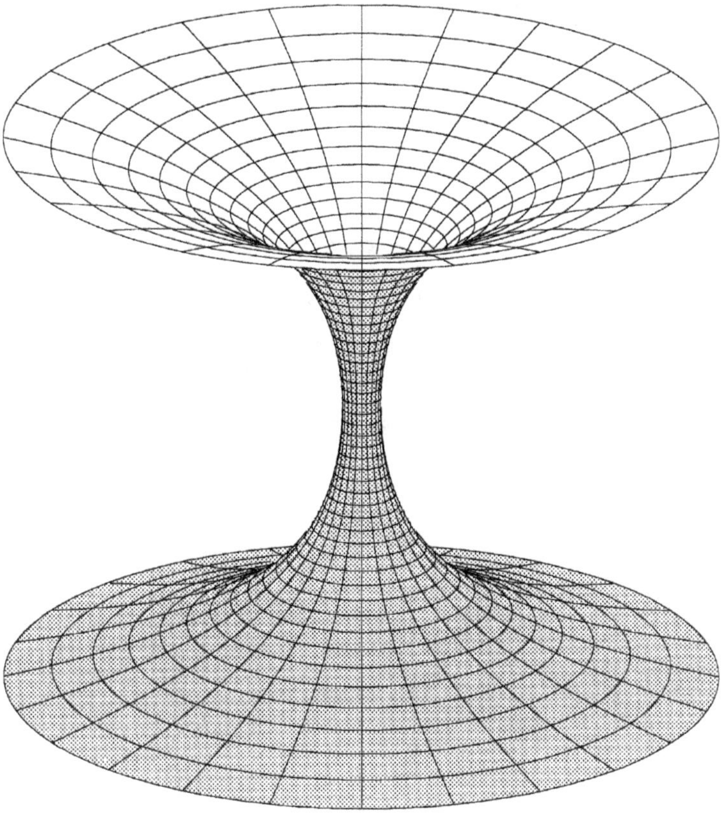

Figure XI.5 : La caténoïde $x^2 + y^2 = \mathrm{ch}^2\, z$ (Exercice II.1)

2) La surface S est engendrée par les cercles d'axe Oz s'appuyant sur la courbe Γ de paramétrisation $(\cos^2 t, \sin^2 t, \cos 2t)$. La surface cherchée admet donc la représentation paramétrique

$$\left(x = \cos^2 t \cos v - \sin^2 t \sin v, \quad y = \cos^2 t \sin v + \sin^2 t \cos v, \quad z = \cos 2t\right)$$

où $t \in \mathbb{R}$ et $0 \leq v < 2\pi$. On peut aussi l'écrire (avec $w = \frac{\pi}{4} + v$)

$$\left(\sqrt{2}\,x = \cos w + z \sin w, \qquad \sqrt{2}\,y = \sin w - z \cos w, \quad z = \cos 2t\right)$$

où $t \in \mathbb{R}$ et $0 \leq w < 2\pi$. On remarque que ceci signifie que les nombres complexes $\sqrt{2}(x + iy)$ et $1 + iz$ ont même module, c'est-à-dire que $2(x^2 + y^2) = 1 + z^2$: on voit que la surface cherchée est la portion comprise entre les cotes $z = -1$ et $s = 1$ de l'hyperboloïde de révolution à une nappe d'équation $2(x^2 + y^2) - z^2 - 1 = 0$.

Exercice II.2

La paramétrisation classique du cône de révolution $z = \sqrt{x^2 + y^2}$ est

$$\boldsymbol{\sigma}(u, v) = (v \cos u, v \sin u, v) = v(\cos u, \sin u, 1)$$

qui est bien de la forme voulue ; le cône est engendré par une (demi-)droite issue de l'origine et s'appuyant, par exemple, sur le cercle unité du plan $z = 1$.

Le cylindre $x^2 + y^2 = 1$ admet la paramétrisation (coordonnées cylindriques)

$$\boldsymbol{\sigma}(u, v) = (\cos u, \sin u, v) = (\cos u, \sin u, 0) + v(0, 0, 1)$$

qui est bien de la forme requise ; il est engendré par une droite parallèle à l'axe Oz et s'appuyant sur le cercle unité du plan xOy.

Le paraboloïde $z = xy$ admet la paramétrisation

$$\boldsymbol{\sigma}(u, v) = (u, v, uv) = (u, 0, 0) + v(0, 1, u)$$

qui donne une famille de droites engendrant le paraboloïde. Une autre famille est donnée par la paramétrisation

$$\boldsymbol{\sigma}(u, v) = (u, v, uv) = u(1, 0, v) + (0, v, 0)\,.$$

L'hyperboloïde à une nappe $\dfrac{x^2}{a^2} + \dfrac{y^2}{b^2} - \dfrac{z^2}{c^2} = 1$ admet la paramétrisation classique

$$\boldsymbol{\sigma}(u, v) = (a \operatorname{ch} u \cos v, b \operatorname{ch} u \sin v, c \operatorname{sh} u)$$

qui ne fait pas apparaître la propriété de surface réglée.
Il faut considérer $\boldsymbol{\sigma}_2(u, v) = \beta(u) + v\delta(u)$ avec

$$\beta(u) = (a \cos u, b \sin u, 0) \quad \text{et} \quad \delta(u) = (-a \sin u, b \cos u, c)$$
$$\text{ou} \quad \delta(u) = (-a \sin u, b \cos u, -c)$$

Voir la représentation figure XI.6.

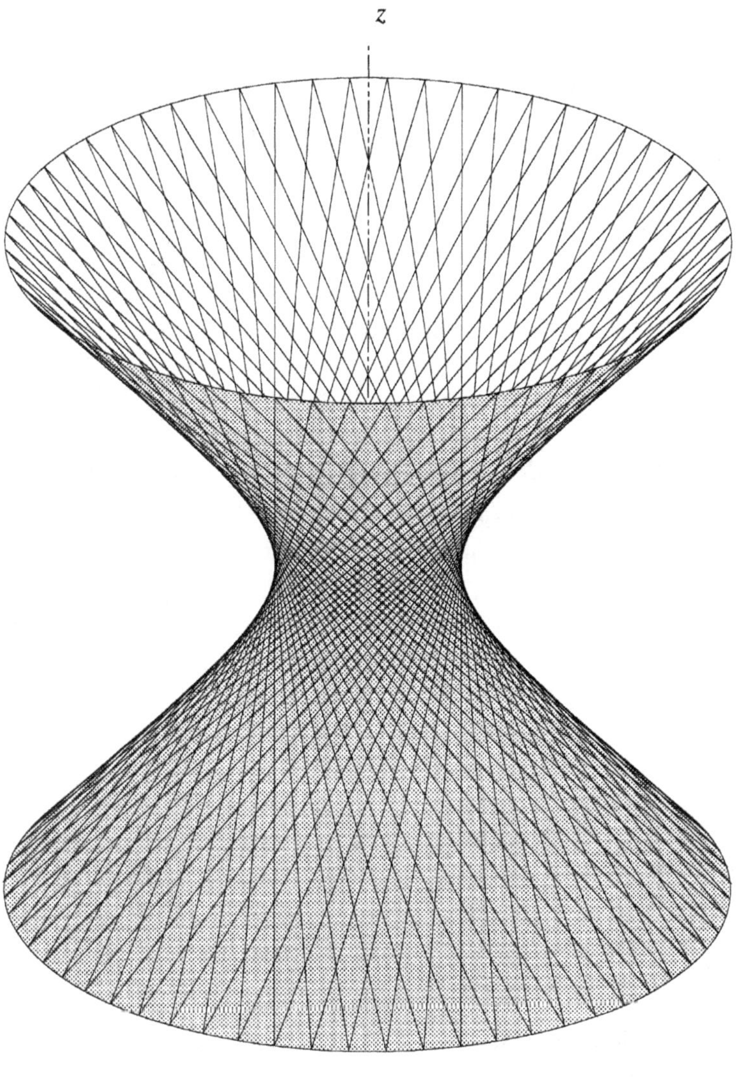

Figure XI.6 : L'hyperboloïde à une nappe $z^2 = x^2 + y^2 - 1$ (Exercice II.2)

La représentation montre l'hyperboloïde comme surface réglée.

Exercice II.3

1) On peut écrire $q(x,y,z) = xy + yz = (x,y,z)A\begin{pmatrix} x \\ y \\ z \end{pmatrix}$ où la matrice A s'écrit :

$A = \begin{pmatrix} 0 & \frac{1}{2} & 0 \\ \frac{1}{2} & 0 & \frac{1}{2} \\ 0 & \frac{1}{2} & 0 \end{pmatrix} = {}^tPDP$ où $D = \operatorname{diag}(0, \frac{1}{\sqrt{2}}, -\frac{1}{\sqrt{2}})$ et P est la matrice

(orthogonale) des vecteurs propres de A : $P = \begin{pmatrix} \frac{1}{\sqrt{2}} & \frac{1}{2} & \frac{1}{2} \\ 0 & \frac{1}{\sqrt{2}} & -\frac{1}{\sqrt{2}} \\ -\frac{1}{\sqrt{2}} & \frac{1}{2} & \frac{1}{2} \end{pmatrix}$.

Dans la nouvelle base définie par P la quadrique s'écrit $\frac{1}{\sqrt{2}}(Y^2 - Z^2) = 1$ qui est l'équation d'un cylindre de génératrice parallèle à OZ et de directrice hyperbolique. Dans le repère initial, le cylindre a ses génératrices parallèles au vecteur $(1, 0, -1)$.

2) On a ici : $q(x,y,z) = yz + xz + xy = (x,y,z)A\begin{pmatrix} x \\ y \\ z \end{pmatrix}$ avec $A = \begin{pmatrix} 0 & \frac{1}{2} & \frac{1}{2} \\ \frac{1}{2} & 0 & \frac{1}{2} \\ \frac{1}{2} & \frac{1}{2} & 0 \end{pmatrix}$

qui s'écrit ${}^tPDP$ où $P = \begin{pmatrix} \frac{1}{\sqrt{3}} & \frac{1}{\sqrt{2}} & \frac{1}{\sqrt{6}} \\ \frac{1}{\sqrt{3}} & -\frac{1}{\sqrt{2}} & \frac{1}{\sqrt{6}} \\ \frac{1}{\sqrt{3}} & 0 & -\frac{2}{\sqrt{6}} \end{pmatrix}$ est la matrice orthogonale des vecteurs propres de A et $D = \operatorname{diag}(1, -\frac{1}{2}, -\frac{1}{2})$.

Dans la nouvelle base définie par P, la quadrique s'écrit, en posant

$$X = \frac{1}{\sqrt{3}}(x+y+z)\ , \quad Y = \frac{1}{\sqrt{2}}(x-y)\ , \quad Y = \frac{1}{\sqrt{6}}(x+y-2z)\ :$$

$$X^2 + \frac{2}{\sqrt{3}}X - \frac{1}{2}Y^2 - \frac{2}{\sqrt{2}}Y - \frac{1}{2}Z^2 + \frac{2}{\sqrt{6}}Z + 1 = 0 \qquad \text{soit}$$

$$\left(X + \frac{1}{\sqrt{3}}\right)^2 - \frac{1}{2}\left(Y + \sqrt{2}\right)^2 - \frac{1}{2}\left(Z - \frac{2}{\sqrt{6}}\right)^2 = -1$$

qui est l'équation d'un hyperboloïde à une nappe. On donne, figures XI.7, deux représentations de cette surface.

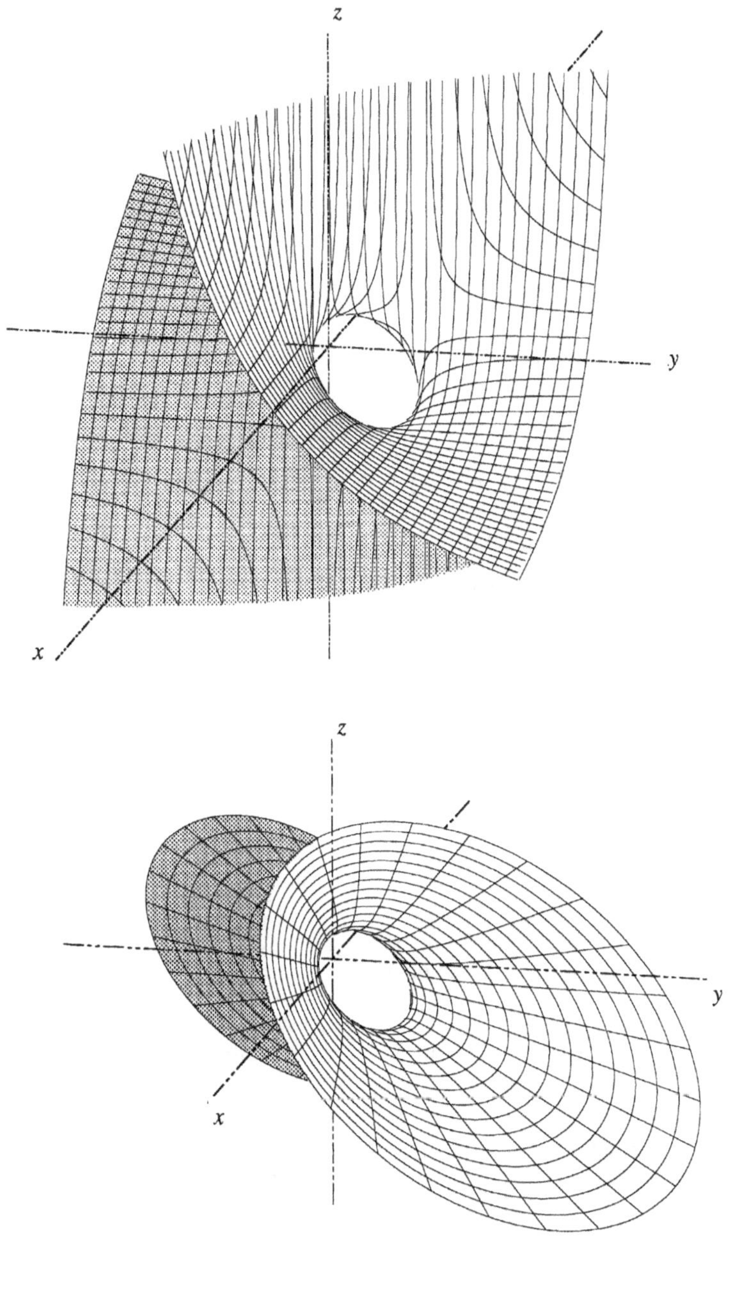

Figures XI.7 : Surface $xy + yz + zx + 2y + 1 = 0$ (Exercice II.3)

La première représentation correspond à la paramétrisation la plus immédiate (surface $z(x, y)$), la seconde utilise le fait que les plans $z - \frac{1}{2}(x + y) = \mathrm{C}^{\mathrm{te}}$ coupent l'hyperboloïde suivant des ellipses dont la projection sur le plan xOy sont des cercles.

Exercice II.4

1) Le plan osculateur à la courbe en $F(\theta)$ est engendré par les vecteurs $F'(\theta)$ et $F''(\theta)$. La tangente à la courbe étant tangente à la surface, on a toujours $\langle F'(\theta), N(\rho,\theta)\rangle = 0$, donc, en dérivant le long de la courbe,

$$\frac{d}{d\theta}\langle F', N\rangle = \langle F'', N\rangle + \langle F', \frac{dN}{d\theta}\rangle = 0\,.$$

Il en résulte que le plan osculateur à la courbe est tangent à la surface si et seulement si $\langle F'', N\rangle = 0$ soit $\langle F', \frac{dN}{d\theta}\rangle = 0$.

2) On a, en prenant $N = \frac{\partial\sigma}{\partial\rho}\wedge\frac{\partial\sigma}{\partial\theta}$ (normale non normalisée),

$$\frac{\partial\sigma}{\partial\rho} = \begin{pmatrix}\cos\theta\\ \sin\theta\\ 0\end{pmatrix}, \quad \frac{\partial\sigma}{\partial\theta} = \begin{pmatrix}-\rho\sin\theta\\ \rho\cos\theta\\ 2\cos 2\theta\end{pmatrix}, \quad \text{donc} \quad N = \begin{pmatrix}2\sin\theta\cos 2\theta\\ -2\cos\theta\cos 2\theta\\ \rho\end{pmatrix}$$

$$\frac{dN}{d\theta} = \begin{pmatrix}2\cos\theta\cos 2\theta - 4\sin\theta\sin 2\theta\\ 2\sin\theta\cos 2\theta + 4\cos\theta\sin 2\theta\\ \rho'\end{pmatrix}, \quad \text{et} \quad F' = \begin{pmatrix}\rho'\cos\theta - \rho\sin\theta\\ \rho'\sin\theta + \rho\cos\theta\\ 2\cos 2\theta\end{pmatrix}$$

d'où $\langle F', \frac{dN}{d\theta}\rangle = 4\rho'\cos 2\theta + 4\rho\sin 2\theta$. Les lignes asymptotiques vérifient donc l'équation : $\rho'\cos 2\theta + \rho\sin 2\theta = 0$ qui donne la famille de courbes $\rho^2(\theta) = C\cos 2\theta$, où C est une constante.

3) On reconnaît l'équation en coordonnées polaires d'une lemniscate de Bernoulli (voir exercice I.1). Les lignes asymptotiques de la surface $\big(\rho\cos\theta, \rho\sin\theta, \sin 2\theta\big)$ sont les courbes dont la projection sur le plan xOy sont une lemniscate de Bernoulli.

Exercice II.5

1) Le calcul donne évidemmment pour la normale (extérieure) N au point courant (x,y,z) l'expression $N = (x,y,0)$.

2) Soit $u = (0,\cos\theta,\sin\theta)$ un vecteur unitaire du plan tangent T_pC au point $p = (1,0,0)$. En ce point, le vecteur normal est $N = (1,0,0)$; le plan déterminé par les vecteurs u et N est donc le plan orthogonal au vecteur $u\wedge N = (0,\sin\theta,-\cos\theta)$. La courbe intersection (qui est une ellipse) peut donc se paramétrer en posant $\big(x=\cos t, y=\sin t, z\big)$ avec $\sin\theta\sin t - \cos\theta z = 0$, soit $z = \sin t\tan\theta$ (on suppose u non "vertical", c'est-à-dire $u \neq (0,0,1)$, car en ce cas la courbe se réduit à deux génératrices parallèles de C). Une paramétrisation de la courbe est donc

$$X(t) = \big(\cos t,\ \sin t,\ \sin t\tan\theta\big)\,.$$

On a alors immédiatement le vecteur tangent à la courbe au point p ; c'est le vecteur $T = \frac{X'(t)}{||X'(t)||} = (0,\cos\theta,\sin\theta)$; le vecteur normal n de la courbe est orthogonal à T et est dans le plan de la courbe (la courbe est plane), c'est donc, au signe près, le vecteur N. On obtient immédiatement $n = -N$; enfin, la binormale

$B = T \wedge n = -T \wedge N$ est le vecteur $B = (0, \sin\theta, -\cos\theta)$, vecteur évidemment normal au plan de la courbe.

On peut aussi facilement calculer la courbure c au point p ; on trouve $\mathrm{c} = \cos^2\theta$.

Exercice II.6

La forme fondamentale d'une surface paramétrée par $\boldsymbol{\sigma}(u, v)$ est définie par

$$\mathrm{I}(\lambda, \mu) = \lambda^2 \|\boldsymbol{\sigma}'_u\|^2 + 2\lambda\mu\langle\boldsymbol{\sigma}'_u, \boldsymbol{\sigma}'_v\rangle + \mu^2 \|\boldsymbol{\sigma}'_v\|^2 .$$

On examine successivement plusieurs cas :

1) *Surface de révolution* :

$$\boldsymbol{\sigma}(u, v) = \begin{pmatrix} \rho(v)\cos u \\ \rho(v)\sin u \\ h(v) \end{pmatrix}, \qquad \boldsymbol{\sigma}'_u = \begin{pmatrix} -\rho(v)\sin u \\ \rho(v)\cos u \\ 0 \end{pmatrix}, \qquad \boldsymbol{\sigma}'_v = \begin{pmatrix} \rho'(v)\cos u \\ \rho'(v)\sin u \\ h'(v) \end{pmatrix}$$

d'où $\quad \mathrm{I}(\lambda, \mu) = \rho^2(v)\lambda^2 + \big(\rho'^2(v) + h'^2(v)\big)\mu^2$.

2) *Cylindre de révolution* :

Ici $\rho = R$ (une constante) et $h(v) = v$, donc immédiatement $\quad \mathrm{I}(\lambda, \mu) = R^2\lambda^2 + \mu^2$.

3) *Caténoïde* :

C'est la surface de révolution engendrée par une chaînette. On utilise les formules précédentes avec $\rho(v) = \operatorname{ch} v$ et $h(v) = v$; il vient $\quad \mathrm{I}(\lambda, \mu) = (\operatorname{ch}^2 v)\big(\lambda^2 + \mu^2\big)$.

4) *Hélicoïde* :

L'hélicoïde est la surface engendrée par une droite perpendiculaire à l'axe Oz, qui tourne uniformément autour de cet axe, le point de contact avec l'axe Oz ayant une vitesse constante. On a :

$$\boldsymbol{\sigma}(u, v) = \begin{pmatrix} v\cos u \\ v\sin u \\ u \end{pmatrix}, \qquad \boldsymbol{\sigma}'_u = \begin{pmatrix} -v\sin u \\ v\cos u \\ 1 \end{pmatrix}, \qquad \boldsymbol{\sigma}'_v = \begin{pmatrix} \cos u \\ \sin u \\ 0 \end{pmatrix}$$

d'où $\quad \mathrm{I}(\lambda, \mu) = (1 + v^2)\lambda^2 + \mu^2$.

Exercice II.7

1) On a tout de suite, pour la sphère de rayon a :

$$\boldsymbol{\sigma}'_u = a(\cos u\cos v, \cos u\sin v, -\sin u) \qquad \boldsymbol{\sigma}'_v = a\sin u(-\sin v, \cos v, 0)$$

qui donne : $E = a^2$, $F = 0$ et $G = (a\sin u)^2$.

En normalisant le vecteur $\boldsymbol{\sigma}'_u \wedge \boldsymbol{\sigma}'_v$, on obtient le vecteur normal unitaire

$$N = (\sin u\cos v, \sin u\sin v, \cos u) .$$

On a aussi :

$$\boldsymbol{\sigma}''_{uu} = -a\,N, \quad \boldsymbol{\sigma}''_{uv} = a\cos u(-\sin v, \cos v, 0), \quad \boldsymbol{\sigma}''_{vv} = -a\sin u(-\sin v, \cos v, 0)$$

d'où l'on tire : $\mathrm{e} = -a$, $\mathrm{f} = 0$ et $\mathrm{g} = -a\sin^2 u$. Les relations de la p.38 donnent la matrice de Weingarten $A = \dfrac{1}{a} I$ (I est l'identité).

La courbure de Gauss vaut $K = 1/a^2$ et le courbure moyenne est $H = -1/a$. La sphère étant compacte et sans bord, la formule de Gauss donne $4\pi = 2\pi\chi$, donc $\chi = 2$: la caractéristique d'Euler d'une sphère vaut 2.

2) Pour le cylindre, il vient : $\boldsymbol{\sigma}'_u = (0,0,1)$ $\boldsymbol{\sigma}'_v = a(-\sin v, \cos v, 0)$ qui donne : $E = 1$, $F = 0$ et $G = a^2$.

En normalisant le vecteur $\boldsymbol{\sigma}'_u \wedge \boldsymbol{\sigma}'_v$, on obtient le vecteur normal unitaire

$$N = -(\cos v, \sin v, 0)\,.$$

On a ici : $\boldsymbol{\sigma}''_{uu} = \boldsymbol{\sigma}''_{uv} = 0$, $\boldsymbol{\sigma}''_{vv} = -a(\cos v, \sin v, 0)$ d'où l'on tire : e = f = 0, g = a.

La matrice de Weingarten est $A = -\dfrac{1}{a}\begin{pmatrix} 1 & 0 \\ 0 & 0 \end{pmatrix}$.

La courbure de Gauss K est identiquement nulle (le cylindre est développable sur un plan) et le courbure moyenne est $H = 1/2a$. Le cylindre examiné a un bord constitué des deux cercles de cote $z = \pm b$ qui sont des géodésiques du cylindre ; la formule de Gauss donne ici $\chi = 2$: la caractéristique d'Euler du cylindre ouvert est nulle.

On peut "fermer" le cylindre soit par deux calottes hémisphériques (de courbure de Gauss $1/a^2$ et de bord une géodésique) soit par deux disques plans (de courbure de Gauss nulle et dont le bord a pour courbure géodésique $1/a$). Dans les deux cas, on trouve que le "cylindre fermé", qui est homéomorphe à la sphère, a pour caractéristique d'Euler 2.

3) On a immédiatement :

$$\boldsymbol{\sigma}'_u = b\begin{pmatrix} \cos u \cos v \\ \cos u \sin v \\ -\sin u \end{pmatrix} \qquad \boldsymbol{\sigma}'_v = (a + b\sin u)\begin{pmatrix} -\sin v \\ \cos v \\ 0 \end{pmatrix}$$

d'où la normale unitaire : $N = \begin{pmatrix} \sin u \cos v \\ \sin u \sin v \\ \cos u \end{pmatrix}$.

La matrice de la première forme fondamentale est : $\mathrm{I} = \begin{pmatrix} b^2 & 0 \\ 0 & (a + b\sin u)^2 \end{pmatrix}$.

Le calcul de la seconde forme est immédiat et donne pour matrice :

$$\mathrm{II} = -\begin{pmatrix} b & 0 \\ 0 & (a + b\sin u)\sin u \end{pmatrix}.$$

On en tire : $K = \dfrac{\sin u}{b(a + b\sin u)}$ et $H = -\dfrac{a + 2b\sin u}{2b(a + b\sin u)}$.

2) La courbure de Gauss K étant une fonction impaire de u, l'intégrale $\int\int_T K\,d\sigma$ est nulle (ne pas oublier que $d\sigma = |\sin u|\,du\,dv$ est positive). Il en résulte que la caratéristique d'Euler du tore est nulle.

Exercice II.8

1) On a $\boldsymbol{\sigma}'_u = \begin{pmatrix} 1 - (u^2 - v^2) \\ 2uv \\ 2u \end{pmatrix}$ et $\boldsymbol{\sigma}'_v = \begin{pmatrix} 2uv \\ 1 + (u^2 - v^2) \\ -2v \end{pmatrix}$ donc

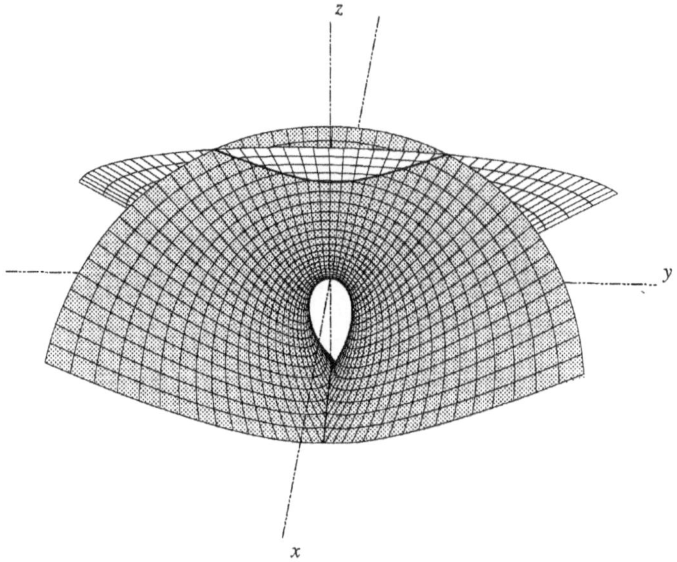

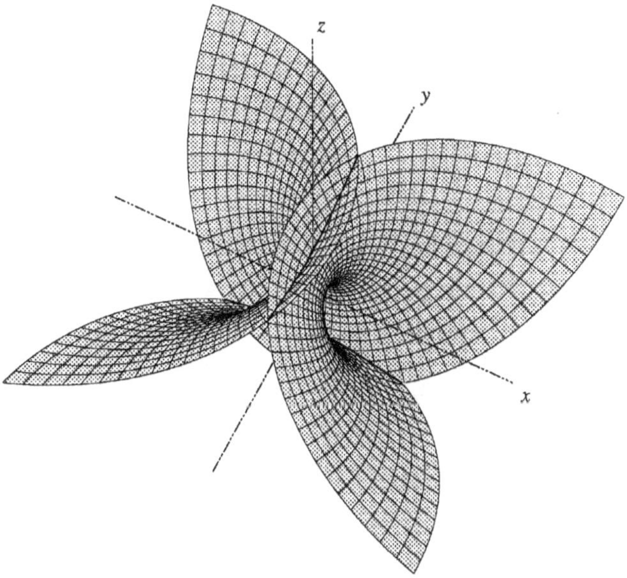

$$x = u + uv^2 - \tfrac{1}{3}u^3 \ , \qquad y = v + u^2v - \tfrac{1}{3}v^3 \ , \qquad z = u^2 - v^2 \ .$$

Figures XI.8 a *et* b : Surface d'Enneper (Exercice II.9)

$\boldsymbol{\sigma}'_u \wedge \boldsymbol{\sigma}'_v = (1+u^2+v^2)\begin{pmatrix} -2u \\ 2v \\ 1-u^2-v^2 \end{pmatrix}$ d'où, en normalisant, le vecteur normal

$$N(u,v) = \frac{1}{1+u^2+v^2}\begin{pmatrix} -2u \\ 2v \\ 1-u^2-v^2 \end{pmatrix}.$$

2) On remarque que : $\left\|\boldsymbol{\sigma}'_u\right\| = \left\|\boldsymbol{\sigma}'_v\right\| = 1+u^2+v^2$. En notant $\widetilde{x}_u$ et $\widetilde{x}_v$ les vecteurs (normalisés) $\dfrac{1}{1+u^2+v^2}\boldsymbol{\sigma}'_u$ et $\dfrac{1}{1+u^2+v^2}\boldsymbol{\sigma}'_v$, on a :

$$\begin{aligned}
(1+u^2+v^2)^2\,\langle A(\widetilde{x}_u), \widetilde{x}_u\rangle &= \langle N, \boldsymbol{\sigma}'_{uu}\rangle = \;\;2 \\
(1+u^2+v^2)^2\,\langle A(\widetilde{x}_v), \widetilde{x}_u\rangle &= \langle N, \boldsymbol{\sigma}'_{uv}\rangle = \;\;0 \\
(1+u^2+v^2)^2\,\langle A(\widetilde{x}_v), \widetilde{x}_v\rangle &= \langle N, \boldsymbol{\sigma}'_{vv}\rangle = -2
\end{aligned}$$

Par conséquent, dans la base orthonormée $(\widetilde{x}_u, \widetilde{x}_v)$, l'endomorphisme A admet la matrice diagonale

$$\left(\frac{2}{(1+u^2+v^2)^2}\,;\,\frac{-2}{(1+u^2+v^2)^2}\right).$$

3) Les deux valeurs propres de l'endomorphisme de Weingarten étant les deux courbures principales, on peut affirmer que la surface d'Enneper admet en tout point une courbure moyenne nulle.

On peut aussi retrouver ce résultat directement : on considère une section normale de la surface. On peut supposer la courbe intersection paramétrée intrinsèquement (à l'aide de l'abscisse curviligne s) ; on a donc deux fonctions u et v de s telles que la courbe

$$\left(x = u - \frac{1}{3}u^3 + uv^2,\; y = v - \frac{1}{3}v^3 + vu^2,\; z = u^2 - v^2\right)$$

appartient à la surface d'Enneper.

Le vecteur tangent à cette courbe est $T = u'\boldsymbol{\sigma}'_u + v'\boldsymbol{\sigma}'_v$ (toutes les dérivations sont par rapport à s) et la courbe étant une section normale, sa normale principale est, au signe près, la normale N. On a donc, pour la courbure c de la section normale, $\mathrm{c} = \langle T', N\rangle$.

Un calcul facile (déjà effectué pour la question 2) donne $\boldsymbol{\sigma}''_{uu} = -\boldsymbol{\sigma}'_{vv} = 2\begin{pmatrix} -u \\ v \\ 1 \end{pmatrix}$ et $\boldsymbol{\sigma}''_{uv} = 2\begin{pmatrix} v \\ u \\ 0 \end{pmatrix}$. Comme $T' = u''\boldsymbol{\sigma}'_u + v''\boldsymbol{\sigma}'_v + u'^2\boldsymbol{\sigma}'_{uu} + 2u'v'\boldsymbol{\sigma}''_{uv} + v'^2\boldsymbol{\sigma}''_{vv}$, il vient immédiatement : $\mathrm{c} = 2(u'^2 - v'^2)$. On a aussi $\|\boldsymbol{\sigma}'\|^2 = (u'^2+v'^2)(1+u^2+v^2)^2 = 1$.

On peut poser $u' = \dfrac{\cos\theta}{1+u^2+v^2}$, $v' = \dfrac{\sin\theta}{1+u^2+v^2}$ de sorte que l'angle θ détermine, par rapport au repère local $(\boldsymbol{\sigma}'_u, \boldsymbol{\sigma}'_v)$ le plan de la section normale. On voit alors que la courbure s'écrit $c = -\dfrac{2}{(1+u^2+v^2)^2}\cos 2\theta$: elle varie entre deux valeurs extremales de signes opposés, ce qui donne bien une courbure moyenne nulle pour la surface d'Enneper.

On donne, figures XI.8.a. et b. deux représentations (de points de vue distincts) de la surface d'Enneper.

Exercice II.9

Soit $s \mapsto \gamma(s)$ la paramétrisation par longueur d'arc d'une géodésique sur la sphère, et, en tout point $\gamma(s)$, le repère de Darboux $\big(T(s), G(s), N(s)\big)$ associé. On a $\|\gamma' s)\| = 1$ et la normale principale de la géodésique, qui est portée par $\gamma''(s)$ est aussi portée par la normale N à la surface. Ces vecteurs sont donc colinéaires, d'où $\gamma''(s) \wedge N(s) = 0$. Or $N(s) = \dfrac{1}{R}\gamma(s)$ (on est sur la sphère de rayon R), donc $\gamma''(s) \wedge \gamma(s) = 0$, si bien que le vecteur $V = \gamma'(s) \wedge \gamma(s)$ est constant. Ce vecteur, qui est la binormale en $\gamma(s)$ à la géodésique, étant perpendiculaire à N, la courbe $s \mapsto \gamma(s)$ reste dans un plan perpendiculaire à V et parallèle à N : l'origine $(0, 0, 0)$ appartenant à la droite issue de $\gamma(s)$ de vecteur directeur $N(s)$ est dans ce plan (le plan osculateur de la géodésique).

Les géodésiques de la sphère sont donc les intersections de la sphère et des plans passant par l'origine : ce sont les grands cercles de la sphère.

Exercice II.10

Soit $\boldsymbol{\sigma}(u, v) = (R\cos u, R\sin u, v)$ la paramétrisation usuelle du cylindre et une géodésique $\gamma(s) = \big(R\cos u(s), R\sin u(s), v(s)\big)$. On a :

$$\gamma'(s) = \big(-Ru'\sin u, Ru'\cos u, v'\big) \qquad \text{et}$$
$$\gamma''(s) = -Ru'^2\big(\cos u, \sin u, 0\big) + \big(-Ru''\sin u, Ru''\cos u, v''\big)\,.$$

Le vecteur $\gamma''(s)$ étant normal au cylindre, il est porté par le vecteur $(\cos u, \sin u, 0)$ au point $(R\cos u, R\sin u, v)$. On doit donc avoir : $\big(-Ru''\sin u, Ru''\cos u, v''\big) = 0$ soit $u'' = v'' = 0$. Ceci donne une paramétrisation des géodésiques du cylindre :

$$\big(R\cos(as+b), R\sin(as+b), cs+d\big)$$

qui montre que ce sont des hélices circulaires.

En particulier, les génératrices ($a = 0$) et les cercles parallèles ($c = 0$) sont des géodésiques.

On peut retrouver ce résultat en déroulant le cylindre sur un plan tangent au cylindre, par exemple $x + R = 0$. Les géodésiques du cylindre sont les transformées des géodésiques du plan, c'est-à-dire des droites du plan qui s'enroulent sur le cylindre selon des hélices.

Voir une représentation de ces géodésiques figure XI.9.

Exercice II.11

1) Soit $s \mapsto \gamma(s) = \Big(r(s)\cos\theta(s), r(s)\sin\theta(s), f\big(r(s)\big)\Big)$ la paramétrisation d'une géodésique de la surface de révolution d'équation $z = f(r)$ en coordonnées cylindriques. La surface est représentée par $\boldsymbol{\sigma}(r, \theta) = \big(r\cos\theta, r\sin\theta, f(r)\big)$.

Le vecteur $\gamma''(s)$ étant normal à la surface, on doit avoir :

$$\langle \gamma'', \boldsymbol{\sigma}'_r \rangle = \langle \gamma'', \boldsymbol{\sigma}'_\theta \rangle = 0 \qquad \text{avec}$$

$$\gamma''(s) = \frac{d}{ds}\Big(\theta' \boldsymbol{\sigma}'_\theta + r' \boldsymbol{\sigma}'_r\Big) = \theta'' \boldsymbol{\sigma}'_\theta + r'' \boldsymbol{\sigma}'_r + \theta'^2 \boldsymbol{\sigma}''_{\theta\theta} + 2\theta' r' \boldsymbol{\sigma}''_{r\theta} + r'^2 \boldsymbol{\sigma}''_{rr} \cdot$$

Comme :

$$\boldsymbol{\sigma}'_\theta = \big(-r\sin\theta, r\cos\theta, 0\big), \qquad \boldsymbol{\sigma}'_r = \big(\cos\theta, \sin\theta, f'(r)\big),$$
$$\boldsymbol{\sigma}''_{\theta\theta} = \big(-r\cos\theta, -r\sin\theta, 0\big),\ \boldsymbol{\sigma}''_{r\theta} = \big(-\sin\theta, \cos\theta, 0\big),\ \boldsymbol{\sigma}''_{rr} = \big(0, 0, f''(r)\big),$$

on a :

$$\langle \gamma'', \boldsymbol{\sigma}'_r \rangle = r''\big(1 + f'^2\big) - r\theta'^2 + f' f'' r'^2 = 0$$
$$\langle \gamma'', \boldsymbol{\sigma}'_\theta \rangle = \theta'' r^2 + 2\theta' r' r = 0 \qquad \text{et}$$
$$\|\gamma'(s)\|^2 = r'^2\big(1 + f'^2\big) + r^2\theta'^2 = 1\,.$$

Les deux dernières équations impliquant la première, on voit que ces équations sont équivalentes au système d'équations différentielles :

$$\begin{cases} r^2\theta' = C \\ (1 + f'^2)r'^2 + r^2\theta'^2 = 1 \end{cases} \qquad (*)$$

où C est une constante (on prendra garde, dans les calculs, au fait que f' désigne $\dfrac{df}{dr}$ et non pas $\dfrac{df}{ds}$ comme pour les autres dérivées).

Le cas $C = 0$ donne les génératrices $\theta = \mathrm{C}^{te}$, la seconde équation donnant alors la fonction $r(s)$. Les cercles parallèles ($r = \mathrm{C}^{te}$) ne sont pas solutions de ce système.

2) Cas du cône de révolution : $f(r) = r\cot\alpha$.

On cherche les solutions distinctes des génératrices. Les équations $(*)$ s'écrivent

$$\begin{cases} r^2 \dfrac{d\theta}{ds} = C \\ \dfrac{1}{\sin^2\alpha}\Big(\dfrac{dr}{ds}\Big)^2 + r^2\Big(\dfrac{d\theta}{ds}\Big)^2 = 1 \end{cases}$$

donc $r(\theta)$ vérifie l'équation $\dfrac{C^2}{r^4\sin^2\alpha}\Big(\dfrac{dr}{d\theta}\Big)^2 + \dfrac{C^2}{r^2} = 1$ qui se transforme par le changement de fonction $\rho = \dfrac{1}{r}$ en $\dfrac{1}{\sin^2\alpha}\Big(\dfrac{d\rho}{d\theta}\Big)^2 + \rho^2 = \dfrac{1}{C^2}$ dont les solutions sont de la forme :

$$\rho = \frac{1}{C}\cos\Big((\theta - \theta_0)\sin\alpha\Big) \qquad \text{avec} \quad \theta_0 = \mathrm{C}^{te}\,.$$

Comme dans le cas du cylindre, ces géodésiques sont les transformées des géodésiques d'un plan tangent le long d'une génératrice, plan sur lequel le cône est développable.

On donne une représentation de ces géodésiques figure XI.9.

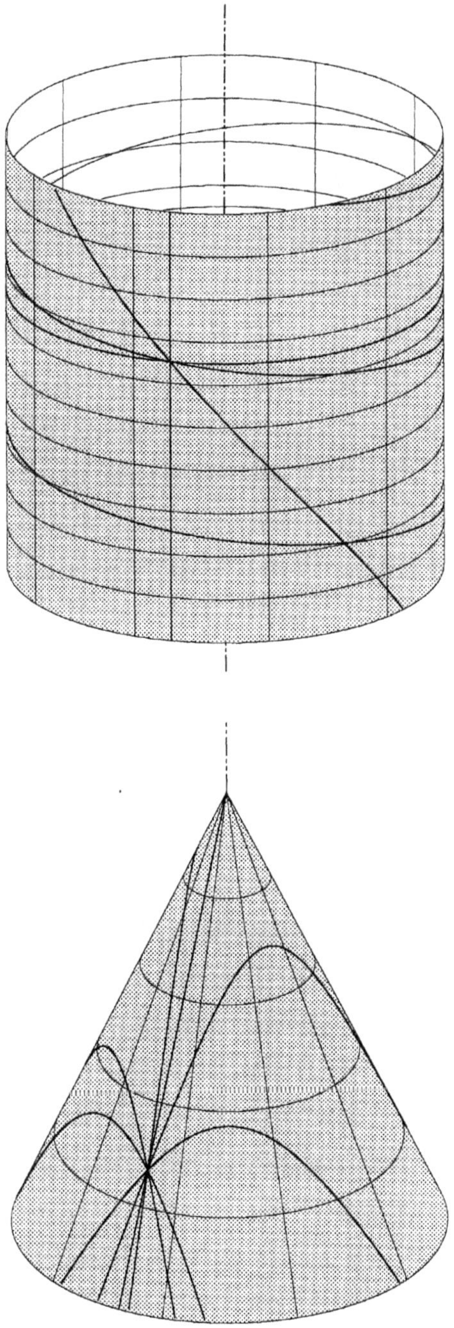

Figures XI.9 : Géodésiques sur un cylindre et un cône de révolution .
(Exercices II.10 et 11) .

Exercice II.12

1) On utilise évidemment les coordonnées cylindriques pour représenter l'hélicoïde droit :

$$\boldsymbol{\sigma}(r,\theta) = \big(r\cos\theta, r\sin\theta, a\theta\big)\,.$$

On cherche les géodésiques sous la forme $r(\theta)$. D'après les formules du trièdre de Darboux, la courbe $\theta \mapsto M(\theta) = \big(r(\theta)\cos\theta, r(\theta)\sin\theta, a\theta\big)$ est une géodésique si

$$\det\Big(\frac{\partial\boldsymbol{\sigma}}{\partial r} \wedge \frac{\partial\boldsymbol{\sigma}}{\partial\theta}, \frac{dM}{d\theta}, \frac{d^2M}{d\theta^2}\Big) = 0 \qquad (*)$$

Cette équation s'écrit :

$$\det\begin{vmatrix} a\sin\theta & r'\cos\theta - r\sin\theta & r''\cos\theta - 2r'\sin\theta - r\cos\theta \\ -a\cos\theta & r'\sin\theta + r\cos\theta & r''\sin\theta + 2r'\cos\theta - r\sin\theta \\ r & a & 0 \end{vmatrix} = 0$$

qui donne l'équation différentielle $(a^2 + r^2)(r'' - r) = 2rr'^2$.

2) On pose $r = a\,\mathrm{sh}\,\varphi$; on obtient, pour la fonction φ l'équation différentielle $\varphi''\,\mathrm{ch}\,\varphi = (1+\varphi'^2)\,\mathrm{sh}\,\varphi$ qui donne l'intégrale première $1 + \varphi'^2 = k^2\,\mathrm{ch}^2\,\varphi$ (k est une constante). Il vient alors $\dfrac{d\varphi}{d\theta} = \sqrt{k^2\,\mathrm{ch}^2\,\varphi - 1}$ (l'autre choix de signe convenant également), d'où la représentation paramétrique des géodésiques :

$$r(\varphi) = a\,\mathrm{sh}\,\varphi\,, \qquad \theta(\varphi) = \theta_0 + \int_0^{\varphi} \frac{dt}{\sqrt{k^2\,\mathrm{ch}^2\,t - 1}}\,,$$

θ_0 étant une constante d'intégration.

Dans le cas où $k = 1$, il est facile d'expliciter la primitive précédente ; on obtient ainsi explicitement la représentation paramétrique d'une géodésique particulière (qui s'enroule sur l'axe de l'hélicoïde) ; il vient $r(\theta) = \dfrac{a}{\mathrm{sh}(\theta - \theta_0)}$ (θ_0 n'est plus le même).

On donne, ci-contre, (figure XI.10) une représentation graphique.

Exercice II.13

1) On a, pour $\lambda = 0$, la partie $z > 0$ de la caténoïde $\boldsymbol{\sigma}_0(u,v) = \begin{pmatrix} \mathrm{ch}\,u\cos v \\ \mathrm{ch}\,u\sin v \\ u \end{pmatrix}$ engendrée par la rotation autour de l'axe Oz de la chaînette $x^2 + y^2 = \mathrm{ch}^2\,z$, privé du méridien $v = \pm\pi$. Pour $\lambda = \pi/2$ on a $\boldsymbol{\sigma}_{\pi/2}(u,v) = \begin{pmatrix} \mathrm{sh}\,u\sin v \\ -\,\mathrm{sh}\,u\cos v \\ v \end{pmatrix}$ qui est une portion de l'hélicoïde droit engendré par une demi-droite parallèle au plan $z = 0$, issue du point $(0,0,v)$ parcourant l'axe Oz à vitesse constante et tournant autour de Oz à vitesse angulaire constante.

2) Posant $\boldsymbol{p}(u,v) = \begin{pmatrix} \mathrm{sh}\,u\cos v \\ \mathrm{sh}\,u\sin v \\ 1 \end{pmatrix}$ et $\boldsymbol{q}(u,v) = \begin{pmatrix} \mathrm{ch}\,u\sin v \\ -\,\mathrm{ch}\,u\cos v \\ 0 \end{pmatrix}$, le calcul donne :

$$(\boldsymbol{\sigma}_\lambda)'_u = \cos\lambda\,\boldsymbol{p}(u,v) + \sin\lambda\,\boldsymbol{q}(u,v) \quad \text{et} \quad (\boldsymbol{\sigma}_\lambda)'_v = \sin\lambda\,\boldsymbol{p}(u,v) - \cos\lambda\,\boldsymbol{q}(u,v)$$

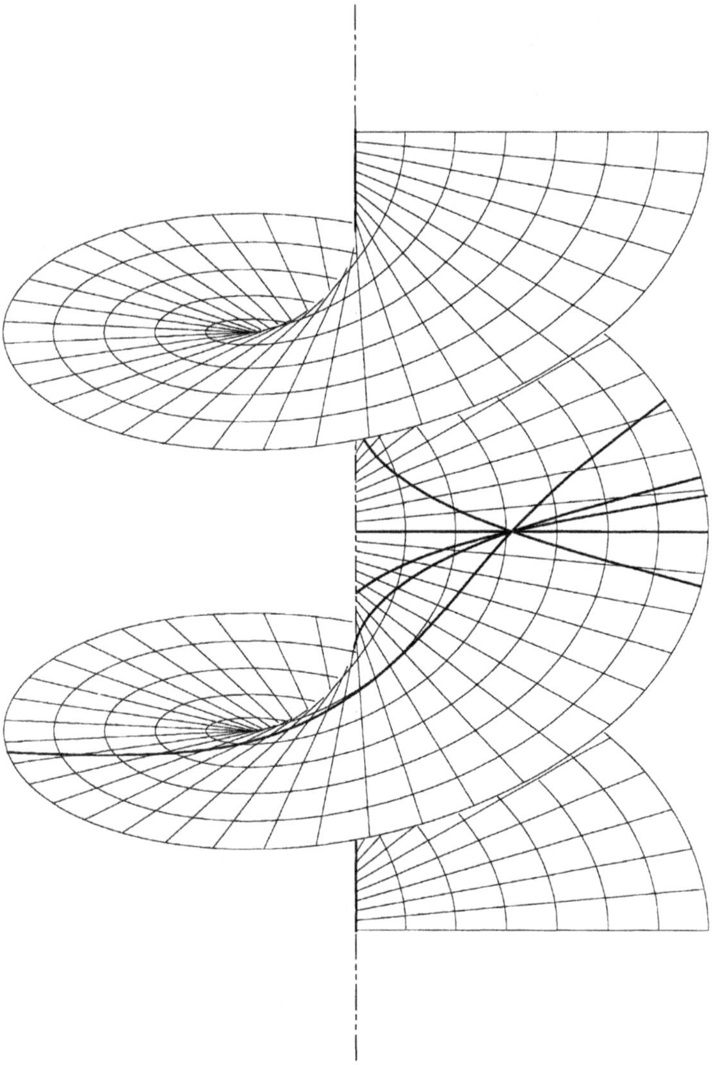

Figure XI.10 : Géodésiques issues d'un point sur un hélicoïde droit (Exercice II.12)

d'où immédiatement : $E_\lambda = G_\lambda = \operatorname{ch}^2 u$ et $F_\lambda = 0$. La première forme fondamentale de S_λ est donc indépendante de λ : $\mathrm{I}_\lambda = \operatorname{ch}^2 u\, I$ (I est l'identité).

Soit (x, y, z) un point P de S_λ : on a immédiatement $\operatorname{ch}^2 u = x^2 + y^2 + \sin^2 \lambda$ d'où un unique $u > 0$, puis les relations

$$r^2 \cos v = x \operatorname{ch} u \cos \lambda - y \operatorname{sh} u \sin \lambda \qquad r^2 \sin v = x \operatorname{sh} u \sin \lambda + y \operatorname{ch} u \cos \lambda$$

qui donnent un unique angle $v \in]-\pi, \pi[$. On voit qu'à tout point P de S_λ correspond un unique $(u, v) \in U =]0, +\infty[\times]-\pi, \pi[$ tel que $P = \boldsymbol{\sigma}_\lambda(u, v)$. Les nappes examinées sont donc des surfaces.

Si S_λ et S_μ sont deux surfaces du type examiné, l'application $\boldsymbol{\sigma}_\lambda \circ \boldsymbol{\sigma}_\mu^{-1}$ est un homéomorphisme isométrique de S_μ sur S_λ : elle conserve la longueur de toute courbe (compacte), l'angle de deux courbes se coupant en un point, l'aire d'une portion (mesurable) de la surface.

3) Le calcul de la seconde forme fondamentale est facile. On obtient :

$$\mathrm{II}_\lambda = \begin{pmatrix} -\cos \lambda & -\sin \lambda \\ -\sin \lambda & \cos \lambda \end{pmatrix}.$$

Cette forme n'est pas indépendante de λ, mais la trace et le déterminant de sa matrice le sont. On voit que S_λ est de courbure de Gauss $K_\lambda = -1/\operatorname{ch}^4 u$ indépendante de λ et de courbure moyenne H_λ constamment nulle (ces surfaces sont toutes minimales).

4) Ce dernier résultat, qui n'est pas exactement évident, résulte du *theorema egregium* de Gauss puisque les surfaces sont isométriques.

Exercice II.14

1) On a besoin de l'équation (implicite) exprimant θ en fonction de φ sur le grand cercle Γ passant par B et C. Il suffit d'écrire que OX reste orthogonal à $OB \wedge OC$; on obtient, en notant Θ la valeur de θ ainsi obtenue pour chaque valeur de φ,

$$\sin u \sin v \sin w \cos \Theta = \sin \Theta \big(\cos u \sin v \sin(w - \varphi) + \sin u \cos v \sin \varphi\big) \qquad (*)$$

2) Le point X parcourt le triangle sphérique ABC lorsque $0 \leq \varphi \leq w$ et $0 \leq \theta \leq \Theta$. On a donc, S désignant l'aire du triangle sphérique,

$$S = \int_0^w \int_0^{\Theta(\varphi)} \sin \theta \, d\theta d\varphi = \int_0^w (1 - \cos \Theta)\, d\varphi = w - \int_0^w \cos \Theta \, d\varphi .$$

3) On note désormais θ la variable Θ définie par $(*)$. L' intégrale ci-dessus est pénible à calculer. On introduit l'angle ω que fait le vecteur T_Γ tangent en X au grand cercle Γ avec le vecteur T_m tangent en X au méridien passant par X. On a

$$T_m = -X_\theta = \begin{pmatrix} -\cos \theta \cos \varphi \\ -\cos \theta \sin \varphi \\ \sin \theta \end{pmatrix} \qquad \sqrt{\theta'^2 + \sin^2 \theta}\; T_\Gamma = \theta' X_\theta + X_\varphi$$

ce qui donne :

$$\theta' = -\cos \omega \sqrt{\theta'^2 + \sin^2 \theta}, \ \sin \theta = \sin \omega \sqrt{\theta'^2 + \sin^2 \theta} \quad \text{d'où } \theta' = -\cot \omega \sin \theta \quad \text{et}$$

$$\theta'' = -\theta' \cos \theta \cot \omega + \frac{\omega' \sin \theta}{\sin^2 \omega} = \sin \theta \cos \theta \cot^2 \omega + \frac{\omega' \sin \theta}{\sin^2 \omega} \cdot$$

En dérivant deux fois l'égalité $(*)$, il vient $\cot\theta + (\cot\theta)'' = 0$. Mais on a aussi $(\cot\theta)' = -\dfrac{\theta'}{\sin^2\theta}$, ce qui permet d'écrire : $\theta'' = \sin\theta\cos\theta + 2\theta'^2\cot\theta$. On a donc :

$$\sin\theta\cos\theta\cot^2\omega + \frac{\omega'\sin\theta}{\sin^2\omega} = \sin\theta\cos\theta + 2\cot^2\omega\sin\theta\cos\theta$$

d'où

$$\omega'\frac{\sin\theta}{\sin^2\omega} = \sin\theta\cos\theta\big(1+\cot^2\omega\big) = \frac{\sin\theta\cos\theta}{\sin^2\omega} \qquad \text{donc} \qquad \omega' = \cos\theta\,.$$

Il suffit alors, pour calculer l'intégrale qui posait question, d'évaluer la variation de ω lorsque φ varie de 0 à $w = \widehat{A}$; on vérifie sans peine que ω varie de $\widehat{B}$ à $\pi - \widehat{C}$, d'où la formule

$$S = \widehat{A} + \widehat{B} + \widehat{C} - \pi\,.$$

Le calcul est assez délicat et difficile à mener à bien sans support géométrique. La comparaison avec la solution géométrique est éloquente.

Exercice II.15

On a, pour $X, H \in \mathbb{R}^3$ $(X \neq 0)$:

$$F(X+H) = k\frac{X+H}{\|X+H\|^2} = k\frac{X+H}{\|X\|^2}\Big(1 - \frac{2\langle X,H\rangle}{\|X\|^2} + o(\|H\|)\Big)$$

donc $dF_X\,H = \dfrac{k}{\|X\|^2}\Big(H - \dfrac{2\langle X,H\rangle}{\|X\|^2}X\Big)$ d'où $\|dF_x\,H\| = \dfrac{k}{\|X\|^2}\|H\|$: la différentielle de F en X est, à un facteur positif près, une isométrie de $\mathbb{R}^3$, donc orthogonale. L'inversion est donc une transformation conforme : elle conserve les angles.

Exercice II.16

On note $(U, \boldsymbol{\sigma})$ une carte donnant S.

1) La courbe Γ étant une ligne de courbure, on a, d'après les formules de Darboux, $N' = -\,\mathrm{c}_n T$. Notant W la matrice de l'endomorphisme de Weingarten dans la base $(\boldsymbol{\sigma}'_u, \boldsymbol{\sigma}'_v)$, on a : $WT = -N'T = \mathrm{c}_n T$, de sorte que T est un vecteur propre de W. Par conséquent $-\,\mathrm{c}_n$ est l'une des deux courbures principales (elles sont distinctes en tout point autre qu'un ombilic) et T détermine l'une des directions principales. Ces directions principales étant orthogonales, on voit que si deux lignes de courbures distinctes se coupent en un point autre qu'un ombilic, elles sont orthogonales.

2) Si Γ est une ligne de courbure, la fonction g définie par $g = \gamma + \dfrac{1}{\mathrm{c}_n}N$ est de dérivée colinéaire à N : la normale à la ligne de courbure Γ, qui est opposée à la normale extérieure N, reste tangente à la courbe décrite par g.

Inversement, si N enveloppe une courbe g, il existe une fonction f telle que

$$g(s) = \gamma(s) + f(s)N(s) \qquad \text{avec } g' \text{ et } N \text{ colinéaires.}$$

Il en résulte que $g' = T + f'(s)N + f(s)N'$, donc $(T, N, N') = 0$: Γ est une ligne de courbure (noter que f' existe car $f = \langle g' - T, N\rangle$).

Remarque : Dans l'espace, une famille de droites à un paramètre n'enveloppe que très exceptionnellement une courbe.

Chapitre III : Sous–variétés de $\mathbb{R}^n$.

Exercice III.1

1) L'application φ est de classe $\mathcal{C}^\infty$ et sa différentielle en $(0,0)$ est l'application identique. D'après le théorème d'inversion locale φ est donc un difféomorphisme de classe $\mathcal{C}^\infty$ entre deux voisinages convenables de $(0,0)$ dans $\mathbb{R}^2$.

$\varphi(\Gamma_{f_i})$ est l'ensemble des couples (t,y) tels que :

$$\begin{cases} t = T_i(x) = x + Ax^2 + 2Bxf_i(x) + Cf_i^2(x) \\ y = Y_i(x) = f_i(x) + Dx^2 + 2Exf_i(x) + Ff_i^2(x). \end{cases}$$

La fonction numérique T_i, définie sur I vérifie $T_i(0) = 0$ et $T_i'(0) = 1$. Par le théorème de l'inverse local il existe deux voisinages ouverts I_1^i et I_2^i de 0 dans $\mathbb{R}$ tel que T_i restreinte à I_1^i soit un difféomorphisme de classe $\mathcal{C}^\infty$ de I_1^i sur I_2^i.

Soit $g_i = Y_i \circ T_i^{-1}$. Alors $\varphi\Big(\Gamma_{f_{|I_1^i}}\Big) = \Gamma_{gi}$ et $\forall t \in I_1^i$, $g_i'(t) = \dfrac{Y_i'\big(T_i^{-1}(t)\big)}{T_i'\big(T_i^{-1}(t)\big)}\cdot$ On a donc en $t=0$:

$$g_i'(0) = \frac{Y_i'\big(T_i^{-1}(0)\big)}{T_i'\big(T_i^{-1}(0)\big)} = f_i'(0) \qquad \text{et} \qquad g_i''(0) = \frac{T_i'(0)Y_i''(0) - Y_i'(0)T_i''(0)}{\big(T_i'(0)\big)^3}.$$

Comme $T_i'(0) = 1$, on obtient :

$$\begin{aligned} g_i''(0) &= Y_i''(0) - f_i'(0)T_i''(0) \\ &= f_i''(0) + 2D + 2f_i'(0)\big(2E - A\big) + 2f_i'^2(0)\big(F - 2B\big) - 2Cf_i'^3(0). \end{aligned} \tag{3}$$

Le système d'équation à résoudre : $g_i''(0) = 0$ pour $i = 1, \ldots, 4$ est linéaire par rapport aux inconnues D, $2E - A$, $F - 2B$, C et son déterminant, du type de Van der Monde, est proportionnel à : $\prod_{i<j}\big(f_i'(0) - f_j'(0)\big)$ qui est non nul par hypothèse, puisque les tangentes aux Γ_{f_i} sont distinctes à l'origine. Il existe donc une solution unique.

2) Il faut que pour tout x le point $(x, m_i x)$ ait pour image par φ le point $\big(x, g_i(x)\big)$. Donc : $g_i(x) = m_i x + R(x, m_i x)$.
Par conséquent pour tout $x \neq 0$, il faut trouver un polynôme du troisième degré prenant la valeur $g_i(x) - m_i x$ au point $m_i x$ $(i = 1,2,3,4)$. La solution est donc, pour $x \neq 0$, (interpolation de Lagrange) :

$$R(x,y) = \sum_{i=1}^{4}\big(g_i(x) - m_i x\big)\frac{\prod_{j\neq i}(y - m_i x)}{\prod_{j\neq i}(m_j x - m_i x)} = \sum_{i=1}^{4}\frac{\big(g_i(x) - m_i x\big)}{x^3}\frac{\prod_{j\neq i}(y - m_i x)}{\prod_{j\neq i}(m_j - m_i)}.$$

Les fonctions $\alpha_i(x) = g_i(x) - m_i x$ vérifient $\alpha_i(0) = \alpha_i'(0) = \alpha_i''(0) = 0$, les fonctions $g_i(x) - m_i x$ sont donc de classe $\mathcal{C}^\infty$ sur un voisinage convenable de 0.

L'application φ a pour matrice jacobienne au point (x,y) :

$$\begin{pmatrix} 1 & 0 \\ \dfrac{\partial R}{\partial x}(x,y) & 1 + \dfrac{\partial R}{\partial y}(x,y) \end{pmatrix}.$$

Comme $R(0,y)$ est de la forme Ky^3, on a $\dfrac{\partial R}{\partial y}(0,0) = 0$. La différentielle de φ au point $(0,0)$ est inversible, par le théorème de l'inverse local φ établit donc un difféomorphisme de classe $\mathcal{C}^\infty$ entre deux voisinages convenables de $(0,0)$ dans $\mathbb{R}^2$.

Exercice III.2

1) On a $f_t(x) - f_t(y) = x - y + t\big(f(x) - f(y)\big)$. Comme df est continue et que $\overline{V}$ est compact, $M_V = \sup\big\{\|df(x)\|\,;\, x \in \overline{V}\big\}$ existe. Si x et y appartiennent à $\overline{V}$ qui est convexe, alors $[x,y] \subset \overline{V}$, et l'inégalité des accroissements finis donne $\|f(x) - f(y)\| \leq M_V\|x - y\|$. Il en résulte que :

$$\|x - y\| \leq \|f_t(x) - f_t(y)\| + tM_V\|x - y\| \qquad \text{si} \quad x, y \in \overline{V}$$

donc, en posant $t_0 = \big(M_V\big)^{-1}$, on a $\Big(1 - \dfrac{t}{t_0}\Big)\|x - y\| \leq \|f_t(x) - f_t(y)\|$, ce qui démontre que f_t est injective lorsque $0 \leq t < t_0$.

2) La restriction de f_t à $\overline{V}$ est une bijection continue de $\overline{V}$ sur $f_t\big(\overline{V}\big)$; c'est un homéomorphisme, car $\overline{V}$ est compact.

On a aussi, pour $x \in V$: $df_t(x) = I + t\,df(x)$, donc $\|I - df_t(x)\| \leq tM_V < 1$ si $t < t_0$; il en résulte que $df_t(x) = I - \big(I - df_t(x)\big)$ est inversible (si $\|S\| < 1$, $I - S$ est inversible, d'inverse $I + S + \cdots + S^n + \cdots$). La différentielle $df_t(x)$ étant inversible en tout point $x \in V$, le théorème d'inversion locale permet d'affirmer que la restriction de f_t à V est un difféomorphisme (de classe $\mathcal{C}^1$ au moins) de V sur $f_t(V)$.

3) Le volume cherché est donné par l'intégrale :

$$\iint \cdots \int_{y \in f_t(K)} dy_1 dy_2 \ldots dy_n = \iint \cdots \int_{x \in K} \left|\frac{D(y_1, y_2, \ldots, y_n)}{D(x_1, x_2, \ldots, x_n)}\right| dx_1 dx_2 \ldots dx_n$$

où $\dfrac{D(y_1, y_2, \ldots, y_n)}{D(x_1, x_2, \ldots, x_n)}$ est la matrice jacobienne du changement de variable déterminé par le difféomorphisme f_t. Il est clair que son déterminant est une fonction (polynôme de degré n) de t.

Exercice III.3

1) La convexité de B^n assure l'inclusion $g_t\big(B^n\big) \subset B^n$ et il est immédiat que $g_t(x) = x$ si $\|x\| = 1$.

2) On pose $M = \sup\big\{\|df(x)\|\,;\, x \in B(0,1)\big\}$ (qui existe puisque f est de classe $\mathcal{C}^1$ sur le compact B^n). On a : $I - g_t = t\big(I - f\big)$, donc $d\big(I - g_t\big) = t\big(I - df\big)$, d'où $\|I - dg_t(x)\| \leq t\|I - df\| \leq t(1 + M)$ pour $\|x\| < 1$. On voit alors que si $0 \leq t < \alpha = (1 + M)^{-1}$, $\|I - dg_t(x)\| < 1$, donc $dg_t(x)$ est inversible pour tout $x \in B(0,1)$.

On vérifie aussi que g_t est alors injective :
en effet, si $g_t(x) = g_t(y)$, on a $(1-t)(x-y) + t\big(f(x) - f(y)\big) = 0$, donc $(1-t)\|x-y\| \leq tM\,\|x - y\|$, d'où $\big(1 - t(1 + M)\big)\|x - y\| \leq 0$, donc $x = y$ si $0 \leq t < \alpha$.

3) Il résulte du théorème d'inversion locale que g_t est une application ouverte si $0 \leq t < \alpha$. Comme B^n est compacte, g_t est aussi fermée, donc $g_t(B^n)$ est une partie ouverte et fermée de B^n qui est connexe, puisque convexe (donc connexe par arc). Il en résulte que, pour $t \in [0, \alpha[$, g_t $g_t(B^n) = B^n$ et que g_t est un difféomorphisme de B^n.

4) Toujours pour $t \in [0, \alpha[$, le changement de variable déterminé par g_t montre que $\varphi(t) = \text{vol}(B^n)$: la fonction polynôme φ ne peut être que constante, strictement positive, mais $\varphi(1) = 0$ puisque $g_1(B^n) = S^{n-1}$, d'où une contradiction qui conduit à rejeter l'hypothèse initiale : il n'existe pas de fonction continue de la boule unité B^n dans la sphère unité S^{n-1}, de différentielle bornée sur la boule unité ouverte et telle que sa restriction à S^{n-1} soit l'identité.

5) On suppose qu'une telle fonction g n'admet pas de point fixe, on peut, à tout point x de B^n, associer le point $f(x)$ de S^{n-1} tel que $x \in [f(x), g(x)]$: on pose $f(x) - x = \theta(x - g(x))$ avec $\theta \geq 0$ et $\|f(x)\| = 1$. Il en résulte que :

$$\theta^2 \|x - g(x)\|^2 + 2\theta(\|x\|^2 - \langle x, g(x)\rangle) - (1 - \|x\|^2) = 0$$

et θ est l'unique racine positive (ou nulle si $\|x\| = 1$) de cette équation du second degré. On peut expliciter la fonction f : $f(x) = x + \theta(x - g(x))$ avec

$$\theta = \frac{\sqrt{\langle x, x - g(x)\rangle^2 + (1 - \|x\|^2)\|x - g(x)\|^2} - \langle x, x - g(x)\rangle}{\|x - g(x)\|^2}.$$

Il est alors immédiat de vérifier que f est une fonction continue de B^n dans S^{n-1}, de différentielle df bornée sur B^n et telle que $f(x) = x$ si $x \in S^{n-1}$. Or une telle fonction n'existe pas, donc l'hypothèse "g sans point fixe" est à rejeter.

Remarque : on peut, par une technique de régularisation, étendre ce résultat au cas où g est seulement supposée continue. C'est le théorème de *Brouwer* pour une boule fermée de $\mathbb{R}^n$.

Exercice III.4

1) La cubique S de $\mathbb{R}^3$ est définie par $f(x, y, z) = x^3 + y^3 + z^3 - 3xyz = 1$ où la fonction f est de classe $\mathcal{C}^1$; son gradient $3(x^2 - yz, y^2 - zx, z^2 - xy)$ ne s'annule que si $x^2 = yz$, $y^2 = zx$ et $z^2 = xy$, ce qui implique $xyz = x^3 = y^3 = z^3$, donc $f(x, y, z) = 0$: le gradient de f est non nul en tout point de S. La restriction de f à $\mathbb{R}^3 - \{0\}$ est une submersion et $S = f^{-1}(1)$ est une sous-variété de R^3, de dimension 2.

2) L'intersection de la sphère unité $f(x, y, z) = x^2 + y^2 + z^2 = 1$ et du cylindre de révolution $g(x, y, z) = x^2 + y^2 - x = 0$ détermine la fenêtre de Viviani Γ qui est donc l'image réciproque du point $(1, 0)$ de $\mathbb{R}^2$ par la fonction $F : \mathbb{R}^3 \to \mathbb{R}^2$ de coordonnées f et g. On a : $\mathsf{grad}\, f = 2(x, y, z)$ et $\mathsf{grad}\, g = (2x - 1, 2y, 0)$ de sorte que la différentielle de F est de rang 2 si $\mathsf{grad}\, f \wedge \mathsf{grad}\, g$ est non nul, soit $(-2yz, 2xz - z, y)$ non nul. Ce vecteur est nul si et seulement si $y = 0$ et $z(2x - 1) = 0$, soit $y = z = 0$ ou $x = \frac{1}{2}$ et $z = 0$.

La droite $x = \frac{1}{2}$ du plan $z = 0$ ne rencontre pas Γ car $z = 0$ implique $x^2+y^2 = 1 = x$ donc $x = 1$; par contre, l'axe Ox ($y = z = 0$) rencontre Γ en $(1,0,0)$: en ce point, la différentielle de F est de rang 1, donc F n'est pas une submersion : la conclusion va dépendre du comportement de Γ au voisinage de ce point.

On peut facilement traiter Γ comme une courbe paramétrée : l'utilisation des coordonnées sphériques donne immédiatement la représentation paramétrique :

$$\theta \mapsto \big(x = \sin^2\theta\,,\ y = \sin\theta\,\cos\theta\,,\ z = \cos\theta\big) \qquad \big(|\theta| \leq \pi\big)$$

qui est une immersion (vérification triviale). Mais cette fonction n'est pas un plongement au voisinage du point double $(1,0,0)$ qui est l'image de $\theta = \dfrac{\pi}{2}$ et de $\theta = -\dfrac{\pi}{2}$: la fenêtre de Viviani n'est pas une sous-variété de $\mathbb{R}^3$.

Exercice III.5

1) L'application $\boldsymbol{\sigma}$ est une bijection de $V = [0,2\pi[\times[0,2\pi[$ sur $S(V)$; de plus sa matrice jacobienne

$$d\boldsymbol{\sigma}(u,v) = \begin{pmatrix} -\sin u\cos v & -(2+\cos u)\sin v \\ -\sin u\cos v & (2+\cos u)\cos v \\ \cos u & 0 \end{pmatrix}$$

est toujours de rang 2 car le produit vectoriel des deux vecteurs colonnes est le vecteur $-(2+\cos u)\begin{pmatrix} \cos u\cos v \\ \cos u\sin v \\ \sin u \end{pmatrix}$ qui n'est jamais nul puisque $(2+\cos u) \neq 0$.

Ces deux vecteurs sont donc toujours linéairement indépendants et la matrice jacobienne est toujours de rang 2 : la nappe paramétrée par $\boldsymbol{\sigma}$ est donc une sous-variété de $\mathbb{R}^3$ de dimension 2.

2) Si $\gamma(t_1) = \gamma(t_2)$, on a $2+\cos t_1 = 2+\cos t_2$ et $\sin t_1 = \sin t_2$, donc $t_1 - t_2 \in 2\pi\mathbb{Z}$. On a alors aussi $\cos\alpha t_1 = \cos\alpha t_2$ et $\sin\alpha t_1 = \sin\alpha t_2$, donc $\alpha(t_1 - t_2) \in 2\pi\mathbb{Z}$. Comme α est irrationnel, nécessairement $t_1 = t_2$: γ est injective.

On trouve, après un calcul simple :

$$\|\gamma(t) - \boldsymbol{\sigma}(u,v)\|^2 = 2(2+\cos u)(2+\cos t)\big(1-\cos(v-\alpha t)\big) + 2\big(1-\cos(u-t)\big)$$

d'où $\|\gamma(t) - \boldsymbol{\sigma}(u,v)\|^2 \leq 18\big(1-\cos(v-\alpha t)\big) + 2\big(1-\cos(u-t)\big)$. Soit alors $\varepsilon > 0$; il existe $\eta \in]0, \frac{\pi}{2}[$ tel que $0 \leq 18\big(1-\cos\alpha\eta\big) < \frac{1}{2}\varepsilon^2$ et $0 \leq 2\big(1-\cos\eta\big) < \frac{1}{2}\varepsilon^2$. Il est alors clair que si $|v - \alpha t| < \eta$ et $|u - t| < \eta$, alors $\|\gamma(t) - \boldsymbol{\sigma}(u,v)\| < \varepsilon$.

On suppose $\alpha > 1$ (la démonstration est facile à adapter au cas où $\alpha < 1$). On montre maintenant que, u et v étant donnés, il existe une infinité de valeurs de t qui réalisent les deux contraintes précédentes. En effet, le sous-groupe $2\pi\alpha\mathbb{Z} + 2\pi\mathbb{Z}$ de $\mathbb{R}$ est dense, car $a \notin \mathbb{Q}$. Il existe donc une infinité d'entiers $p, q \in \mathbb{Z}$ tels que $\big|\alpha u - v + 2\pi(\alpha p - q)\big| < \frac{1}{2}\eta$. Pour tout couple (p,q) vérifiant cette condition, on prend t tel que $|v - \alpha t + 2\pi q| < \frac{1}{2}\eta$; alors :

$$\alpha|u - t + 2\pi p| \leq \big|\alpha u - v + 2\pi(\alpha p - q)\big| + |v - \alpha t + 2\pi q| < \frac{1}{2}\eta + \frac{1}{2}\eta = \eta$$

donc $|u-t+2\pi p| < \frac{1}{2}\eta$ (car $\alpha > 1$) et $|v-\alpha t+2\pi q| < \frac{1}{2}\eta$, d'où $\|\gamma(t)-\boldsymbol{\sigma}(u,v)\| < \varepsilon$: ceci montre que tout voisinage de tout point du tore rencontre Γ en une infinité de points (distincts, car γ est injective).
Si V est un voisinage ouvert d'un point (t) de Γ, suffisemment petit pour que $V \cap \Gamma \neq \Gamma$, il ne peut être homéomorphe à un voisinage U de t dans $\mathbb{R}$ car V contient l'image, par γ, d'une infinité de points n'appartenant pas à U et γ est injective : Γ n'est pas une sous-variété de $\mathbb{R}^3$.

Exercice III.6

On note tout de suite que la courbe Γ admet l'axe de symétrie Ox.
1) On cherche les extrema de $g(x) = x^2 + y^2$ sachant que $f(x,y) = 0$ (la distance étant positive ou nulle, les variations de la fonction distance et de son carré sont de même nature). L'introduction des multiplicateurs de Lagrange traduit la colinéarité des vecteurs $\mathsf{grad}\, f = (f_x, f_y)$ et $\mathsf{grad}\, g = (g_x, g_y)$. Comme $f_x = 2(2xr^2 - 6x^2 - 2y^2 + 3x + 2)$ et $f_y = 2y(2r^2 - 4x - 1)$ (on a posé $r^2 = x^2 + y^2$), il vient, pour les points réalisant un extremum de g, la condition nécessaire, $yf_x = xf_y$, soit :

$$y(x^2 + y^2 - 2x - 1) = 0\,.$$

Si $y = 0$, $f(x,0) = 0$ donne $0 = x^4 - 4x^3 + 3x^2 + 4x - 4 = (x^2 - 1)(x-2)^2$ d'où trois point possibles, avec les valeurs correspondantes de g :

$$(-1,0) \text{ où } g = 1, \quad (1,0) \text{ où } g = 1 \text{ et } \quad (2,0), \text{ où } g = 4.$$

On note que $f_x(2,0) = f_y(2,0) = 0$: le point $(2,0)$ est un point singulier de la courbe (un point double, comme on le verra à la question suivante).
Si $x^2 + y^2 - 2x - 1 = 0$, on obtient, en reportant dans l'égalité $f(x,y) = 0$:

$$(1+2x)^2 - 4x(1+2x) + 3x^2 - (1 + 2x - x^2) + 4x - 4 = 2x - 4$$

d'où le point $(2,1)$ (et son symétrique $(2-1)$). En ces points, la fonction g vaut 5. En définitive :

Les points $(-1,0)$ et $(1,0)$ réalisent le minimum de la distance à l'origine, laquelle vaut alors 1. Les points $(2,\pm 1)$ réalisent le maximum de cette distance ; celle-ci vaut alors $\sqrt{5}$.

2) Si l'on pose $\rho^2 = r^2 - 2x + 1$, la relation $0 = f(x,y)$ donne :

$$0 = (\rho^2-1)^2 - \rho^2 + 2x - 3 \qquad \text{d'où} \qquad 2(x-1) = 1 + \rho^2 - (\rho^2-1)^2 = \rho^2(3-\rho^2)$$

si bien que : $4\rho^2 = 4(x-1)^2 + 4y^2 = \rho^4(3-\rho^2)^2 + 4y^2$, ce qui implique (quand ρ n'est pas nul) : $0 \leq 4 - \rho^2(3-\rho^2)^2 = (4-\rho^2)(1-\rho^2)^2$. On a bien $0 \leq \rho^2 \leq 4$, ce qui permet d'écrire $\rho^2 = 4\sin^2\dfrac{\theta}{2} = 2(1-\cos\theta)$ avec $|\theta| \leq \pi$. On a alors immédiatement $2(x-1) = 2(1-\cos\theta)(1+2\cos\theta)$ d'où $x = 1+1+\cos\theta - 2\cos^2\theta = 1 + \cos\theta - \cos 2\theta$. Il vient alors

$$\begin{aligned} y^2 &= \rho^2 - (x-1)^2 = 2(1-\cos\theta) - (\cos\theta - \cos 2\theta)^2 \\ &= 1 - \cos^2\theta + 1 - \cos^2 2\theta - 2\cos\theta(1-\cos 2\theta) \\ &= \sin^2\theta + \sin^2 2\theta - 4\cos\theta\sin^2\theta = \sin^2\theta + \sin^2 2\theta - 2\sin\theta\sin 2\theta \end{aligned}$$

d'où $y := \sin\theta - \sin 2\theta$, le changement de signe de θ correspondant au changement de signe de y (la courbe est symétrique par rapport à l'axe Ox). Il est immédiat que la courbe

$$x = 1 + \cos\theta - \cos 2\theta \ , \quad y := \sin\theta - \sin 2\theta \qquad \big(|\theta| \leq \pi\big)$$

est la courbe Γ. Le tracé de la courbe est un exercice classique ; on obtient une *cardioïde* dont le point double est obtenu pour les deux valeurs distinctes $\pm\dfrac{\pi}{3}$ du paramètre θ.

On a alors immédiatement :

$$x^2 + y^2 = 3 + 2\cos\theta - 2\cos 2\theta - 2(\cos\theta\cos 2\theta + \sin\theta\sin 2\theta) = 3 - 2\cos 2\theta$$

qui varie, à l'évidence, de 1 (pour $\theta = 0$ ou π) à 5 (pour $\theta = \pm\dfrac{\pi}{2}$) : on retrouve bien les résultats de la première question : minimum de la distance, atteint en $(1,0)$ et $(-1,0)$, de valeur unité, et maximum, (égal à $\sqrt{5}$) atteint en $(2,\pm 1)$.

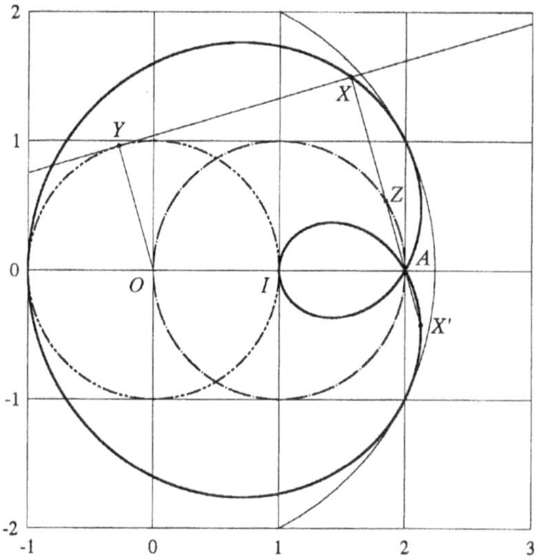

La cardioïde Γ est la podaire du cercle de centre O (de rayon unité) par rapport au point A (lieu des projections de A sur la tangente courante au cercle).

C'est également une conchoïde du cercle de centre I (de rayon unité) par rapport au point A (les longueurs ZX et ZX' sont égales à l'unité).

Fig. XI.11

Chapitre IV : Formes différentielles.

Exercice IV.1

Soit E un espace vectoriel de dimension n. Soit Φ une application k-linéaire alternée. On désigne par $(e_1, \ldots, e_n)$ une base de E. De la multilinéarité de Φ il résulte que $\Phi(V_1, \ldots, V_k)$ est une combinaison linéaire des $\Phi(e_{i_1}, \ldots, e_{i_k})$ avec $\{i_1, \ldots, i_k\} \subset \{1, \ldots, n\}$. Si $k > n$, toutes les valeurs $\Phi(e_{i_1}, \ldots, e_{i_k})$ sont nulles car on a nécessairement au moins deux indices i_ℓ et $i_{\ell'}$ égaux. On a donc $\bigwedge^k(E) = 0$.

Si $k = n$, $\Phi(V_1, \ldots, V_k)$ est nécessairement proportionnel à $\det(V_1, \ldots, V_k)$ et $\dim\Big(\bigwedge^n(E)\Big) = 1$.

Exercice IV.2

1) L'application d^2 envoie $\Omega^k(U)$ dans $\Omega^{k+2}(U)$; elle est entièrement déterminée (à cause des propriétés (i) – (iv) p. 55 de la différentielle) par son image sur les fonctions $f \in \mathcal{E}(U)$ et les différentielles de fonctions $df \in \Omega^1(U)$.

On trouve $d^2(f) = 0$ et $d^2(df) = d\big(d^2 f\big) = 0$, donc $d^2(\alpha) = 0$ pour toute forme $\alpha \in \Omega(U)$.

2) Il vient : $\quad d\omega = \sum_{i>j} \dfrac{\partial A_i}{\partial x_j}\, dx_j \wedge dx_i \qquad$ et $\qquad d\varpi = \Big(\sum_i \dfrac{\partial A_i}{\partial x_j}\Big) dx_1 \wedge \ldots \wedge dx_n\,.$

Exercice IV.3

Le calcul conduit à $\omega^p = p!\, dx_1 \wedge \ldots \wedge d_{2p}$ puis à $\omega^{p+1} = 0$. Noter que si $n = 2p$, la forme ω^p est une forme volume.

Exercice IV.4

1) En revenant à la définition de $\Phi^*\omega$, on trouve $\Phi^*\omega = d\theta$.

2) On a :
$\omega(x,y) = P(x,y)\, dx + Q(x,y)\, dy$ avec $P(x,y) = -\dfrac{y}{x^2+y^2}$ et $Q(x,y) = \dfrac{x}{x^2+y^2}$;
donc $d\omega(x,y) = \Big(-\dfrac{\partial P}{\partial y}(x,y) + \dfrac{\partial Q}{\partial x}(x,y)\Big)\, dx \wedge dy = 0$ sur $U = \mathbb{R}^2 \setminus \big\{(0,0)\big\}$ car $\dfrac{\partial P}{\partial y}(x,y) = \dfrac{\partial Q}{\partial x}(x,y) = \dfrac{y^2-x^2}{(x^2+y^2)^2}$; la forme ω est donc fermée sur U.

Si ω était exacte sur U, l'intégrale curviligne $\int_\gamma \omega$, où γ désigne le cercle unité, serait nulle ; or elle vaut 2π (la variation de θ), donc ω n'est pas exacte sur U.

Exercice IV.5

Les définitions IV.8 et IV.13 conduisent à

$$\begin{aligned} F^*\omega \wedge F^*\varpi\big(V_1,\ldots,V_{k+l}\big) &= \sum_\sigma \varepsilon(\sigma)\omega\big(F(x)\big)\big(J(x)V_{\sigma(1)},\ldots,J(x)V_{\sigma(k)}\big) \\ &\qquad \times \varpi\big(F(x)\big)\big(J(x)V_{\sigma(k+1)},\ldots,J(x)V_{\sigma(k+l)}\big) \\ &= F^*(\omega \wedge \varpi)\big(V_1,\ldots,V_{k+l}\big)\,. \end{aligned}$$

Chapitre V : Systèmes différentiels.

Exercice V.1

1) L'intégration de cette équation différentielle classique est immédiate et donne, si $x(t_0) = x_0$, $\quad x(t) = x_0 \cos(t - t_0)$.

2) Comme $\dot{x} = -x_0 \sin(t - t_0)$, on voit que le portrait de phase est constitué des cercles $x^2 + y^2 = a^2$, avec a paramètre réel.

Exercice V.2

1) L'équation du mouvement est $\ddot{x} = -V'(x)$. On a ici $V(x) = \frac{1}{4}x^4$; l'équation cherchée est donc $\ddot{x} + x^3 = 0$.

2) La courbe γ_c d'équation implicite $H(x,y) = c$ est évidemment fermée (H est une fonction continue). On a aussi $|x| \leq 2\sqrt{c}$ et $|y| \leq c\sqrt{2}$; elle est donc bornée dans $\mathbb{R}^2$, et donc compacte.

3) L'intégrale première $\frac{1}{2}\dot{x}^2 + \frac{1}{4}x^4 = c$ donne $\dfrac{dx}{dt} = \pm\sqrt{2c - \dfrac{x^4}{2}}$, d'où, en choisissant la partie de la courbe où x est une fonction croissante du temps,

$$t - t_0 = \int_{x_0}^{x} \frac{dx}{\sqrt{2c - \dfrac{x^4}{2}}}.$$

Exercice V.3 (*Voir la figure XI.12 au verso*)

1) L'égalité $H(x,y) = c$ définit une courbe du plan telle que $y^2 = P_c^2(x)$ avec $P_c = 2(\dfrac{x^3}{3} - \dfrac{ax^2}{2} + c)$, polynôme réel de degré 3. Trois cas se présentent :

i) P_c admet trois racines réelles distinctes : $a_1 < a_2 < a_3$. Alors la courbe est définie dans la bande $a_1 \leq x \leq a_2$ et le demi-plan $a_3 \leq x$. Elle possède, aux points de l'axe des x d'abscisse a_i $(i = 1, 2, 3)$ une tangente verticale. Ceci se produit lorsque $0 < c < \frac{1}{6}a^3$.

ii) P_c admet une racine double. Ceci peut se produire si $x = 0$ est zéro de P_c, donc si $c = 0$, auquel cas la courbe comporte le point isolé $x = y = 0$ (qui est un point stationnaire), et une courbe contenue dans le plan $x \geq \frac{3}{2}a$, symétrique par rapport à l'axe Ox, et de tangente verticale en $x = \frac{3}{2}a$.

Si $c \neq 0$, seul $x = a$ est possible, ce qui se produit pour $c = \frac{1}{6}a^3$, l'autre racine, simple, valant $-\frac{1}{2}a$. La courbe appartient au demi-plan $-\frac{1}{2}a \leq x$ et admet au point $(-\frac{1}{2}a, 0)$ une tangente verticale. Au point $x = a$, on a $P_c(x) \sim \frac{1}{2}(x-a)^2$. Donc $y \sim \frac{1}{2}|x - a|$ au voisinage de ce point. Ce point est évidemment un point double de la courbe et est singulier (le gradient de $H - c$ s'annule au point $(a, 0)$). Le comportement local en $y^2 = \frac{1}{2}(x-a)^2$ montre que l'on a deux branches se coupant (sur l'axe des x) en ce point, chacune de ces branches admettant une tangente (de pente $\pm 1/\sqrt{2}$).

iii) P_c n'admet qu'une racine réelle (évidemment simple) c_1. La courbe appartient alors au demi-plan $c_1 \leq x$ et admet une tangente verticale au point $(c_1, 0)$. Cette courbe correspond à $c < 0$ ou $c > \frac{1}{6}a^3$. (On a $a > 0$, de sorte que P_c ne peut pas avoir de racine triple).

Les courbes précédentes sont toutes non bornées, donc non compactes. En effet, quand $x \to +\infty$, on a $P_c(x) \to +\infty$, donc l'équation $y^2 = P_c(x)$ admet toujours deux solutions (opposées) pour x suffisamment grand.

2) Les points stationnaires annulent le gradient de H ; ils vérifient donc les égalités $x^2 = ax$ et $y = 0$. Ce sont les points $(0, 0)$ et $(a, 0)$.

Parmi ces courbes, seule celle correspondant à $c = \frac{1}{6}a^3$ passe par le deuxième point stationnaire. Cette courbe est donc une séparatrice.

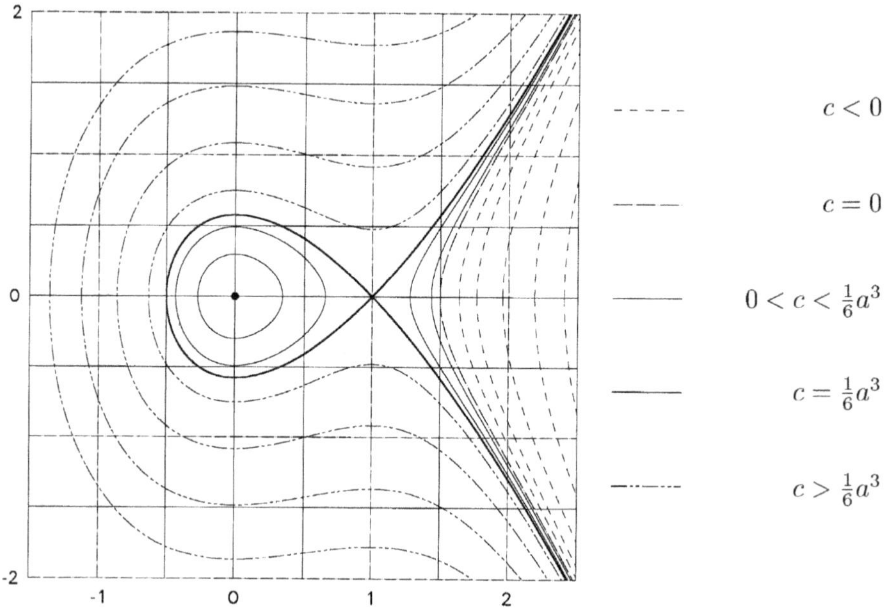

Figures XI.12 : Courbes de niveau $H^{-1}(c)$ de l'hamiltonien
$H(x,y)=\frac{1}{2}y^2-\frac{1}{3}x^3+\frac{1}{2}ax^2$ (Exercice V.3) .

3) Dans le premier cas, pour $0<c<\frac{1}{6}a^3$, la courbe correspondante admet une composante connexe compacte. Cette composante ne passant pas par l'unique point stationnaire possible, l'orbite correspondante est nécessairement périodique (on retrouve les conditions initiales après un certain délai qui est la période du mouvement).

Exercice V.4

Soit x_0 un point où V admet un minimum relatif ; on a donc, au voisinage de ce point,

$$V(x)=V(x_0)+m(x-x_0)^2+o\big((x-x_0)^2\big) \qquad \text{avec} \quad m=\frac{1}{2}V''(x_0)>0\,.$$

Il en résulte, pour une orbite $H(x,y)=c$ passant par un point (x_0,y_0), que l'on a $\frac{1}{2}y^2+m(x-x_0)^2+v(x_0)-c=o\big((x-x_0)^2\big)$, donc que la courbe est proche d'une ellipse en ce point.

Dans le cas d'un maximum, on a un développement limité de V de même nature, avec $m<0$, ce qui conduit à un comportement hyperbolique.

Exercice V.5

1) Le système dynamique examiné admet le potentiel $V(x)=-\cos x$. L'hamiltonien associé est donc $H(x,y)=\frac{1}{2}y^2-\cos x$. Le portrait de phase est constitué des courbes $H(x,y)=c$; son allure est donnée ci-contre.

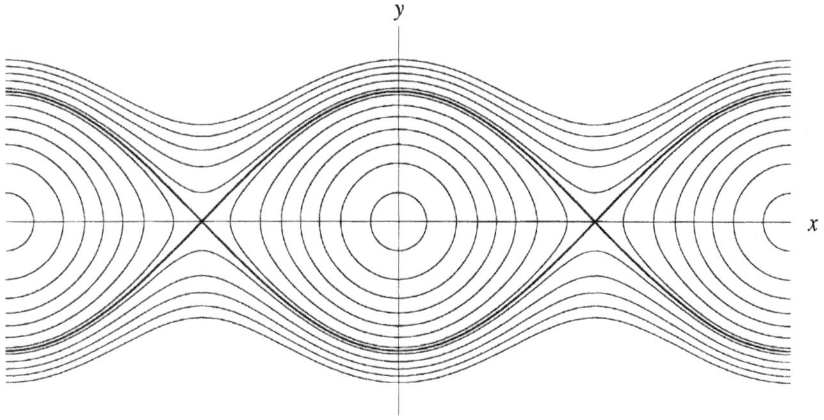

Figure XI.13 : Portrait de phase du pendule simple

2) Les points critiques sont les points de l'axe des x d'abscisse $k\pi$ ($k \in \mathbb{Z}$) ; ce sont des cols si k est impair, des centres si k est pair. La courbe joignant ces cols est la séparatrice ; elle a pour équation $H(x,y)=1$, soit $y^2 = 4\cos^2\dfrac{x}{2}$ (cette courbe est constituée de deux courbes symétriques par rapport aux axes du plan des phases).

3) Comme $\dot{x} = y = 2\cos\frac{1}{2}x$ (on choisit l'une des séparatrices), on a immédiatement le temps mis pour aller, sur cette séparatrice, du point d'abscisse 0 au point d'abscisse $x \in [0,\pi[$:

$$t(x) = \int_0^x \frac{du}{2\cos\frac{1}{2}u}\,.$$

Il est manifeste que $\lim_{x\to\pi^-} t(x) = +\infty$ (l'intégrale impropre $\displaystyle\int_0^\pi \frac{du}{2\cos\frac{1}{2}u}$ est divergente) : le col $(\pi,0)$ ne peut être atteint en un temps fini en partant d'un point quelconque de la séparatrice.

Exercice V.6

1) Le champ hamiltonien associé à H est défini par le système :

$$\begin{cases} \dot{x} = \dfrac{\partial H}{\partial y} = y + 2xy + 2y^3 \\ \dot{y} = -\dfrac{\partial H}{\partial x} = -y^2 - x\,. \end{cases}$$

Compte tenu des relations $u = x + y^2$ et $v = y$, il vient

$$\begin{cases} \dot{u} = \dot{x} + 2y\dot{y} = y = v \\ \dot{v} = \dot{y} = -(y^2+x) = -u \end{cases} \qquad \text{d'où} \quad \omega(u,v) = \frac{v\,du - u\,dv}{u^2+v^2} = -d\Big(\arctan\frac{v}{u}\Big)\,.$$

De plus, $H(x,y) = \frac{1}{2}(u^2+v^2)$ et γ_c est le cercle $u^2+v^2 = 2c$. L'intégrale curviligne vaut donc $\displaystyle\int_{\gamma_c} \omega = 2\pi$.

2) Comme $v\,du - u\,dv = (u^2+v^2)dt$, on a $T = \displaystyle\int_{H=c} dt = \int_{H=c} \omega = 2\pi$, ce qui montre que l'hamiltonien H est isochrone.

Exercice V.7

1) Le système hamiltonien étant de type newtonien, il exite un potentiel V tel que $H(x,y) = \frac{1}{2}y^2 + V(x)$. Le système différentiel associé est donc :

$$\dot{x} = \frac{\partial H}{\partial y} = y\ , \qquad \dot{y} = -\frac{\partial H}{\partial x}\cdot$$

La première équation donne $T_c = \displaystyle\int_{H=c} dt = \int_{H=c} \frac{dx}{y}\cdot$

2) La même équation donne :

$$dH = \frac{\partial H}{\partial x}\,dx + \frac{\partial H}{\partial y}\,dy = \frac{\partial H}{\partial x}\,dx + y\,dy\,,$$

donc, formellement, $dx \wedge dy = dx \wedge \dfrac{1}{y}\Big(dH - \dfrac{\partial H}{\partial x}\,dx\Big) = dx \wedge \dfrac{dH}{y}\cdot$

On pose $I(\delta_c) = S(c+\delta_c) - S(c)$; il vient

$$I(\delta_c) = \int_{H\leq c+\delta_c} dx \wedge \frac{dH}{y} - \int_{H\leq c} dx \wedge \frac{dH}{y} = \int_{c\leq H\leq c+\delta_c} dx \wedge \frac{dH}{y}$$

et, si la limite existe, $\dfrac{dS}{dc} = \displaystyle\lim_{\delta_c\to 0} \frac{1}{\delta_c} I(\delta_c)$. On applique le théorème de Fubini ; on obtient :

$$\frac{dS}{dc}(c) = \int_{H=c} \frac{dx}{y} \qquad \text{d'où l'existence de} \qquad \frac{dS}{dc} = T_c\,.$$

3) D'après l'exercice V.5, l'orbite est elliptique au voisinage d'un point x_0 où V admet un minimum, et son équation est voisine de

$$\frac{1}{2}y^2 + \frac{1}{2}V''(x_0)\big(x - x_0\big)^2 = c - V(x_0)\,.$$

Par conséquent, la surface de l'aire délimitée par la courbe $H = c$ est sensiblement

$$S(c) = \frac{2\pi\big(c - V(x_0)\big)}{\sqrt{V''(x_0)}}\cdot$$

D'après les questions précédentes, la période des petites oscillations au voisinage de x_0 est proche de $T_c = \dfrac{2\pi}{\sqrt{V''(x_0)}}\cdot$

Exercice V.8

1) On a $\ddot{x}_1 = -\dfrac{\partial U}{\partial x_1}$, $\ddot{x}_2 = -\dfrac{\partial U}{\partial x_2}$ avec $U(x_1, x_2) = \frac{1}{2}\left(x_1^2 + \omega^2 x_2^2\right)$: le système est donc potentiel, d'énergie potentielle U. Son énergie totale E est constante sur les courbes de phase $\frac{1}{2}\left(\dot{x}_1^2 + \dot{x}_2^2\right) + \frac{1}{2}\left(x_1^2 + \omega^2 x_2^2\right) = E$: le mouvement se déroule à l'intérieur de l'ellipse $U((x_1, x_2) \leq E$.

2) Le système est composé de deux sous-systèmes indépendants de dimension 1. La loi de conservation de l'énergie s'applique à chacun d'eux : on pose $E = E_1 + E_2$, E_i $(i = 1, 2)$ étant l'énergie totale du sous-système i. On a alors :
$\ddot{x}_1 = -x_1$ donc $x_1 = A_1 \sin(t + \varphi_1)$ et $A_1 = \sqrt{2E_1}$ car $\frac{1}{2}\left(\dot{x}_1^2 + x_1^2\right) = E_1$ et
$\ddot{x}_2 = -\omega^2 x_2$ donc $x_2 = A_2 \sin\omega(t + \varphi_2)$ et $A_2 = \sqrt{2E_2}$ car $\frac{1}{2}\left(\dot{x}_2^2 + \omega^2 x_2^2\right) = E_2$.

3) Si $\omega = 1$, on a, en choisissant l'origine des temps de sorte que $\varphi_1 = 0$ (et l'on pose alors $\varphi_2 = \varphi$), $x_1 = A_1 \sin t$ et $x_2 = A_2 \sin(t + \varphi)$, d'où une facile élimination de t : les orbites sont les courbes

$$\left(\frac{x_1}{A_1}\right)^2 - 2\cos\varphi \, \frac{x_1}{A_1} \cdot \frac{x_2}{A_2} + \left(\frac{x_2}{A_2}\right)^2 = \sin^2\varphi \, .$$

Ce sont des ellipses de centre l'origine. Elles se réduisent à un segment de droite double si $\varphi \in \pi\mathbb{Z}$. Si $\varphi = \dfrac{\pi}{2}$, l'ellipse admet pour axes les axes Ox_1 et Ox_2.

Exercice V.9

1) Soit C une courbe fermée sans point double ; le travail T de la force F le long de cette courbe est :

$$T = k\int_C \big((x - 2y)\,dx + (y - 3x)\,dy\big) = k\int_C (x\,dx + y\,dy) - k\int_C (2y\,dx + 3x\,dy)\,.$$

La première intégrale est évidemment nulle (le champ (x, y) est un champ de gradient). Pour exprimer la seconde, on remarque que la formule de Green-Riemann donne l'aire intérieure S à la courbe C sous la forme $S = \int_C x\,dy = -\int_C y\,dx$, ce qui permet d'écrire le travail T sous la forme $T = -kS$: le champ F ne dérive pas d'un potentiel.

2) Ce fait est au demeurant évident puisque $\dfrac{\partial F_1}{\partial y} - \dfrac{\partial F_2}{\partial x} \neq 0$.

Exercice V.10

1) On sait que les coordonnées du gradient d'une fonction $f(r, \theta)$ dans le repère local (e_r, e_θ) des coordonnées polaires sont $\left(\dfrac{\partial f}{\partial r}, \dfrac{1}{r}\dfrac{\partial f}{\partial \theta}\right)$. Il en résulte que le champ F dérive du potentiel $V(r) = \dfrac{k}{2r^2}$ (on le choisit nul à l'infini).

2) Le mouvement étant central, le vecteur $X \wedge \dot{X}$ est constant, si bien que le mouvement est plan : les orbites sont toutes dans le plan passant par l'origine et orthogonal à $X \wedge \dot{X}$ et le mouvement vérifie la loi des aires. Si, cas particulier, ce vecteur est nul, le mouvement est rectiligne, sinon, on utilise les coordonnées

polaires dans le plan du mouvement : $X = re_r$ donc $\dot{X} = \dot{r}e_r + r\dot{\theta}e_\theta$. Alors $X \wedge \dot{X} = r^2\dot{\theta}\, e_r \wedge e_\theta$, si bien que $J = r^2\dot{\theta}$ est une constante (le moment cinétique). Posant $r' = \dfrac{dr}{d\theta}$, on a : $\dot{r} = r'\dot{\theta} = \dfrac{Jr'}{r^2}$ d'où : $\dot{X} = J\Big(\dfrac{r'}{r^2}e_r + \dfrac{1}{r}e_\theta\Big)$, ce qui suggère l'introduction de la variable $u = \dfrac{1}{r}\cdot$ Il vient alors :

$$\dot{X} = J\big(ue_\theta - u'e_r\big) \qquad \text{donc} \qquad \ddot{X} = -J(u+u'')\dot{\theta}e_r = -J^2(u+u'')u^2\, e_r$$

(toutes les dérivations avec le symbole $'$ sont relatives à la variable θ). On en tire l'équation différentielle des trajectoires : $\quad u'' + \Big(1 + \dfrac{k}{J^2}\Big)u = 0\,.$

3) Le problème étant invariant par rotation autour de l'origine, on peut se contenter d'examiner les trajectoires issues du point $(1,0)$ (en coordonnées cartésiennes), soit aussi $(1,0)$ en coordonnées polaires. Par symétrie, on peut se ramener au cas où $J > 0$ (si $J = 0$, la trajectoire est portée par l'axe Ox). Comme $\dot{\theta} = Ju^2$, la fonction $\theta \mapsto t(\theta)$ est alors strictement croissante.

Un calcul simple permet de vérifier que la courbure des trajectoires est de signe opposé à celui de k : on a en effet, T étant le vecteur tangent,

$$T(\theta) = X'(\theta)\frac{d\theta}{ds} = J\frac{dt}{ds}\big(ue_\theta - u'e_r\big) \qquad \text{donc} \qquad N(\theta) = -J\frac{dt}{ds}\big(ue_r + u'e_\theta\big)$$

$$\text{d'où} \quad \mathrm{c} = \Big\langle\frac{dT}{ds}, N(\theta)\Big\rangle = \Big\langle -\Big(J\frac{dt}{ds}\Big)^3 u^2(ue_\theta - u'e_r)', (ue_r + u'e_\theta)\Big\rangle = -Jku^4\Big(\frac{dt}{ds}\Big)^3$$

qui donne bien le résultat annoncé (on a évidemment orienté la trajectoire dans le sens des s croissants). On vérifie que pour $k = 0$, la courbure est nulle : la trajectoire est portée par une droite si $k = 0$.

On a alors une discussion selon le signe de $1 + \dfrac{k}{J^2}$ (noter que J est la composante de la vitesse initiale selon l'axe Oy) :

A) Si $1 + \dfrac{k}{J^2} = \alpha^2 \quad \alpha > 0)$, la solution est, compte tenu des conditions initiales, de la forme $u(\theta) = \cos(\alpha\theta) - \lambda\sin(\alpha\theta)$, la constante λ étant déterminée par la vitesse initiale : $\dot{X}(0) = J\begin{pmatrix}\lambda\alpha\\ 1\end{pmatrix}$.

L'égalité $\dfrac{d\theta}{dt} = Ju^2 = J\big(\cos(\alpha\theta) - \lambda\sin(\alpha\theta)\big)^2$ permet d'expliciter la fonction $t(\theta)$:

$$t = \int_0^\theta \frac{dw}{J\cos^2(\alpha w)\big(1 - \lambda\tan(\alpha w)\big)^2} \qquad \text{d'où} \qquad J\alpha t = \frac{\tan(\alpha\theta)}{1 - \lambda\tan(\alpha\theta)}\,,$$

ce qui montre que θ croît, lorsque t croît de 0 à $+\infty$, de 0 à une valeur maximale θ_m, première solution positive de l'équation $\lambda\tan(\alpha\theta_m) = 1$. Lorsque $\theta \to \theta_m^-$, la fonction u tend vers 0, donc $r \to +\infty$; de plus, $\displaystyle\lim_{\theta\to\theta_m^-} r\sin(\theta - \theta_m) = -\frac{\sin(\alpha\theta_m)}{\alpha}$, ce qui montre que la trajectoire admet, quand $t \to +\infty$, une asymptote ; c'est la droite d'équation $x\sin\theta_m - y\cos\theta_m = \dfrac{\sin(\alpha\theta_m)}{\alpha}\cdot$

B) Si $1+\dfrac{k}{J^2}=0$ (ce qui suppose le champ de force attractif), on a immédiatement $r(\theta)=\dfrac{1}{1-\lambda\theta}$, le paramètre λ étant déterminé par l'équation $\dot{X}(0)=J\begin{pmatrix}\lambda\\1\end{pmatrix}$. Ceci conduit à une trajectoire portée par une spirale hyperbolique s'enroulant autour de l'origine. Un calcul analogue au précédent donne : $\lambda Jt=\dfrac{\lambda\theta}{1-\lambda\theta}$, de sorte que θ croît, lorsque t croît de 0 à $+\infty$, de 0 à $1/\lambda$ si $\lambda>0$, de 0 à $+\infty$ si $\lambda<0$. Dans le premier cas, la trajectoire est asymptote à l'asymptote de la spirale hyperbolique, d'équation $x\sin\dfrac{1}{\lambda}-y\sin\dfrac{1}{\lambda}=\dfrac{1}{\lambda}\cdot$ Dans le second cas, la trajectoire s'enroule autour de l'origine, selon la spirale hyperbolique déjà évoquée ; l'origine n'est pas atteinte en un temps fini.
Enfin, si $\lambda=0$, $u=1$ et $\theta=Jt$: le mouvement est circulaire uniforme.

C) Enfin si $1+\dfrac{k}{J^2}=-\beta^2$ ($\beta>0$), (champ attractif) on a $u=\operatorname{ch}\beta\theta-\lambda\operatorname{sh}\beta\theta$ où $\dot{X}(0)=J\begin{pmatrix}\lambda\beta\\1\end{pmatrix}$. Un calcul en tout point analogue aux précédents donne la relation suivante entre le temps t et la variable θ : $J\beta t=\dfrac{\operatorname{th}\beta\theta}{1-\lambda\operatorname{th}\beta\theta}\cdot$ Plusieurs cas de figure se présentent alors :

C1) Si $\lambda<1$, le membre de droite est toujours défini et est une fonction continue strictement croissante de θ : elle conduit à un homéomorphisme de $[0,+\infty[$ sur $[0,1/(1-\lambda)[$, de sorte que lorsque t croît de 0 à $t_m=\dfrac{1}{J\beta(1-\lambda)}=\dfrac{1}{\beta\dot{y}(0)-\dot{x}(0)}$, l'angle θ croît de 0 à $+\infty$. La fonction u, dont la dérivée par rapport au temps est du signe de $\operatorname{sh}\beta\theta-\lambda\operatorname{ch}\beta\theta$ est donc d'abord décroissante, puis croissante et tend vers $+\infty$, de sorte que $r(t)$ commence par être croissante, puis décroissante, de limite nulle quand $t\to t_m$: le point matériel s'éloigne un peu du centre O, puis converge rapidement vers l'origine en s'enroulant une infinité de fois autour de l'origine ; cette dernière est atteinte en un temps fini. (La vitesse du point tend vers l'infini quand le point se rapproche de O, conformément à la loi des aires).

C2) Si $\lambda=1$, la situation est tout à fait différente : $u(\theta)=e^{-\beta\theta}$ et l'on obtient $1+2\beta Jt=e^{2\beta\theta}$, de sorte que lorsque t croît de 0 à $+\infty$, θ croît, lui aussi, de 0 à $+\infty$. La fonction u est donc décroissante, de 1 à 0, de sorte que r croît de 1 à $+\infty$. Le point matériel décrit une partie d'une spirale logarithmique (la partie non bornée) et s'échappe en tournant de moins en moins vite : le champ de force est insuffisant pour retenir le point matériel. Il est facile de vérifier que ce cas de figure correspond à l'égalité : $\dot{x}^2(0)+\dot{y}^2(0)=-k$, $\dot{x}(0)>0$ (si $\dot{x}(0)=0$, on est dans le cas B) et la trajectoire est un cercle).

C3) Enfin, si $\lambda>1$, la fonction u s'annule pour $\theta=\theta_m$ déterminé par l'équation $\lambda\operatorname{th}\beta\theta_m=1$ ou $2\beta\theta_m=\ln\left(\dfrac{\lambda+1}{\lambda-1}\right)\cdot$ Lorsque t croît de 0 à $+\infty$, l'angle θ croît de 0 à θ_m, tandis que u décroît de 1 à 0, donc r croît de 1 à $+\infty$. Il est facile de vérifier que $r\sin(\theta-\theta_m)\to-\dfrac{\operatorname{sh}\beta\theta_m}{\beta}$ quand $\theta\to\theta_m^-$. La trajectoire admet donc l'asymptote : $x \sin \theta_m - y \cos \theta_m = \dfrac{\operatorname{sh} \beta\theta_m}{\beta} \cdot$

On donne, ci-contre, pour une vitesse initiale de norme $\|\dot{X}(0)\| = 1$ et six valeurs de k (cinq correspondant à un champ attractif), quelques trajectoires issues du point $(1, 0)$, l'angle du vecteur vitesse avec l'axe Ox étant multiple de $\pi/8$. Ces figures doivent être complétées avec leur symétrique par rapport à cet axe (trajectoires non tracées pour des raisons de clarté).

Exercice V.11

On travaille évidemment en coordonnées polaires dans le plan de la trajectoire (elle est plane puisque le mouvement est à accélération centrale). Le moment cinétique J est constant, donc $r^2\dot{\theta} = J$. La fonction $u = \dfrac{1}{r}$ facilite les calculs ; on a facilement (voir l'exercice précédent) pour expression de l'accélération (orientée le long du vecteur e_r) $-J^2u^2\big(u + u''\big)$ (dérivation par rapport à θ), d'où l'équation vérifiée par u : $u'' + u = \dfrac{k}{J^2} \cdot$ On a aussi, pour l'énergie totale E, l'expression :

$$E = mM\Big(\frac{1}{2}J^2\big(u^2 + u'^2\big) - ku\Big).$$

On a donc, pour u, une solution de la forme $u(\theta) = \dfrac{k}{J^2}\big(1 + e\cos(\theta - \theta_0)\big)$, soit $r(\theta) = \dfrac{p}{1 + e\cos(\theta - \theta_0)} \cdot$ La vitesse initiale étant perpendiculaire au rayon vecteur initial, on a $\theta_0 = 0$ et l'équation polaire de la courbe portant la trajectoire du satellite :

$$r(\theta) = \frac{p}{1 + e\cos(\theta)} \qquad \text{avec} \qquad p = \frac{J^2}{k} \cdot$$

1) On exprime l'excentricité e en fonction de l'énergie totale E en reportant u et u' dans l'expression obtenue précédemment pour l'énergie ; il vient $e^2 = 1 + \dfrac{2EJ^2}{K^2\, mM} \cdot$

La trajectoire "limite", correspondant à la vitesse de libération, est la trajectoire parabolique ; elle est obtenue pour $e = 1$, soit $E = 0$. Or $E = mM\Big(\dfrac{1}{2}\|\dot{X}\|^2 - \dfrac{k}{r}\Big)$,

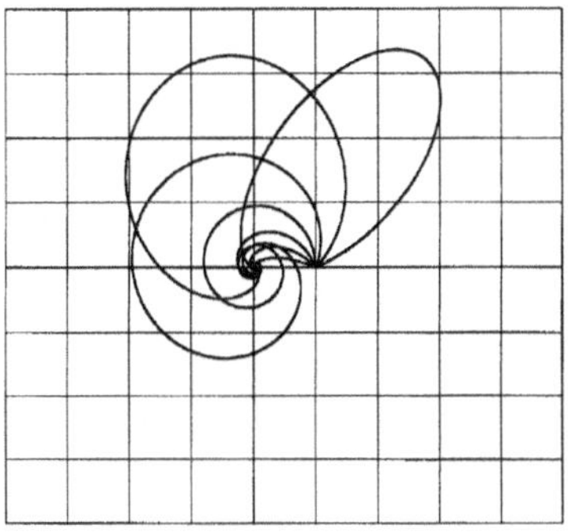

$k = -1,05$

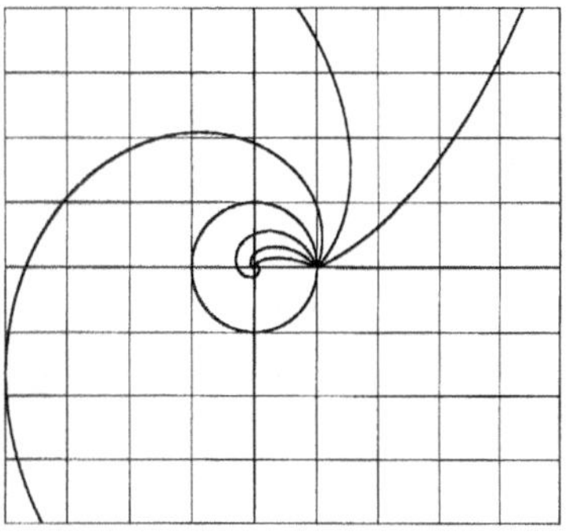

$k = -1,00$

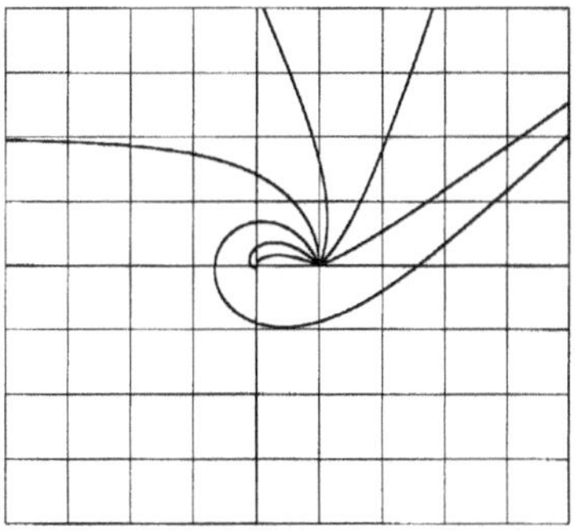

$k = -0,75$

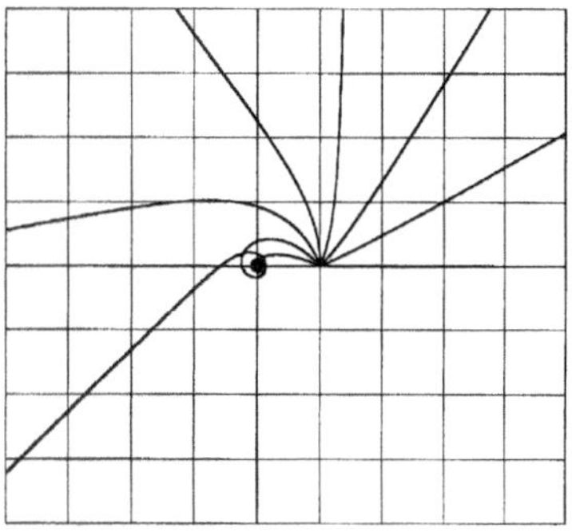

$k = -0,50$

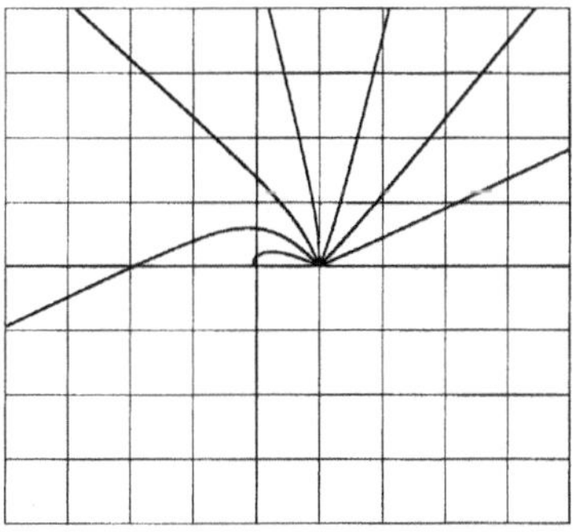

$k = -0,25$

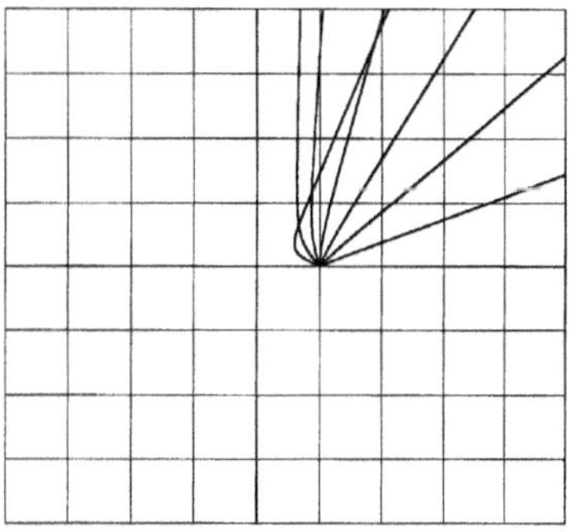

$k = \quad 0,50$

Figure XI.14 : Orbites issues du point $(1,0)$ (Exercice V.10) .

donc $E = 0$ si $\|\dot{X}\|^2 = 2\dfrac{k}{r}$ et, en particulier à l'instant initial, $v = \sqrt{\dfrac{2k}{\ell}}\cdot$ On observe que cette vitesse est indépendante des masses M et m de la terre et du satellite.

2) Dans le cas elliptique, le demi-grand axe est donné par $a = \dfrac{p}{1-e^2}$ (r varie de $\dfrac{p}{1-e}$ à $\dfrac{p}{1+e}$), donc le grand axe $2a$ de l'ellipse vaut $2a = \dfrac{2p}{1-e^2}\cdot$ Il vaut aussi $\ell + R$ dans le cas limite d'une orbite effleurant la surface de la terre (si l'on veut tenir compte de l'atmosphère, il faut augmenter R en conséquence ...) On a donc :

$$2a = \frac{2p}{1-e^2} = -\frac{J^2}{k}\cdot\frac{k^2 mM}{EJ^2} = -\frac{kmM}{E} = \ell + R\,.$$

Mais $E = mM\left(\dfrac{1}{2}v^2 - \dfrac{k}{\ell}\right)$; on en tire aisément la valeur de la vitesse critique v_c en dessous de laquelle le satellite va rencontrer le sol (ou l'atmosphère) :

$$v_c = \sqrt{\frac{2k}{\ell}\cdot\frac{1}{1+\dfrac{\ell}{R}}}\,.$$

On note que si $\ell = R$ (départ à la surface de la terre), la vitesse critique coïncide avec la vitesse de libération.

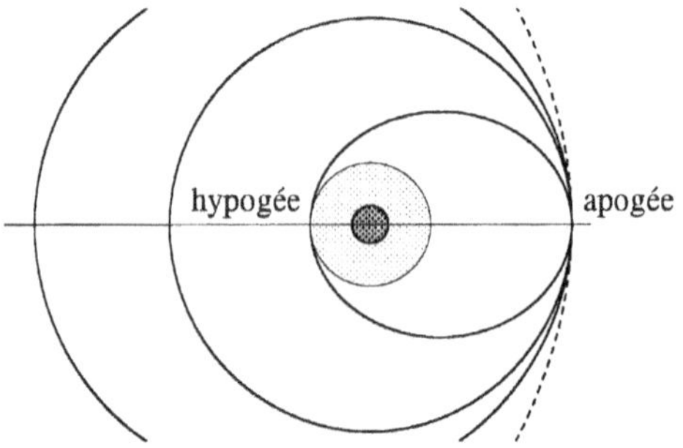

La terre est représentée en gris foncé, l'atmosphère en gris clair ; la trajectoire parabolique est en tireté.

Figure XI.15 : Trajectoires d'un satellite autour de la terre (Exercice V.11) .

Chapitre VI : Champs de vecteurs.

Exercice VI.1

On a $df_i \wedge dx_1 \wedge \ldots \wedge dx_n = 0$. Si l'on applique le produit intérieur i_X à cette forme, il vient :

$\mathrm{i}_X\big(df_i \wedge dx_1 \wedge \ldots \wedge dx_n\big) = \big(\mathrm{i}_X\, df_i\big) \wedge dx_1 \wedge \ldots \wedge dx_n - df_i \wedge \mathrm{i}_X\big(dx_1 \wedge \ldots \wedge dx_n\big)\,.$

Comme $\mathrm{i}_X\big(dx_1 \wedge \ldots \wedge dx_n\big) = df_1 \wedge \ldots \wedge df_{n-1}$, pour tout $i = 1, \ldots, n-1$ on a : $\big(\mathrm{i}_X\, df_i\big) \wedge \big(dx_1 \wedge \ldots \wedge dx_n\big) = 0$, soit $\langle X, f_i\rangle = 0 \quad (i \in [\![1, n-1]\!])$, ce qui donne le résultat.

Exercice VI.2

Le flot de X_1 est donné par intégration du système différentiel :

$$\dot{x} = x \qquad \dot{y} = 2y \ ,$$

ce qui conduit à $x = x_0 e^t$, $y = y_0 e^{2t}$, soit

$$(x_0, y_0) \mapsto (x_0 e^t, y_0 e^{2t}) \, .$$

Le flot de X_2 s'obtient en intégrant

$$\dot{x} = 1 \qquad \dot{y} = \sin x \ ,$$

soit

$$(x_0, y_0) \mapsto (t + x_0, -\cos(t + x_0) + y_0) \, .$$

Exercice VI.3

1) La vérification est immédiate ; le vecteur ligne $F^*\omega$ est égal à ωJ (produit du veteur ligne ω par la matrice J), tandis que le vecteur colonne F^*X est le produit $J^{-1}X$. On a donc, pour la fonction $\mathsf{i}_{F^*X}\, F^*\omega$ au point x l'égalite :

$$\mathsf{i}_{F^*X}\, F^*\omega(x) = \omega X\big(F(x)\big) = \big(F^*\, \mathsf{i}_X\, \omega\big)(x) \, .$$

2) On sait que $\Phi_{t+s} = \Phi_t \circ \Phi_s$; il suffit alors de prendre la dérivée en s pour $s = 0$ pour obtenir la relation cherchée.

3) D'après les deux premières questions, on a : $\Phi_t^*\big(\mathsf{i}_X\, \omega\big) = \mathsf{i}_{\Phi_t^* X}\, \Phi_t^*\omega$, d'où, en prenant les dérivées à l'origine,

$$L_Y\big(\mathsf{i}_X\, \omega\big) = \mathsf{i}_Z\, \omega + \mathsf{i}_X\big(L_Y \omega\big) \qquad \text{soit} \qquad \mathsf{i}_Z\, \omega = L_Y\big(\mathsf{i}_X\, \omega\big) - \mathsf{i}_X\big(L_Y \omega\big) \, .$$

Pour la fonction $\mathsf{i}_X\, \omega$, on a (L_Y est une dérivation) :

$$\begin{aligned} L_Y\big(\mathsf{i}_X\, \omega\big) = L_Y\Big(\sum_{k=1}^n X_k \omega_k\Big) &= \sum_{k=1}^n L_Y X_k \omega_k + \sum_{k=1}^n X_k L_Y \omega_k \\ &= \sum_{k,\ell=1}^n \Big(X_k Y_\ell \frac{\partial \omega_k}{\partial x_\ell} + \frac{\partial X_k}{\partial x_\ell} Y_\ell\, \omega_k\Big) \end{aligned}$$

tandis que

$$\mathsf{i}_X\big(L_Y \omega\big) = \sum_{k=1}^n \Big(\sum_{\ell=1}^n \big(\frac{\partial \omega_k}{\partial x_\ell} Y_\ell + \omega_\ell \frac{\partial Y_\ell}{\partial x_k}\big)\Big) X_k$$

donc :

$$\mathsf{i}_Z\, \omega = \sum_{k=1}^n \Big(\sum_{\ell=1}^n \frac{\partial X_k}{\partial x_\ell} Y_\ell - X_\ell \frac{\partial Y_k}{\partial x_\ell}\Big) \omega_k$$

de sorte que :

$$Z = -\sum_{k=1}^n \Big(\sum_{\ell=1}^n \big(X_\ell \frac{\partial Y_k}{\partial x_\ell} - Y_\ell \frac{\partial X_k}{\partial x_\ell}\big)\Big) \frac{\partial}{\partial x_k} \, .$$

Le champ $[X,Y] = \sum_{\ell=1}^{n}\Big(X_\ell \dfrac{\partial Y_k}{\partial x_\ell} - Y_\ell \dfrac{\partial X_k}{\partial x_\ell}\Big)\dfrac{\partial}{\partial x_k}$ est le commutateur des champs X et Y ; on a alors la formule de Lie–Cartan :

$$\frac{d}{dt}\Phi_t^* X = -\Phi_t^*([X,Y]).$$

Exercice VI.4

1) Le flot du champ de vecteurs X est la solution du système différentiel :

$$\dot{x}_1 = x_2\,, \qquad \dot{x}_2 = -x_1\,, \qquad \dot{x}_3 = 0\,.$$

Ce système conduit à $\ddot{x}_1 = -x_1$ et

$$\begin{aligned} x_1(t) &= x_1(0)\cos t + x_2(0)\sin t \\ x_2(t) &= -x_1(0)\sin t + x_2(0)\cos t \\ x_3(t) &= x_3(0)\,. \end{aligned}$$

Il s'ensuit que Φ_t est le flot à l'instant t du champ de vecteurs X et qu'il définit donc un groupe à un paramètre.

2) La formule de Lie donne $\dfrac{d\Phi_t^* Y}{dt} = \Phi_t^*\big[X,Y\big] = 0$. Par conséquent, l'égalité $\big[X,Y\big] = 0$ implique $\Phi_t^* Y = Y$.
La réciproque résulte de l'unicité de la solution d'un problème de Cauchy.

Exercice VI.5

D'après la définition de la dérivée de Lie, on a $L_X = d\,\mathsf{i}_X + \mathsf{i}_X\, d$ où i_X désigne le produit intérieur. Il vient alors :

1) $L_X f = d\,\mathsf{i}_X\, f + \mathsf{i}_X\, df = Xf$ puisque $\mathsf{i}_X\, f = 0$ et $\mathsf{i}_X\, df = Xf$.

2) $L_X df = d\,\mathsf{i}_X\, df + \mathsf{i}_X\, d^2 f = d\,X\,f = d\,L_X\,f$.

3) $L_{fX}\alpha = d\,\mathsf{i}_{fX}\,\alpha + \mathsf{i}_{fX}\,d\alpha$. Comme $\mathsf{i}_{fX} = f_{\mathsf{i}_X}$, on a :

$$L_{fX}\alpha = d(f\,\mathsf{i}_X\,\alpha) + f\,\mathsf{i}_X\,d\alpha = \big(d\,\mathsf{i}_X\,\alpha + \mathsf{i}_X\,d\alpha\big)f + df \wedge \mathsf{i}_X\,\alpha = f L_X\alpha + df \wedge \mathsf{i}_X\,\alpha\,.$$

4)Les égalités

$$\begin{aligned} L_X\,\mathsf{i}_X\,\alpha &= d\,\mathsf{i}_X\big(\mathsf{i}_X\,\alpha\big) + \mathsf{i}_X\,d\big(\mathsf{i}_X\,\alpha\big) = \mathsf{i}_X\,d\,\mathsf{i}_X\,\alpha \qquad \text{et} \\ \mathsf{i}_X\,L_X\alpha &= \mathsf{i}_X\,d\,\mathsf{i}_X\,\alpha + \mathsf{i}_X\,\mathsf{i}_X\,d\alpha = \mathsf{i}_X\,d\,\mathsf{i}_X\,\alpha\,, \end{aligned}$$

donnent l'égalité demandée.

5) Il suffit de vérifier l'égalité pour $\alpha = f$ puis $\alpha = df$; il vient :

$$\begin{aligned} \big[L_X, L_Y\big]f &= X(Yf) - Y(Xf) = \big[X,Y\big]f = L_{[X,Y]}f \\ \big[L_X, L_Y\big]df &= L_X L_Y df - L_Y L_X df = d\big[L_X, L_Y\big]f = dL_{[X,Y]}f = L_{[X,Y]}df\,. \end{aligned}$$

6) Soit $\omega = \sum_{i=1}^{n} \omega_i\, dx_i$. Alors :

$$d\omega = \sum_{j=1}^{n}\sum_{i=1}^{n} \frac{\partial \omega_j}{\partial x_i}\, dx_i \wedge dx_j$$

$$d\omega(X,Y) = \sum_{j=1}^{n}\sum_{i=1}^{n} \frac{\partial w_i}{\partial x_j}(X_iY_j - Y_iX_j)$$

$$\omega([X,Y]) = \sum_{j=1}^{n}\sum_{i=1}^{n} \omega_i\Big(X_j \frac{\partial Y_i}{\partial x_j} - Y_i \frac{\partial X_j}{\partial x_i}\Big) \qquad \text{et}$$

$$L_X\omega = \sum_{i=1}^{n} X_i \frac{\partial}{\partial x_i}\Big(\sum_{j=1}^{n} \omega_j\, dx_j\Big)$$

d'où le résultat.

Exercice VI.6

1) L'application d_J s'étend de façon unique à l'algèbre extérieure en posant

$$d_J(\omega \wedge \varpi) = d_J(\omega) \wedge \varpi + \omega \wedge d_J\varpi\,,$$

puisqu'elle est alors en particulier définie sur $\Omega_0(U) \simeq \mathcal{E}(U)$ et sur $\Omega_1(U)$ par

$$d_Jf(X) = J(X).\, f \qquad \text{et} \qquad d_J(g\, df) = D_J g \wedge df + g\, d\big(d_J(f)\big)\,.$$

2) On obtient de même que d_J^2 est entièrement définie par sa restriction sur les fonctions et sur les 1–formes exactes. On constate que $d_Jf(X) = \sum_{i=1}^{n} X_i(x,y)\, \dfrac{\partial f}{\partial y_J}$ donne $d_Jx_i = 0$ et $d_Jy_i(X) = X_i$, donc $d_Jy_i = dx_i$. Il s'ensuit que

$$d_J^2 y_i = d_J\, dx_i = d\, d_J x_i = 0\,.$$

On a de plus : $d_J^2\, df = d\, d_J^2 f = 0$ et donc $d_J^2 = 0$.

Exercice VI.7

Le premier membre de l'égalité à vérifier est :

$$J(X) = \sum_{i=1}^{n} X_i(x,y)\, \frac{\partial}{\partial y_i}\cdot$$

Pour le second membre, on a :

$$[C,X] = \sum_{i,j=1}^{n} y_j\, \frac{\partial X_i}{\partial y_j}\, \frac{\partial}{\partial x_i} + \sum_{i,j=1}^{n} y_j\, \frac{\partial Y_i}{\partial y_j}\, \frac{\partial}{\partial y_i} - \sum_{i=1}^{n} Y_i\, \frac{\partial}{\partial y_i}$$

$$\text{donc} \qquad J([C,X]) = \sum_{i,j=1}^{n} y_j\, \frac{\partial X_i}{\partial y_j}\, \frac{\partial}{\partial y_i}$$

$$\text{et} \qquad [J(X),C] = \sum_{i=1}^{n} X_i\, \frac{\partial}{\partial y_i} - \sum_{j=1}^{n} y_j\, \frac{\partial X_i}{\partial y_j}\, \frac{\partial}{\partial y_i}\,,$$

et donc l'égalité demandée est vérifiée.

Exercice VI.8

La formule de Lie du cours donne : $\frac{d}{dt}(\Phi_t^*\omega) = \Phi_t^*(L_X\omega)$. On a de plus

$$L_X\omega = d\,\mathrm{i}_X\,\omega + \mathrm{i}_X\,d\omega = d\,\mathrm{i}_X\,\omega = \mathrm{div}(X)\,\omega = 0\,.$$

Il s'ensuit que $\Phi_t^*\omega = \Phi_0^*\omega = \omega$.

Exercice VI.9

L'identité $f(\lambda x) = \lambda^m f(x)$ donne, après dérivation par rapport à λ :

$$\sum_{i=1}^{n} x_i\,\frac{\partial f}{\partial x_i}(\lambda x) = m\lambda^{m-1} f(x)\,.$$

Pour $\lambda = 1$, on obtient $C\,.\,f = mf$.

Réciproquement, soit Φ_t le flot du champ C :

$$\Phi_t : \underline{x} \mapsto e^t\,\underline{x}\,.$$

La formule $C\,.\,f = mf$ conduit à

$$\Phi_t^*(C\,.\,f) = \Phi_t^*(L_C\,.\,f) = m\Phi_t^* f$$

et donc à $\frac{d\Phi_t^*}{dt} f = m\Phi_t^* f$. On a ainsi $\Phi_t^*(f) = e^{tm} f$ et, en posant $\lambda = e^t$, on obtient $f(\lambda x) = \lambda^m f(x)$.

Chapitre VII : Systèmes hamiltoniens.

Exercice VII.1

1) L'intégration de l'équation conduit à :

$$\dot z = i\omega z + \dot z(0) - i\omega z(0)\,,\quad \frac{d}{dt}\left(ze^{-i\omega t}\right) = e^{-i\omega t}\left(\dot z - i\omega z\right) = \left(\dot z(0) - i\omega z(0)\right)e^{-i\omega t}$$

d'où $ze^{-i\omega t} - z(0) = -\frac{1}{i\omega}\left(\dot z(0) - i\omega z(0)\right)\left(e^{-i\omega t} - 1\right)$, soit

$$z = \left(z(0) - \frac{1}{i\omega}\dot z(0)\right) + \frac{1}{i\omega}\dot z(0)e^{i\omega t}\,.$$

Il s'ensuit que toutes les solutions sont périodiques de période $\frac{2\pi}{\omega}$.

2) Le système dynamique à deux degrés de liberté associé à $(*)$ est donc :

$$(**)\qquad \begin{cases} \dot z = u \\ \dot u = i\omega \dot z = i\omega\, u \end{cases}$$

3) On souhaite trouver une fonction holomorphe en (z, p) telle que les équations :

$$\dot z = \frac{\partial H}{\partial p}\,,\qquad \dot p = -\frac{\partial H}{\partial z}$$

donnent $(**)$. On peut poser $u = e^p$ et écrire :

$$\begin{cases} \dot{z} = e^p \\ \dot{p} = \dfrac{\dot{u}}{u} = i\omega \end{cases} \qquad \text{qui est un système hamiltonien} \qquad \begin{cases} \dot{z} = \dfrac{\partial H}{\partial p} \\ \dot{p} = -\dfrac{\partial H}{\partial z} \end{cases} \qquad \text{pour}$$

$$H(z, p) = e^p - i\omega z\,.$$

4) On écrit $z = x_1 + ix_2$, $p = y_1 - iy_2$ et $H(z, p) = H_1(\underline{x}, \underline{y}) + iH_2(\underline{x}, \underline{y})$.

a) Les équations de Cauchy–Riemann pour la fonction holomorphe $H(z, p)$ donnent les égalités :

$$\frac{\partial(H_1 + iH_2)}{\partial \overline{z}} = 0\,, \qquad \frac{\partial(H_1 + iH_2)}{\partial \overline{p}} = 0\,,$$

$$\frac{\partial H_1}{\partial x_1} = \frac{\partial H_2}{\partial x_2}\,, \quad \frac{\partial H_1}{\partial x_2} = -\frac{\partial H_2}{\partial x_1}\,, \qquad \frac{\partial H_1}{\partial y_1} = -\frac{\partial H_2}{\partial y_2}\,, \quad \frac{\partial H_1}{\partial y_2} = \frac{\partial H_2}{\partial y_1}\,.$$

d'où l'on tire le crochet de Poisson :

$$\{H_1, H_2\} = -\frac{\partial H_1}{\partial x_1}\frac{\partial H_2}{\partial y_1} - \frac{\partial H_1}{\partial x_2}\frac{\partial H_2}{\partial y_2} + \frac{\partial H_1}{\partial y_1}\frac{\partial H_2}{\partial x_1} + \frac{\partial H_1}{\partial y_2}\frac{\partial H_2}{\partial x_2} = 0$$

b) Des équations

$$\dot{x}_1 + i\,\dot{x}_2 = \frac{1}{2}\left(\frac{\partial(H_1 + iH_2)}{\partial y_1} + i\,\frac{\partial(H_1 + iH_2)}{\partial y_2}\right) = \frac{\partial H_1}{\partial y_1} + i\,\frac{\partial H_1}{\partial y_2}$$

$$\dot{y}_1 - i\,\dot{y}_2 = -\frac{1}{2}\left(\frac{\partial(H_1 + iH_2)}{\partial x_1} - i\,\frac{\partial(H_1 + iH_2)}{\partial x_2}\right) = -\frac{\partial H_1}{\partial x_1} + i\,\frac{\partial H_1}{\partial x_2}$$

on tire les égalités :

$$\dot{x}_1 = \frac{\partial H_1}{\partial y_1}\,, \quad \dot{x}_2 = \frac{\partial H_1}{\partial y_2}\,, \qquad \dot{y}_1 = -\frac{\partial H_1}{\partial x_1}\,, \quad \dot{y}_2 = -\frac{\partial H_1}{\partial x_2}$$

qui montrent que le système est hamiltonien d'Hamiltonien H_1 pour la forme symplectique canonique.

Les équations précédentes s'écrivent aussi :

$$\dot{x}_1 = -\frac{\partial H_2}{\partial y_2}\,, \quad \dot{x}_2 = \frac{\partial H_2}{\partial y_1}\,, \qquad \dot{y}_1 = -\frac{\partial H_2}{\partial x_2}\,, \quad \dot{y}_2 = \frac{\partial H_2}{\partial x_1}\,,$$

et s'interprètent comme les équations de Hamilton pour la fonction H_2 et la forme symplectique $dx_1 \wedge dy_2 + dy_1 \wedge dx_2$.

Exercice VII.2

1) On reconnaît un des sytèmes hamiltoniens présentés dans le cours :

$$\widetilde{H}(c, p) = \frac{1}{2}\left(\sum_{i=1}^{n} p_i^2 + \sum_{i=1}^{n} \omega_i^2\, c_i^2\right)$$

pour lequel les équations de Hamilton

$$\dot{c}_i = \frac{\partial \widetilde{H}}{\partial p_i} = p_i\,, \qquad \dot{p}_i = -\frac{\partial \widetilde{H}}{\partial c_i} = -\omega_i^2\, c_i$$

conduisent à l'équation différentielle $(*)$.

2)

a) Les formules de Newton permettent de définir la transformation $z \mapsto c = c(z)$. Réciproquement, les sommes de puissances des z_i $(i = 1, \ldots, n)$ s'expriment comme des polynômes en les variables c. La transformation qui fait passer des racines aux sommes de puissances a comme jacobien un déterminant de Van der Monde. Il s'ensuit qu'au voisinage d'un point z tel que $z_i \neq z_j$ $(i \neq j)$, la transformation $z \mapsto c = c(z)$ est inversible et d'inverse différentiable.

b) Le crochet de Poisson $\{c_m, p_{m'}\}$ s'écrit :

$$\{c_m, p_{m'}\} = \sum_{j=1}^{n} -\frac{\partial c_m}{\partial z_j}\frac{\partial p_{m'}}{\partial v_j} + \frac{\partial c_m}{\partial v_j}\frac{\partial p_{m'}}{\partial z_j} = \sum_{j=1}^{n} -\frac{\partial c_m}{\partial z_j}\frac{\partial p_{m'}}{\partial v_j}\cdot$$

La matrice transposée de la matrice d'éléments $\left(\frac{\partial p_{m'}}{\partial v_j}\right)$ est donc l'inverse de $\left(-\frac{\partial c_m}{\partial z_j}\right)$ qui ne dépend que de z. Il s'ensuit que p_m est affine en v. On écrit :

$$p_m = \sum_{j=1}^{n} c_{mj}(z)v_j + r_m(z) \qquad \text{avec} \qquad c_{mj} = \frac{\partial z_j}{\partial c_m}\cdot$$

c) En dérivant par rapport à c_m l'identité proposée dans l'énoncé, il vient :

$$z^{n-m} = -\sum_{\ell=1}^{n} \frac{\partial z_\ell}{\partial c_m}\prod_{k\neq\ell}(z - z_k)\,.$$

Puis, en posant $z = z_j$, on obtient :

$$\frac{\partial z_j}{\partial c_m} = -\frac{z_j^{n-m}}{P_n'(z_j)}\cdot$$

d) On a donc $p_m = \sum_{j=1}^{n} \frac{v_j z_j^{n-m}}{P_n'(z_j)}$ et l'hamiltonien devient :

$$\begin{aligned} H(z,v) &= \frac{1}{2}\sum_{j,k,m} \frac{(z_j z_k)^{n-m}}{P_n'(z_j)P_n'(z_k)}v_j v_k + \frac{1}{2}\sum_{m=1}^{n}\omega_m^2\, c_m^2 \\ &= \frac{1}{2}\sum_{j,k} \frac{1-(z_j z_k)^n}{(1-z_j z_k)P_n'(z_j)P_n'(z_k)}v_j v_k + \frac{1}{2}\sum_{m=1}^{n}\omega_m^2\, c_m^2\,. \end{aligned}$$

Exercice VII.3

1) Le système différentiel (1) est le système hamiltonien pour la fonction

$$H(\underline{x}, \underline{y}) = \frac{1}{2}\sum_{i=1}^{n} y_i^2 + \sum_{i=2}^{n-1}\left(e^{-(x_i - x_{i-1}))} + e^{-(x_{i+1}-x_i)}\right).$$

2) On vérifie immédiatement que $\sum_{j=1}^{n} \dot{y}_j = 0$; il s'ensuit que $\sum_{j=1}^{n} y_j$ est une intégrale première.

3) L'application $(\underline{x}, \underline{y}) \mapsto (\underline{a}, \underline{b})$ ne définit pas un changement de variable car elle n'est pas inversible. Toutefois, si on se restreint au sous-espace $\sum_{j=1}^{n} x_j = \sum_{j=1}^{n} y_j = 0$ et à $H = c$ (constante fixée), on obtient une transformation inversible. En effet, il vient $y_j = -2b_j$, puis $\big(x_{j+1} - x_j\big) = -2\ln(2a_j)$ détermine les $\underline{x}$ s'ils sont assujetis à la condition $\sum_{j=1}^{n} x_j = 0$ et $H = c$.

4) Il vient :

$$\dot{a}_j = -\frac{1}{4}(\dot{x}_{j+1} - \dot{x}_j)\exp\big(-\frac{1}{2}(x_{j+1} - x_j)\big) = -\frac{1}{2}\big(y_{j+1} - y_j\big)a_j = a_j(b_{j+1} - b_j)$$

L'égalité $\dot{b}_j = -\frac{1}{2}\dot{y}_j$ donne, pour $j = 1$,

$$\dot{b}_1 = -\frac{1}{2}\dot{y}_1 = \frac{1}{2}e^{-(x_2 - x_1)} = 2a_1^2$$

et pour $j = 2, \ldots, n-1$:

$$\dot{b}_j = \frac{1}{2}\Big(e^{-(x_j - x_{j-1})} - e^{-(x_{j+1} - x_j)}\Big) = 2\big(a_j^2 - a_{j-1}^2\big)\,.$$

5) Ces équations sont équivalentes à l'équation matricielle

$$\dot{L} = [B, L] \qquad \text{avec}$$

$$L = \begin{pmatrix} b_1 & a_1 & 0 & \cdots & 0 \\ a_1 & b_2 & \ddots & 0 & 0 \\ 0 & \ddots & \ddots & \ddots & 0 \\ \vdots & \ddots & a_{n-3} & b_{n-2} & a_{n-2} \\ 0 & 0 & 0 & a_{n-2} & b_{n-1} \end{pmatrix}, \quad B = \begin{pmatrix} b_1 & 2a_1 & 0 & \cdots & 0 \\ 0 & b_2 & \ddots & 0 & 0 \\ 0 & \ddots & \ddots & \ddots & 0 \\ \vdots & \ddots & 0 & b_{n-2} & 2a_{n-2} \\ 0 & 0 & 0 & 0 & b_{n-1} \end{pmatrix}$$

Toute matrice L se décompose de manière unique en la somme d'une matrice triangulaire supérieure $T(L)$ et d'une matrice antisymétrique. Ici, la matrice triangulaire supérieure est B ; la matrice $L(t)$ est donc l'unique solution du système de Cauchy $\dot{L} = [T(L), L]$ avec $L(0)$ comme donnée initiale.

On obtient alors facilement le fait que les fonction $\mathrm{Tr}(L^k)$ sont des constantes du mouvement, car

$$\mathrm{Tr}\,\frac{d}{dt}(L^k) = k\,\mathrm{Tr}\big(\dot{L}L^{k-1}\big) = k\,\mathrm{Tr}\big([B, L]L^{k-1}\big) = \mathrm{Tr}\big([B, L^k]\big) = 0$$

(l'avant-dernière égalité résulte de l'identité

$$[B, L^k] = \sum_{\ell=0}^{k-1} L^{\ell}[B, L]L^{k-\ell-1}$$

qu'il est facile d'établir par récurrence).

6 et 7) On effectue la décomposition indiquée dans l'énoncé : $e^{tL(0)} = k(t)\, b(t)$; il vient, en dérivant :

$$L(0)e^{tL(0)} = \dot{k}\, b + k\, \dot{b} \quad \text{donc} \quad L(0)kb = \dot{k}\, b + k\, \dot{b} \quad \text{puis} \quad L(0)k = \dot{k} + k\, \dot{b}\, b^{-1}$$
$$\text{d'où} \qquad k^{-1}L(0)k = k^{-1}\dot{k} + \dot{b}\, b^{-1}$$

On a aussi :

$$\begin{aligned}\dot{\mathcal{L}}(t) &= -k^{-1}\dot{k}k^{-1}L(0)k + k^{-1}L(0)\, k\, k^{-1}\, \dot{k}\\ &= -\left[k^{-1}\, \dot{k}, \mathcal{L}(t)\right] = \left[\dot{b}\, b^{-1}, \mathcal{L}(t)\right]\end{aligned}$$

8) Le fait que $k^{-1}\, \dot{k}$ est antisymétrique résulte de ce que k est orthogonale. La matrice $\dot{b}\, b^{-1}$ est triangulaire supérieure car b est elle-même triangulaire supérieure.

9) La fonction matricielle $\mathcal{L}(t)$ est donc solution de la même équation différentielle $\dot{\mathcal{L}}(t) = \left[T\big(\mathcal{L}(t)\big), \mathcal{L}(t)\right]$ que $L(t)$, avec la même donnée initiale $\mathcal{L}(0) = L(0)$. Il résulte de l'unicité de la solution d'un problème de Cauchy que $\mathcal{L}(t) = L(t)$.

On obtient ainsi une méthode (due à H. Flaschka) pour intégrer explicitement le flot. Étant donnée la condition initiale $L(0)$, on effectue la décomposition indiquée dans l'énoncé : $e^{tL(0)} = k(t)\, b(t)$, et la matrice $L(t)$ est égale à $k^{-1}(t)L(0)k(t)$.

Exercice VII.4

1) Les équations de Hamilton de h s'écrivent :

$$\begin{aligned}\dot{x} &= \frac{\partial H}{\partial y} = \|\underline{x}\|^2\, y - \langle x, y\rangle x\\ \dot{y} &= -\frac{\partial H}{\partial x} = -Ax - \|y\|^2\, x + \langle x, y\rangle y\end{aligned}$$

2) On trouve

$$\begin{aligned}\langle X_H, F\rangle &= \|x\|^2\, \langle x, y\rangle - \langle x, y\rangle \|x\|^2\\ \langle X_H, G\rangle &= \langle \dot{x}, y\rangle + \langle x, \dot{y}\rangle\\ &= \|x\|^2\, \|y\|^2 - \langle x, y\rangle^2 - \langle Ax, x\rangle - \|y\|^2\, \|x\|^2 + \langle x, y\rangle^2\end{aligned}$$

3) On a :

$$\{F, G\} = \frac{\partial F}{\partial y}\,\frac{\partial G}{\partial x} - \frac{\partial F}{\partial x}\,\frac{\partial G}{\partial y} = -\|x\|^2\, \|x\|^2 = -1$$

en tout point de TS^{m-1}. En restriction à TS^{m-1}, on a :

$$\begin{gathered}\{H - \lambda F, F\} = \{H, F\} = 0 \qquad \text{et}\\ \{H - \lambda F, G\} = \{H, G\} - \lambda\{F, G\} = \{H, G\} + \lambda\,.\end{gathered}$$

Donc, si on choisit $\lambda = -\{H, G\} = \langle Ax, x\rangle$, on obtient

$$\{H^*, F\} = \{H^*, G\} = 0\,.$$

4) Les équations de Hamilton de H^* en restriction à TS^{m-1} sont :

$$\begin{aligned}\dot{x} &= \frac{\partial H}{\partial y} - \lambda\, \frac{\partial F}{\partial y} = \|x\|^2\, y - \langle x, y\rangle\, x - \langle Ax, x\rangle\, \frac{\partial F}{\partial y} = y\\ \dot{y} &= -\frac{\partial H}{\partial x} + \lambda\, \frac{\partial F}{\partial x} = -Ax - \|y\|^2\, x + \langle Ax, x\rangle\, \frac{\partial F}{\partial x} = -Ax - \|y\|^2\, x + \langle Ax, x\rangle\, x\end{aligned}$$

ce qui équivaut à l'action d'une force linéaire du type ressort (le terme $-Ax$) et à une force de contrainte qui assujetit le point matériel à rester sur la sphère $-\|y\|^2 x + \langle Ax, x\rangle x$:

$$\ddot{x} = -Ax - \|y\|^2 x + \langle Ax, x\rangle x\,.$$

Exercice VII.5

1) On a :
$$\begin{cases} \dot{x}_i = y_i \\ \dot{y}_i = -\lambda^2 x_i + \displaystyle\sum_{i\neq j} \frac{2g^2}{(x_i - x_j)^3}\,. \end{cases}$$

2) La condition *i)* impose aux termes non diagonaux de $\dfrac{dX}{dt}$ d'être nuls, donc $L_{ij} + [X, M]_{ij} = 0$. Or

$$\begin{aligned} (XM)_{ij} &= \sum_k X_{ik} M_{kj} = x_i M_{ij} \qquad \text{et} \\ (MX)_{ij} &= \sum_k M_{ik} X_{kj} = x_j M_{ij}\,, \quad \text{donc} \end{aligned}$$

$$L_{ij} + (x_i - x_j) M_{ij} = 0 \text{ soit } M_{ij} = -\frac{L_{ij}}{x_i - x_j} = -\frac{g\sqrt{-1}}{(x_i - x_j)^2} \quad (i \neq j)\,.$$

La condition *ii)* donne alors :

$$\begin{aligned} \left(\frac{dL}{dt}\right)_{ij} &= \sum_{k\notin\{i,j\}} \left(\frac{-L_{ik}L_{kj}}{x_k - x_j} + \frac{L_{ik}L_{kj}}{x_i - x_k}\right) \\ &\quad - y_i \frac{L_{ij}}{x_i - x_j} - M_{ii}\frac{g\sqrt{-1}}{x_i - x_j} + M_{jj}\frac{g\sqrt{-1}}{x_i - x_j} + y_j \frac{L_{ij}}{x_i - x_j} \\ &= \sum_{k\notin\{i,j\}} L_{ik}L_{kj}\left(\frac{1}{x_i - x_k} + \frac{1}{x_j - x_k}\right) \\ &\quad - (y_i - y_j)\frac{L_{ij}}{x_i - x_j} - g\sqrt{-1}\,\frac{M_{ii} - M_{jj}}{x_i - x_j} \\ &= -g^2 \sum_{k\notin\{i,j\}} \left(\frac{1}{(x_i - x_k)^2(x_k - x_j)} - \frac{1}{(x_i - x_k)(x_k - x_j)^2}\right) \\ &\quad - g\sqrt{-1}\frac{M_{ii} - M_{jj}}{x_i - x_j} - g\sqrt{-1}\,\frac{y_i - y_j}{(x_i - x_j)^2}\,. \end{aligned}$$

La définition de L implique $\dfrac{d}{dt}L_{ij} = -g\sqrt{-1}\dfrac{y_i - y_j}{(x_i - x_j)^2}$, si bien que l'on a nécessairement :

$$M_{ii} - M_{jj} = g\sqrt{-1} \sum_{k \notin \{i,j\}} \left(\frac{x_i - x_j}{(x_i - x_k)^2 (x_k - x_j)} - \frac{x_i - x_j}{(x_i - x_k)((x_k - x_j)^2} \right)$$
$$= g\sqrt{-1} \sum_{k \notin \{i,j\}} \left(\frac{1}{(x_i - x_k)^2} - \frac{1}{(x_k - x_j)^2} \right)$$
$$= g\sqrt{-1} \Big(\sum_{k \neq i} \frac{1}{(x_i - x_k)^2} - \sum_{k \neq j} \frac{1}{(x_j - x_k)^2} \Big).$$

Ceci conduit à prendre :

$$M_{ij} = \begin{cases} \dfrac{1}{2} g\sqrt{-1} \displaystyle\sum_{k \neq i} \frac{1}{(x_i - x_k)^2} & \text{si} \quad i = j\,, \\ -\dfrac{g\sqrt{-1}}{(x_i - x_j)^2} & \text{si} \quad i \neq j\,. \end{cases}$$

3) Si $\lambda = 0$, on vérifie facilement que $\operatorname{Tr}(L^2) = 2H$. Ceci montre déjà que $\operatorname{Tr}(L^2)$ est une intégrale première. La relation *ii)* de $(*)$ donne $\dfrac{dL}{dt} = [L, M]$; on vérifie alors par récurrence que, pour tout entier k positif, $\dfrac{d^k L}{dt^k} = [L^k, M]$. Il suffit d'observer que $[L^{k+1}, M] = L[L^k, M] + [L, M]L^k$, relation qui permet immédiatement de passer du rang k au rang suivant. Comme la trace d'un commutateur est toujours nulle, on a, pour tout entier $k \geq 1$, $\dfrac{d}{dt} \operatorname{Tr}\big(L^k\big) = 0$, ce qui montre que les fonctions $\operatorname{Tr}\big(L^k\big)$ sont des intégrales premières de H.

4) L'identité $W W^{-1} = \mathrm{Id}$ donne (le symbole $'$ désignant ici la dérivation par rapport au temps), $W'W^{-1} + W\big(W^{-1}\big)' = 0$, soit

$$\big(W^{-1}\big)' = -W^{-1} W' W^{-1} = -M W^{-1}.$$

Un simple calcul donne alors

$$\mathfrak{X}' = WMXW^{-1} + WX'W^{-1} + WX\big(W^{-1}\big)'$$
$$= WMXW^{-1} + WX'W^{-1} - WXMW^{-1} = W\big([M, X] + X'\big)W^{-1}$$
$$= WLW^{-1} = \mathfrak{L}.$$

Un calcul analogue donne $\mathfrak{L} = -\lambda^2 \mathfrak{X}$. Il en résulte que les deux matrices $\mathfrak{X}$ et $\mathfrak{L}$ sont solutions de l'équation différentielle $\mathfrak{X}'' + \lambda^2 \mathfrak{X} = 0$, ce qui montre que

$$\mathfrak{X}(t) = \mathfrak{X}(0) \cos\big(\lambda t\big) + \frac{1}{\lambda} \dot{\mathfrak{X}}(0) \sin\big(\lambda t\big)\,.$$

5) Les matrices $\mathfrak{X} = WXW^{-1}$ et X ont mêmes valeurs propres ; les solutions du système dynamique initial sont donc toutes de période $\dfrac{2\pi}{\lambda}\cdot$

Chapitre VIII : Systèmes lagrangiens.

Exercice VIII.1

1) Soit γ une courbe intégrale du lagrangien L ; on a, le long de γ,

$$\begin{aligned}\frac{dW}{dt} &= \ddot{x}\,\frac{\partial L}{\partial \dot{x}} + \dot{x}\frac{d}{dt}\Big(\frac{\partial L}{\partial \dot{x}}\Big) - \dot{x}\,\frac{\partial L}{\partial x} - \ddot{x}\,\frac{\partial L}{\partial \dot{x}} + \ddot{y}\,\frac{\partial L}{\partial \dot{y}} + \dot{y}\frac{d}{dt}\Big(\frac{\partial L}{\partial \dot{y}}\Big) - \dot{y}\,\frac{\partial L}{\partial y} - \ddot{y}\,\frac{\partial L}{\partial \dot{y}}\\ &= \dot{x}\Big(\frac{d}{dt}\Big(\frac{\partial L}{\partial \dot{x}}\Big) - \frac{\partial L}{\partial x}\Big) + \dot{y}\Big(\frac{d}{dt}\Big(\frac{\partial L}{\partial \dot{y}}\Big) - \frac{\partial L}{\partial y}\Big)\end{aligned}$$

qui est donc nul, car les équations de Lagrange sont vérifiées sur γ, d'où la conclusion.

2) Sur une orbite $y = y(x)$, on a $\dot{y} = y'\,\dot{x}$ (y' est la dérivée par rapport à x). La constante $W = h$ s'écrit

$$W = \frac{1}{2}m(\dot{x}^2 + \dot{y}^2) - U(x,y) = \frac{1}{2}m\dot{x}^2(1 + y'^2) - U(x,y)$$

d'où, en choisissant le sens de parcours selon les x croissant avec le temps, $dt = \sqrt{\dfrac{\frac{1}{2}m(1+y'^2)}{U(x,y)+h}}\,dx$ et, pour le temps de parcours entre les points d'abscisse x_0 et x_1, l'expression

$$T = \int_{x_0}^{x_1} \sqrt{\frac{\frac{1}{2}m(1+y'^2)}{U(x,y)+h}}\,dx\,.$$

Exercice VIII.2

Les équations de Lagrange s'écrivent :

$$\frac{d}{dt}\,\frac{\partial L}{\partial \dot{x}_k} - \frac{\partial L}{\partial x_k} = \frac{d}{dt}\sum_j T_{kj}(\underline{x})\dot{x}_j - \frac{1}{2}\sum_{i,j}\frac{\partial T_{ij}}{\partial x_k}\,\dot{x}_i\dot{x}_j - \frac{\partial U}{\partial x_k} \qquad (1 \le k \le n)$$

ce qui équivaut à :

$$\sum_j T_{kj}(\underline{x})\ddot{x}_j + \sum_{i,j}\Big(\frac{\partial T_{kj}}{\partial x_i} - \frac{1}{2}\,\frac{\partial T_{ij}}{\partial x_k}\Big)\dot{x}_i\dot{x}_j = \frac{\partial U}{\partial x_k}\,.$$

Exercice VIII.3

1) On a, sur toute courbe intégrale du lagrangien L :

$$\frac{d}{dt}L(\underline{x}(t),\underline{\dot{x}}(t)) = \sum_i\Big(\dot{x}_i\,\frac{\partial L}{\partial x_i} + \ddot{x}_i\,\frac{\partial L}{\partial \dot{x}_i}\Big) = \sum_i\Big(\Big(\frac{\partial L}{\partial x_i} - \frac{d}{dt}\,\frac{\partial L}{\partial \dot{x}_i}\Big)\dot{x}_i + \frac{d}{dt}\Big(\frac{\partial L}{\partial \dot{x}_i}\,\dot{x}_i\Big)\Big)$$

si bien que les équations de Lagrange donnent :

$$\frac{d}{dt}L(\underline{x}(t),\underline{\dot{x}}(t)) = \sum_i \frac{d}{dt}\Big(\frac{\partial L}{\partial \dot{x}_i}\,\dot{x}_i\Big).$$

Le polynôme $y \mapsto L(x,y)$ est homogène et de degré 2, donc $\displaystyle\sum_i \dot{x}_i\,\frac{\partial L}{\partial \dot{x}_i} = 2L$.

On obtient en définitive $\dfrac{d}{dt}\Big(L(x(t),\dot{x}(t))\Big) = 0$: L est constant sur toute courbe intégrale du mouvement.

2) Le long d'une courbe intégrale de L on a :

$$\frac{d}{dt}\Big(\frac{\partial\sqrt{L}}{\partial\dot{x}_i}\Big)-\frac{\partial\sqrt{L}}{\partial x_i}=\frac{d}{dt}\Big(\frac{1}{2\sqrt{L}}\frac{\partial L}{\partial\dot{x}_i}\Big)-\frac{1}{2\sqrt{L}}\frac{\partial L}{\partial x_i}$$
$$=-\frac{1}{4L^{3/2}}\frac{dL}{dt}\cdot\frac{\partial L}{\partial\dot{x}_i}+\frac{1}{2\sqrt{L}}\Big(\frac{d}{dt}\frac{\partial L}{\partial\dot{x}_i}-\frac{\partial L}{\partial x_i}\Big)=0$$

d'après la question précédente. La courbe est donc aussi courbe intégrale de $\sqrt{L}$.

Exercice VIII.4

1) D'après l'expression du lagrangien, on a :

$$\frac{d}{dt}\Big(\frac{\partial L}{\partial v_i}\Big)-\frac{\partial L}{\partial q_i}=m_i\frac{dv_i}{dt}+\frac{\partial U}{\partial q_i}\qquad(1\leq i\leq N)$$

et les équations de Lagrange donnent exactement les équations de Newton. En notant $p_i=m_i\,v_i$ l'impulsion du $i^{\text{ème}}$ point matériel, on obtient le système

$$\frac{dq_i}{dt}=\frac{p_i}{m_i}\,,\quad\frac{dp_i}{dt}=-\frac{\partial U}{\partial q_i}\qquad(1\leq i\leq N)$$

qui est un système hamiltonien d'hamiltonien $H(p,q)=\dfrac{1}{2}\displaystyle\sum_{i=1}^{N}\frac{p_i^2}{m_i}+U(q)\,.$

2) Comme $L=T-U$, on voit que les mouvements du système sont donnés par les extrémales d'action $\displaystyle\int(T-U)$.

Exercice VIII.5

1) Si, comme il est raisonnable de le faire, on oriente l'axe vertical des z selon les altitudes (ou cotes) croissantes, l'énergie totale du système s'écrit :

$$E(x,z,\dot{x},\dot{z})=\frac{1}{2}m\big(\dot{x}^2+\dot{z}^2\big)+mgz$$

l'accélération g de la pesanteur étant évidemment supposée constante. Si l'on place la cote z initiale en 0, et si la vitesse initiale est également nulle, cette constante du mouvement est nulle. Si l'on représente la courbe cherchée par son équation $x(z)$, on a $2gz=-\big(1+x'(z)^2\big)\dot{z}^2$ d'où l'expression suivante pour le temps de parcours entre les cotes 0 et z_2 :

$$I(x)=\int_0^{z_2}\sqrt{\frac{1+x'^2(z)}{-2gz}}\,dz\,.$$

2) L'équation de Lagrange de ce problème d'optimisation est simple, puisque seule la fonction dérivée x' apparaît sous le signe $\int$. Elle s'écrit $\dfrac{\partial}{\partial x'}\sqrt{\dfrac{1+x'(z)^2}{2gz}}=c$ (une constante), soit $-2c^2gz=\dfrac{x'^2}{1+x'^2}\cdot$

Cette expression suggère de poser $z = -a\sin^2\theta$ avec $a = \dfrac{1}{2gc^2}$, auquel cas, on a $x' = -\tan\theta$ (en choisissant un arc de courbe où x croît quand z décroît). Il en résulte que

$$dx = -\tan\theta\, dz = 2a\sin^2\theta\, d\theta = a(1-\cos 2\theta)\, d\theta\,,$$

donc $x = \frac{1}{2}a(2\theta - \sin 2\theta)$. On obtient en définitive l'équation paramétrique de la courbe solution :

$$x(\theta) = \frac{1}{2}a(2\theta - \sin 2\theta) \qquad z(t) = -\frac{1}{2}a(1-\cos 2\theta)$$

qui est un arc de cycloïde.

Bien entendu, le problème n'a de solution que si le point p_2 est en-dessous du point p_1 ($z_2 < 0$ avec les choix effectués) ; une facile étude de variation de fonction montre que pour tout point (x_2, z_2) avec $z_2 < 0$, il existe un unique arc de cycloïde joignant l'origine (le point p_1) à p_2. Ceci donne la solution au problème posé. Encore faut-il que le point matériel puisse passer en dessous de la cote du point p_2. S'il existe une contrainte supplémentaire du type $z + b \geq 0$ au cours du mouvement (par exemple parce qu' un sol dur existe au niveau $z = -b$), le problème se complique sérieusement.

Exercice VIII.6

1) La surface de révolution est représentée, en coordonnées cylindriques, par la fonction :

$$(r,\theta) \mapsto X(r,\theta) \qquad \text{où} \qquad X(r,\theta) = \begin{pmatrix} r\cos\theta \\ r\sin\theta \\ z(r) \end{pmatrix} \qquad \text{avec } r_1 \leq r \leq r_2\,.$$

Les vecteurs tangents $X_r = \begin{pmatrix} \cos\theta \\ \sin\theta \\ z' \end{pmatrix}$ et $X_\theta = r\begin{pmatrix} -\sin\theta \\ \cos\theta \\ 0 \end{pmatrix}$ sont orthogonaux, donc l'élément d'aire est $d\sigma = r\sqrt{1+z'^2}\, dr\, d\theta$. On a donc, pour l'aire cherchée, l'écriture :

$$\mathcal{A} = \iint_{\substack{r_1 \leq r \leq r_2 \\ 0 \leq \theta \leq 2\pi}} r\sqrt{1+z'^2}\, dr\, d\theta = 2\pi \int_{r_1}^{r_2} \sqrt{1+z'^2(r)}\, r\, dr\,.$$

2) L'équation d'Euler–Lagrange de ce problème variationnel est simple (la fonction z ne figure pas dans la fonction intégrée) : $\dfrac{d}{dr}\dfrac{rz'(r)}{\sqrt{1+z'^2(r)}} = 0$ donc $\alpha r z' = \sqrt{1+z'^2(r)}$ où $\alpha > 0$ est une constante. Il en résulte que $1 = ((\alpha r)^2 - 1)z'^2$, ce qui impose $\alpha r \geq 1$. Cette équation s'écrit aussi $r'^2 = (\alpha r)^2 - 1$ soit $r' = \varepsilon\sqrt{(\alpha r)^2 - 1}$, avec $\varepsilon = \pm 1$ sur tout intervalle où r' ne s'annule pas. On pose alors $\alpha r = \operatorname{ch}\varphi$, d'où $\alpha dr = \operatorname{sh}\varphi\, d\varphi = \varepsilon\alpha \operatorname{sh}\varphi\, dz$ donc $\alpha dz = \varepsilon\, d\varphi$. On obtient en définitive $z = z_0 + \varepsilon\dfrac{\varphi}{\alpha}$, donc une portion de chaînette $r(z) = \dfrac{1}{\alpha}\operatorname{ch}\alpha(z - z_0)$. (On voit que le résultat final ne dépend pas de ε.)

L'équation d'Euler–Lagrange ne donne qu'une condition nécessaire pour que cette courbe corresponde à un minimum de l'aire latérale. Encore faut-il que ce minimum existe (dans l'ensemble des arcs de classe $\mathcal{C}^1$ joignant deux points de la section méridienne). Il faut aussi s'assurer de l'existence d'un arc de chaînette joignant ces deux points. Cette dernière condition n'est pas toujours réalisée, comme le montre l'étude qui suit.

On se place dans le cas particulier (qui illustre bien le cas général) où les deux points de la section méridienne sont $A_+ = (a, 1)$ et $A_- = (a, -1)$ (avec $a > 0$). Il est alors immédiat que si l'arc de chaînette $r(z) = \dfrac{1}{\alpha}\operatorname{ch}\alpha(z - z_0)$ joint les deux points, nécessairement $z_0 = 0$ et donc $a = \dfrac{\operatorname{ch}\alpha}{\alpha}\cdot$ Cette équation permet de déterminer α **à condition** que a soit au moins égal au minimum (sur $]0, +\infty[$ de la fonction $t \mapsto \operatorname{ch}(t)/t$. Une facile étude de fonction montre que cette condition est réalisée si $a \geq \operatorname{sh}(\xi)$, le réel ξ étant l'unique solution positive de l'équation $\xi \operatorname{th}\xi = 1$. Une bonne approximation numérique de ξ est $1,199\,679$, qui donne la valeur minimale $a_m \simeq 1,508\,880$ pour a. Il faut aussi remarquer que cette équation fournit **deux** solutions pour α, ce qui oblige à comparer les résultats obtenus pour ces deux valeurs.

Mais alors, quelle courbe donne le minimum (supposé exister) de l'aire latérale si $a \leq a_m$? Il est assez facile de voir qu'alors l'aire latérale est aussi proche que l'on veut de l'aire des deux disques (circulaires) parallèles décrits par les points A_+ et A_-, à savoir $D = 2\pi a^2$. Cet argument reste valable même si $a \geq a_m$, ce qui indique que la chaînette ne peut donner un minimum que si l'aire $\mathcal{A}(\alpha)$ correspondante est majorée par D. Cette aire se calcule aisément :

$$\mathcal{A}(\alpha) = 2\pi \int_{-1}^{1} r(z)\sqrt{1 + r'^2(z)}\,dz = \frac{4\pi}{\alpha}\int_0^1 \operatorname{ch}^2(\alpha z)\,dz = \frac{2\pi}{\alpha}\Big(1 + \frac{2\operatorname{sh}(2\alpha)}{2\alpha}\Big)\cdot$$

La solution de type chaînette n'est donc à retenir que si $\mathcal{A}(\alpha) < D$, soit $\alpha + \operatorname{sh}\alpha \operatorname{ch}\alpha < \operatorname{ch}^2\alpha$ ou $\operatorname{ch}\alpha > \alpha e^{\alpha}$. Par une technique élémentaire de variations de fonctions, on trouve que cette condition est réalisée si et seulement si $\alpha > \alpha_0$, le réel α_0 étant la racine (positive) de la fonction $t \mapsto \operatorname{ch} t - te^t$. On vérifie alors que $\alpha_0 < \xi$. On obtient, pour approximations numériques de α_0 et de la valeur a_0 correspondante :

$$\alpha_0 \simeq 0,639\,232\ , \qquad a_0 \simeq 1,895\,025\ .$$

En définitive, si $a \geq a_0$, il existe une unique valeur de $\alpha \in]0, \alpha_0[$ telle que $a = \dfrac{\operatorname{ch}\alpha}{\alpha}$, donnant un arc de chaînette joignant les deux points A_+ et A_- et donnant una aire latérale $\mathcal{A}(\alpha)$ extrémale (on admet, pour des raisons géométriques qu'elle est minimale). Sinon, l'aire minimale est $2\pi a^2$, bien que le terme d'aire latérale de la courbe correspondante (trois segments de droite, deux "horizontaux" et la portion $[-1, 1]$ de l'axe Oz) nécessite un abus de langage.

Exercice VIII.7

1) La surface S est la nappe : $(r,\varphi) \mapsto X(r,\varphi) = \begin{pmatrix} r\cos\varphi \\ r\sin\varphi \\ z(r) \end{pmatrix}$. On a :

$$X_r = \begin{pmatrix} \cos\varphi \\ \sin\varphi \\ z'(r) \end{pmatrix}, \quad X_\varphi = r\begin{pmatrix} -\sin\varphi \\ \cos\varphi \\ 0 \end{pmatrix} \quad \text{donc} \quad X_r \wedge X_\varphi = r\begin{pmatrix} -z'(r)\cos\varphi \\ -z'(r)\sin\varphi \\ 1 \end{pmatrix}$$

n'est jamais nul sur S. La fonction X est donc de rang 2 sur un voisinage ouvert de S qui est donc une sous-variété de $\mathbb{R}^3$.

Comme $\langle X_r, X_\varphi\rangle = 0$, on a : $ds^2 = \big(1 + z'^2(r)\big) + r^2\, d\varphi^2$. Or

$$\begin{aligned} z'(r) &= -\frac{r}{\sqrt{1-r^2}} + \frac{1}{r} + \frac{1}{1+\sqrt{1-r^2}} \cdot \frac{r}{\sqrt{1-r^2}} \\ &= \frac{1}{r} - \frac{r}{1+\sqrt{1-r^2}} = \frac{1-r^2+\sqrt{1-r^2}}{r(1+\sqrt{1-r^2})} = \frac{1}{r}\sqrt{1-r^2} \end{aligned}$$

donc :

$$ds^2 = \frac{1}{r^2}\, dr^2 + r^2\, d\varphi^2 .$$

On a tout de suite, en les variables ρ et φ :

$$ds^2 = \frac{1}{\rho^2}\big(d\rho^2 + d\varphi^2\big) .$$

2) Soit $\varphi = f(\rho)$ une courbe qui minimise la distance entre deux points $\varphi_1 = f(\rho_1)$ et $\varphi_2 = f(\rho_2)$. Elle rend l'intégrale

$$\int_{\rho_1}^{\rho_2} \frac{ds}{d\rho} = \int_{\rho_1}^{\rho_2} \frac{ds}{d\rho}\frac{1}{\rho}\sqrt{1+\varphi'^2(\rho)}\, d\rho$$

extrémale, donc vérifie nécessairement l'équation d'Euler–Lagrange de ce problème variationnel. Cette dernière équation est ici particulièrement simple :

$$\frac{d}{d\rho}\left(\frac{\varphi'}{\rho\sqrt{1+\varphi'^2}}\right) = 0 \qquad \text{soit} \qquad \frac{\varphi'}{\rho\sqrt{1+\varphi'^2}} = \mathrm{C}^{te} .$$

Si cette constante est nulle, la fonction φ est constante et la courbe cherchée est une section méridienne (c'est une solution si $\varphi_1 = \varphi_2$). Sinon, il existe $c \in \mathbb{R}$ tel que : $\dfrac{c\varphi'}{\sqrt{1+\varphi'^2}} = \rho$, ce qui impose $\rho \leq \|c\|$, donc $1 \leq \rho \leq |c|$. Il vient alors $(c^2-\rho^2)\varphi'^2 = \rho^2$ ou $d\varphi = \dfrac{\varepsilon\rho\, d\rho}{\sqrt{c^2-\rho^2}}$ avec $\varepsilon = \pm 1$ sur tout intervalle (en ρ) sur lequel φ' ne s'annule pas. Il existe donc φ_0 tel que $\varphi - \varphi_0 = -\varepsilon\sqrt{c^2-\rho^2}$, ce qui donne, indépendamment du signe de ε,

$$\rho^2 + \big(\varphi - \varphi_0\big)^2 = c^2 .$$

Les géodésiques non section méridienne sont, dans le plan (ρ, φ) portées par des cercles centrés sur l'axe des φ et de rayon > 1 (si $c = 1$, la courbe se réduit au point $\rho = 1$, $\varphi = \varphi_0$).
3) Revenant à la variable r, on peut écrire les courbes ainsi obtenues sous la forme :

$$r(\varphi) = \frac{1}{\sqrt{c^2 - (\varphi - \varphi_0)^2}}\,.$$

Partant du point $P = (1, 0, 0,)$, on a, en ce point, $r = 1$ et $\varphi = 0$, donc $c^2 - \varphi_0^2 = 1$, d'où $c^2 - (\varphi - \varphi_0)^2 = 1 + \varphi(2\varphi_0 - \varphi)$, ce qui donne pour domaine de variation de φ l'intervalle $[0, 2\varphi_0]$ (car $0 < r \leq 1$). On a donc, parmi les solutions de l'équation d'Euler-Lagrange, en plus de la section méridienne $\big(x, 0, z(x)\big)$ $\quad (0 < x \leq 1)$, les courbes :

$$r(\varphi) = \frac{1}{\sqrt{1 + \varphi(2\varphi_0 - \varphi)}}\,.$$

C'est une famille de courbe dépendant d'un paramètre réel φ_0.

On observe que $r(2\varphi_0 - \varphi) = r(\varphi)$, ce qui donne une symétrie de la courbe par rapport au plan de latitude φ_0. À l'intersection avec ce plan, r est minimal et vaut : $\dfrac{1}{\sqrt{1 + \varphi_0^2}}\,.$
Sur $[0, \varphi_0]$ (resp. $[\varphi_0, 2\varphi_0]$), r est strictement décroissante (resp. croissante). Pour $\varphi = 2\varphi_0$, r retrouve la valeur 1, donc la courbe atteint le cercle Γ au point :

$$Q = \big(\cos 2\varphi_0, \sin 2\varphi_0, 0\big)\,.$$

Si l'on se donne $Q \in \Gamma$ et $Q \neq P$, il existe une infinité de courbes du type précédent joignant ces deux points, correspondant à l'infinité d'angle φ_0 déterminant le point Q (ils sont égaux modulo π). Il est géométriquement évident que toutes les courbes ainsi obtenues ne peuvent réaliser le minimum de la distance, comptée sur S, entre les points P et Q. Une seule de ces courbes (deux, symétriques, si P et Q sont diamétralement opposés) minimisent cette distance.

On peut, au demeurant, exprimer la longueur ℓ de l'arc de courbe $\overset{\frown}{PQ}$ en fonction de φ_0. En effet, le long d'une courbe $\rho^2 + (\varphi - \varphi_0)^2 = c^2 = 1 + \varphi_0^2$, on a :

$$\Big(\frac{ds}{d\varphi}\Big)^2 = \frac{1}{\rho^2}\Big(1 + \big(\frac{d\rho}{d\varphi}\big)^2\Big) = \frac{1}{\rho^2}\Big(1 + \frac{(\varphi - \varphi_0)^2}{\rho^2}\Big) = \frac{c^2}{\rho^4}\,.$$

Comme $\dfrac{ds}{d\varphi}$ est de signe constant (par exemple positif), il vient $\dfrac{ds}{d\varphi} = \dfrac{c}{\rho^2}$, donc :

$$\begin{aligned}
\ell &= \int_0^{2\varphi_0} \frac{c\,d\varphi}{c^2 - (\varphi - \varphi_0)^2} = \int_0^{\varphi_0} \frac{2c d\varphi}{c^2 - (\varphi - \varphi_0)^2} \\
&= \int_0^{\varphi_0} \Big(\frac{1}{c - (\varphi - \varphi_0)} + \frac{1}{c + (\varphi - \varphi_0)}\Big)\, d\varphi = \ln\Big(\frac{c}{c - \varphi_0} - \frac{c}{c + \varphi_0}\Big) \\
&= \ln\Big(2\varphi_0 \sqrt{1 + \varphi_0^2}\Big)
\end{aligned}$$

(on a supposé $\varphi_0 > 0$; si $\varphi_0 < 0$, la longueur est la même, mais c'est $|\varphi_0|$ qui intervient). Il est clair que c'est la plus petite solution φ_0 (en valeur absolue) de l'équation $Q = \big(\cos 2\varphi_0, \sin 2\varphi_0, 0\big)$ qui conduit à la véritable géodésique, les autres courbes étant des "géodésiques géométriques", c'est-à-dire des courbes dont le plan osculateur est normal à la surface ou encore de courbure géodésique nulle.

Chapitre IX : Variétés différentiables.

Exercice IX.1

1) En tout point (x, y, z) de la sphère S^2, d'équation $F(x, y, z) = x^2+y^2+z^2 = R^2$, la différentielle de F

$$dF = 2\big(x\,dx + y\,dy + z\,dz\big)$$

est non nulle, puisque x, y et z ne peuvent être simultanément nuls. L'application linéaire tangente à F au point (x, y, z) est de rang 1, donc $F^{-1}(0)$ est une sous-variété de $\mathbb{R}^3$ de dimension $3 - 1 = 2$.

2) L'image $\pi(U^+)$ de U^+ par la projection π est évidemment le disque ouvert $\{x^2 + y^2 < R^2\}$ de $\mathbb{R}^2$. Si (X, Y) est un point de ce disque, il possède l'antécédent unique $\big(X, Y, \sqrt{R^2 - X^2 - Y^2}\big)$. Il est clair que $\pi\big|_{U^+}$ est un difféomorphisme de classe $\mathcal{C}^\infty$. Il en va de même pour $\pi\big|_{U^-}$, donc $\left(U^+, \pi\big|_{U^+}\right)$ et $\left(U^-, \pi\big|_{U^-}\right)$ sont des cartes admissibles de S^2 ; mais ces cartes ne recouvrent pas S^2.

3) Soit $M = (x, y, z)$ un point de S^2 distinct du pôle nord N ($z < R$). On lui associe le point (X, Y) du plan $z = 0$ tel que

$$\frac{X}{x} = \frac{Y}{y} = \frac{R}{R - z}$$

donc : $X = \dfrac{Rx}{R - z}$ et $Y = \dfrac{Ry}{R - z}\cdot$ Il est manifeste que X et Y sont des fonctions de classe $\mathcal{C}^\infty$ de x, y et z (on a $z < R$). L'inversion des formules précédentes est aisée et donne :

$$z = R\frac{X^2 + Y^2 - R^2}{X^2 + Y^2 + R^2} \quad \text{puis } x = 2R^2\frac{X}{X^2 + Y^2 + R^2} \text{ et } y = 2R^2\frac{Y}{X^2 + Y^2 + R^2}\cdot$$

Ces formules montrent clairement que ψ et ψ^{-1} sont de classe $\mathcal{C}^\infty$. La même démonstration vaut pour χ. Les cartes $\big(S^2 \setminus \{N\}, \psi\big)$ et $\big(S^2 \setminus \{S\}, \chi\big)$ sont admissibles et constituent un autre atlas de S^2.

Si $(X, Y) = \psi(x, y, z)$ et $(X', Y') = \chi(x, y, z)$, on a $X = \dfrac{Rx}{R - z}$ et $X' = \dfrac{Rx}{R + z}$, donc $X' = X\dfrac{R - z}{R + z} = X\dfrac{R^2}{X^2 + Y^2}\cdot$ De même, $Y' = X\dfrac{R - z}{R + z} = Y\dfrac{R^2}{X^2 + Y^2}$, ce qui donne les formules de changement de carte.

3) Soit $\alpha(t)$ un chemin continu reliant deux points p et q de $U_\psi \cap U_\varphi$ (on convient que $\alpha(0) = p$, $\alpha(1) = q$). Le déterminant J de la matrice jacobienne de $\psi \circ \varphi^{-1}$ ne s'annule pas sur $\varphi(U_\psi \cap U_\varphi)$; la fonction continue $J\Big(\varphi\big(\alpha(t)\big)\Big)$ ne s'annule donc

pas sur $[0,1]$ et, par le théorème de la valeur intermédiaire, est de signe constant. Comme $U_\psi \cap U_\varphi$ est supposé connexe par arc, on voit que la fonction J est de signe constant sur $\varphi(U_\psi \cap U_\varphi)$.

On vient de voir que la sphère S_2 est munie d'un atlas constitué des deux cartes de projection stéréographique. L'intersection des deux cartes est la sphère privée des deux pôles N et S qui est connexe par arc (deux points de la sphère étant donnés, on peut les joindre par déplacement le long de méridiens et parallèles sans passer par les pôles). La fonction J est donc de signe constant, par exemple positif en prenant les composantes ψ_1 et ψ_2 dans un ordre convenable.

Exercice IX.2

1) Les applications p_1 et p_2 sont des bijections, et les deux couples $\big(p_i(U_i), p_i^{-1}\big)$ $(i = 1, 2)$ constituent un atlas de M. L'ensemble M est donc muni d'une structure de variété différentiable de classe $\mathcal{C}^\infty$.

La relation d'équivalence donnée dans l'énoncé correspond à la réalisation “pratique” d'une bande de Möbius ; on prend une bande de papier de longueur 8 (de largeur non déterminée mais faible pour pouvoir réaliser l'opération, 1/10 par exemple) et l'on recolle sur une longueur de 1 les extrémités de la bande après avoir fait subir une rotation de 180 degrés à l'une de ces extrémités.

2) Le changement de carte $p_2 \circ p_1^{-1}$ se traduit par la fonction

$$(x,y) \mapsto \begin{cases} (x' = x, y' = y) & \text{si} \quad |x| < 2\,, \\ (x' = x+7, y' = -y) & \text{si} \quad x < -3\,. \end{cases}$$

Son jacobien n'étant pas de signe constant, la bande de Möbius n'est pas orientable (voir la figure IX.1 en p. 116).

Exercice IX.3

1) Pour tout entier k $(1 \leq k \leq n+1)$, soit U_k l'ensemble des points de $\mathbb{P}_n(\mathbb{R})$ dont un représentant est un point de $\mathbb{R}^{n+1} \setminus \{0\}$ tel que $x_k \neq 0$. Alors

$$\psi^{-1}(U_k) = \{x = (x_1, \ldots, x_{n+1}) \in \mathbb{R}^{n+1} \setminus \{0\};\, x_k \neq 0\}$$

est un ouvert de $\mathbb{R}^{n+1}$, donc U_k est un ouvert de $\mathbb{P}_n(\mathbb{R})$ (qui est muni de la topolgie la plus fine rendant π continue). On a $\displaystyle\bigcup_{k=1}^{n} U_k = \mathbb{P}_n(\mathbb{R})$.

Soit φ_k l'application de U_k dans $\mathbb{R}^n$ définie par

$$\varphi_k(x) = \Big(\frac{x_1}{x_k}, \ldots, \frac{x_{k-1}}{x_k}, \frac{x_{k+1}}{x_k}, \ldots, \frac{x_{n+1}}{x_k}\Big)$$

où $(x_1, \ldots, x_{n+1})$ est un représentant de x. L'application φ_k est bijective de U_k sur $\mathbb{R}^n$ et continue pour la topologie quotient car $\varphi_k \circ \pi$ est continue sur $\pi^{-1}(U_k)$. L'application inverse est parfaitement définie par

$$\varphi_k^{-1}(y_1, \ldots, y_n) = (y_1, \ldots, 1, \ldots, y_n)$$

où la coordonnée 1 est placée en k-ème position. Il est manifeste que φ_k^{-1} est continue. On a donc définit un atlas topologique $\big(U_k, \varphi_k\big)$ $(1 \leq k \leq n)$ de $\mathbb{P}_n(\mathbb{R})$.

On vérifie maintenant que les applications de changement de carte $\varphi_i \circ \varphi_j^{-1}$ sont différentiables. Pour simplifier l'écriture, on considère le cas $i = 1$ et $j = 2$. L'ensemble $\varphi_1^{-1}(y_1, \ldots, y_n)$ est la classe d'équivalence de $(1, y_1, \ldots, y_n)$ donc

$$\varphi_1(U_1 \cap U_2) = \{(y_1, \ldots, y_n) \in \mathbb{R}^n;\ y_1 \neq 0\}.$$

Alors $\varphi_2 \circ \varphi_1^{-1} : \varphi_1(U_1 \cap U_2) \to \varphi_2(U_1 \cap U_2)$ est définie par

$$(y_1, \ldots, y_n) \mapsto \left(\frac{1}{y_1}, \frac{y_2}{y_1}, \ldots, \frac{y_n}{y_1}\right)$$

qui est de classe $\mathcal{C}^\infty$ puisque $y_1 \neq 0$. On a donc montré que $\mathbb{P}_n(\mathbb{R})$ est une variété différentiable de classe $\mathcal{C}^\infty$ (c'est même une variété algébrique, car les changements de carte s'exprime par des fractions rationnelles).

2) On peut identifier le cercle S_1 au quotient $\mathbb{R}/2\pi\mathbb{Z}$ des angles de vecteurs ; la droite projective réelle $\mathbb{P}_1(\mathbb{R})$ est le quotient $\mathbb{R}/\pi\mathbb{Z}$, espace des angles de droites. L'application $\theta \mapsto 2\theta$ de $\mathbb{R}$ dans lui-même induit un difféomorphisme f de $\mathbb{P}_1(\mathbb{R})$ sur S_1. On a le diagramme :

$$\begin{array}{ccc} \mathbb{R} & \xrightarrow{\ \theta\ } & \mathbb{R} \\ \downarrow & & \downarrow \\ \mathbb{P}_1(\mathbb{R}) = \mathbb{R}/\pi\mathbb{Z} & \xrightarrow{\ f\ } & S_1 = \mathbb{R}/2\pi\mathbb{Z} \end{array}$$

3) On montre que $\mathbb{P}_1(\mathbb{C})$ et S_2 sont tous deux difféomorphes au compactifié (d'Alexandrov) $S = \mathbb{C} \cup \{\infty\}$ du plan complexe.

L'espace $\mathbb{P}_1(\mathbb{C})$ peut être muni d'un atlas à deux cartes : (U_i, p_i) où

$$U_1 = \{(z_0, z_1);\ z_1 \neq 0\}, \qquad p_1(z_0, z_1) = \frac{z_0}{z_1} \in \mathbb{C},$$

$$U_2 = \{(z_0, z_1);\ z_0 \neq 0\}, \qquad p_2(z_0, z_1) = \frac{z_1}{z_0} \in \mathbb{C}.$$

L'application de changement de carte est l'involution définie sur $\mathbb{C}^*$ par $z \mapsto \dfrac{1}{z}$, qui est holomorphe, donc $\mathbb{C}$–différentiable. L'application s de $\mathbb{P}_1(\mathbb{C})$ sur S définie par :

$$s\big|_{U_1} - p_1\,, \qquad s(1, 0) = \infty$$

est le difféomorphisme cherché.

La sphère S_2, étudiée à l'exercice IX.1. peut être munie de l'atlas à deux cartes défini par les projections stéréographiques nord S_N et sud S_S : $(S_2 \setminus N, s_N)$ et $(S_2 \setminus S, s_S)$. Si $(x, y, z) \in S_2 \setminus N$, on a $s_N(x, y, z) = \left(\dfrac{x}{1-z}, \dfrac{y}{1-z}\right)$ et l'application $\sigma(x, y, z) = \dfrac{x + iy}{1 - z}$ définit un difféomorphisme de $S_2 \setminus N$ sur $\mathbb{C}$. L'application s, de S_2 sur S, définie par :

$$s\big|_{S_2 \setminus N} = \sigma \qquad \text{et} \qquad s(N) = \infty$$

est le difféomorphisme cherché.

Exercice IX.4

1) L'ensemble $G_1(\mathbb{R}^n)$ coïncide avec l'ensemble des droites vectorielles de $\mathbb{R}^n$, donc avec $\mathbb{P}_{n-1}(\mathbb{R}^n)$.

2) Soit X un élément de U_B et $(x_1, \ldots, x_k)$ sa base. La condition de l'énoncé se traduit par la relation $x_i - e_i \in V$ et $x_i \in X$, ce qui implique que x_i est la projection de e_i sur X parallèlement à V. La matrice M_X détermine donc le sous-espace vectoriel X.

Inversement, la donnée d'une matrice $M \in \mathcal{M}_{n-k,k}(\mathbb{R})$ détermine une matrice $\begin{pmatrix} I \\ M \end{pmatrix}$ dont les vecteurs colonnes sont indépendants et constituent une base de l'élément X de $G_k(\mathbb{R}^n)$ cherché.

3) Soit $(y_1, \ldots, y_k)$ une base quelconque d'un élément X de $G_k(\mathbb{R}^n)$ et $\begin{pmatrix} P \\ Q \end{pmatrix}$ la matrice des vecteurs y_i dans la base $B = (e_1, \ldots, e_n)$ (on a $P \in \mathcal{M}_{k,k}(\mathbb{R})$ et $Q \in \mathcal{M}_{n-k,k}(\mathbb{R})$). Pour que X soit supplémentaire de $V = \mathrm{Vect}(e_{k+1}, \ldots, e_n)$, il faut et il suffit que $\det(P) \neq 0$. La matrice $M_X = h_B(X)$ est alors définie par la relation :

$$\begin{pmatrix} I_k \\ M_X \end{pmatrix} = \begin{pmatrix} P \\ Q \end{pmatrix} P^{-1}.$$

On en déduit facilement que les ensembles de la forme $h_B(U_B \cap U_{B'})$ (où B et B' sont des bases de $\mathbb{R}^n$) sont des ouverts de $\mathbb{R}^n$ et que les changements de coordonnées sont rationnels.

Les cartes (U_B, h_B), où B parcourt l'ensemble des bases de $\mathbb{R}^n$ constituent donc un atlas de dimension $k(n-k)$ et de classe $\mathcal{C}^\infty$ sur $G_k(\mathbb{R}^n)$.

Exercice IX.5

1) Soit $\mathcal{C}$ une courbe tracée dans $V_{n,k}$:

$$\forall i, j \in [\![1, k]\!],\ \forall t \in [0, 1], \quad \sum_{s=1}^{n} x_{is}(t)\, x_{js}(t) = \delta_{ij}\,.$$

En dérivant cette relation en $t = 0$, il vient : $\xi_{ji} + \xi_{ij} = 0$. Le sous-espace vectoriel $T\,\mathcal{C}$ de $\mathbb{R}^{nk}$ est de dimension $nk - \frac{1}{2}k(k+1)$; f est donc de rang $\frac{1}{2}k(k+1)$.

2) Soit $(e_1, \ldots, e_k)$ et $(f_1, \ldots, f_k)$ deux éléments de $V_{n,k}$. Chacun de ces k–uplets de vecteurs orthonormés peut être complété en une base orthonormale de $\mathbb{R}^n$. On obtient ainsi deux bases orthonormées de $\mathbb{R}^n$:

$$(e_1, \ldots, e_k, \widetilde{e}_{k+1}, \ldots, \widetilde{e}_n) \qquad \text{et} \qquad (f_1, \ldots, f_k, \widetilde{f}_{k+1}, \ldots, \widetilde{f}_n)$$

Leurs matrices de passage, notées P_e et P_f relativement à la base canonique de $\mathbb{R}^n$, sont orthogonales et $P_e{}^t P_f \in \mathcal{O}(n, \mathbb{R})$.

Soit x_{ij} ($j \in [\![1, n]\!]$) les coordonnées de e_i et $y_{\ell j}$ ($j \in [\![1, n]\!]$) celles de f_ℓ. D'après les relations vérifiées par les les x_{ij} et les y_{ij} :

$$\forall \ell \in [\![1, k]\!] \quad P_\ell{}^t P_f f_\ell = P_\ell\, \delta_{i\ell} = e_\ell\,.$$

Deux éléments quelconques de $V_{n,k}$ sont donc toujours transformés l'un de l'autre par une transformation orthogonale.

Le groupe orthogonal $\mathcal{O}(n, \mathbb{R})$ opère donc transitivement sur $V_{n,k}$.

3) Tout élément x de $V_{n,k}$ est transformé de x_0 par un élément O_x de $\mathcal{O}(n,\mathbb{R})$, donc

$$\operatorname{rang} df(x) = \operatorname{rang} df\big(O_x(x_0)\big) = \operatorname{rang} df(x_0) = \frac{1}{2}k(k+1)\,.$$

La fonction f est donc une submersion de $\mathbb{R}^{nk}$ dans $\mathbb{R}^{\frac{1}{2}k(k+1)}$ au voisinage de tous les points de $V_{n,k}$.

4) D'après la proposition III.5 du cours, $V_{n,k}$ est une sous-variété de $\mathbb{R}^{nk}$, de dimension $nk - \frac{1}{2}k(k+1)$.

Exercice IX.6

D'après la formule de Stokes, $\displaystyle\int_{\partial D} \omega = \int_D d\omega$. Soit α et β les deux formes intervenant dans l'expression de ω ; on a :

$$\omega = v\alpha - u\beta \qquad dv \wedge \alpha = \Big(\frac{\partial v}{\partial x}\frac{\partial u}{\partial x} + \frac{\partial v}{\partial y}\frac{\partial u}{\partial y} + \frac{\partial v}{\partial z}\frac{\partial u}{\partial z}\Big) dx \wedge dy \wedge dz$$

$$dv \wedge \beta = dv \wedge \alpha \qquad d\alpha = \Delta u\, dx \wedge dy \wedge dz \qquad d\beta = \Delta v\, dx \wedge dy \wedge dz\,.$$

Par conséquent :

$$d\omega = \big(dv \wedge \alpha - du \wedge \beta\big) + \big(v\, d\alpha - u\, d\beta\big) = \big(v\Delta u - u\Delta v\big)\, dx \wedge dy \wedge dz$$

d'où le résultat.

Exercice IX.7

1) Le fait que $\displaystyle\int_{\partial B(0,\varepsilon)} \Omega$ ne dépend pas de ε résulte de l'homogenéité de Ω. On a donc :

$$\int_{\partial B(0,\varepsilon)} \Omega = \int_{\partial B(0,1)} \Omega = \int_{\partial B(0,1)} \sum_{j=1}^{n} (-1)^{j-1} x_j\, dx_1 \wedge \ldots \wedge \widehat{dx_j} \wedge \ldots \wedge dx_n\,.$$

La formule de Stokes donne :

$$\int_{\partial B(0,1)} \sum_{j=1}^{n} (-1)^{j-1} x_j\, dx_1 \wedge \ldots \wedge \widehat{dx_j} \wedge \ldots \wedge dx_n =$$

$$n \int_{B(0,1)} dx_1 \wedge \ldots \wedge dx_n = n \operatorname{vol}\big(B(0,1)\big)\,.$$

2) La formule de Stokes donne tout de suite le résultat car la $(n-1)$–forme Ω est fermée.

3) De la formule obtenue ci-dessus, il résulte, par changement de variable dans l'intégrale :

$$\int_{\partial B(0,R)} F^*\Omega = \sum_{j=1}^{N} \int_{\partial V_\varepsilon(M_j)} F^*\Omega = \sum_{j=1}^{N} \operatorname{sgn}\Big(J\big(F(M_j)\big)\Big) \int_{\partial B(M_j,\varepsilon)} \Omega$$

$$= C_n\big(N_+ - N_-\big).$$

4) L'intégrale $\displaystyle\int_\gamma F^*\Big(\frac{x\,dy - y\,dx}{x^2+y^2}\Big)$ représente la variation totale, le long de l'orbite périodique de F, de l'angle du champ de vecteur F (avec une direction fixe).

La formule générale obtenue dans les questions précédentes donne pour valeur de la variation totale $\displaystyle\int_\gamma F^*\Omega$ de cet angle l'expression

$$\int_\gamma F^*\Omega = 2\pi \sum_{j=1}^{N} \operatorname{sgn}\big(J(F)(p_j)\big)\,.$$

Chapitre X : Fibrés vectoriels.

Exercice X.1

Selon la définition donnée en X.7. on a : $\Phi_t^* X(x) = d\Phi_t\big(\Phi_{-t}(x)\big) X\big(\Phi_{-t}(x)\big)$.

D'après les propriétés de semi-groupe du flot, on a $\Phi_{t+s}^* = (\Phi_t\circ\Phi_s)^* = \Phi_t^*\circ\Phi_s^*$. Par conséquent :

$$Z = \frac{d}{dt}\Big(\Phi_t^* X(x)\Big) = \Phi_t^* \,\frac{d}{ds}\Phi_s^*\, X(x)\big|_{s=0}\,,$$

compte tenu de la définition du relevé $\Phi_s^* X$; comme Φ_t est le flot du champ de vecteur Y, on obtient, par dérivation composée :

$$\begin{aligned}
&\frac{d}{ds}\big(\Phi_s^* X(x)\big) = \\
&\qquad dY\big(\Phi_{-s}(x)\big)X\big(\Phi_{-s}(x)\big) + d^2\Phi_s\big(\Phi_{-s}(x)\big)\Big(-Y\big(\Phi_{-s}(x)\big), X\big(\Phi_{-s}(x)\big)\Big)\\
&\qquad + d\Phi_s\big(\Phi_{-s}(x)\big)\, dX\big(\Phi_{-s}(x)\big)\Big(-Y\big(\Phi_{-s}(x)\big)\Big)\,.
\end{aligned}$$

Comme $\Phi_s(x) = x$, on a $d\Phi_0(x) = \mathrm{Id}$, $d^2\Phi_0(x) = 0$, donc, en $s = 0$:

$$\frac{d}{ds}\Big(\Phi_s^* X(x)\Big) = dY(x)\,X(x) - dX(x)\,Y(x) = -\big[X,Y\big](x)$$

d'après la définition VI.16, donc $Z = -\Phi_t^*\big(\big[X,Y\big]\big)$ d'où le résultat.

Exercice X.2

1) (X,p,B) étant un fibré, l'application p est surjective et, d'après la définition d'un revêtement, p est un difféomorphisme local.

2) (i) On suppose p propre.

Soit $y\in B$: comme p est surjective, $p^{-1}(y)\neq\emptyset$; puisque p est propre, $p^{-1}(y)$ est compact et comme p est un revêtement $p^{-1}(y)$ est discret. Par conséquent $p^{-1}(y)$ est fini, donc $p^{-1}(y) = \{x_1,\dots,x_n\}$, n dépendant de y : $n = \operatorname{card}\big(p^{-1}(y)\big)$.

On montre que l'application $y\mapsto n(y)$ est localement constante en raisonnant par l'absurde : on suppose qu'il existe $y\in B$ tel que, pour tout voisinage V de y, il existe $y_V\in V$ vérifiant $n(y)\neq n(y_V)$. On prend des voisinages ouverts $U_1,\dots,U_n$ de $x_1,\dots,x_n\in p^{-1}(y)$ qui soient disjoints et sur chacun desquels p est un difféomorphisme. Pour $V \subset \bigcap_{i=1}^{n} p(U_i)$, on a nécessairement $n(y_V) \neq n(y)$, ce qui prouve qu'il existe une suite y_p de points de B convergeant vers y et qu'il existe pour chaque p, un point $z_p \in p^{-1}(y_p)$ vérifiant $z_p \notin U_1, \ldots, z_p \notin U_n$. Puisque la suite y_p converge vers y et que p est propre, on peut extraire de la suite (z_p) une sous suite convergente. Soit z sa limite : on a $f(z) = y$ et $z \neq x_1, \ldots, x_n$ ce qui est absurde. L'application n est donc localement constante sur B connexe et est, par suite, constante.

2) (ii)

Soit $y \in B$ et V un voisinage ouvert de y sur lequel l'application $z \mapsto n(z)$ est constante. L'ensemble fini $p^{-1}(y)$ peut se noter $\{x_1, \ldots, x_n\}$. Puisque X est séparé, on peut choisir des voisinages ouverts $U_1, \ldots, U_n$ de $x_1, \ldots, x_n$ qui soient disjoints et tel que $p|_{U_i}$ soit un difféomorphisme de U_i sur $p(U_i)$. L'ouvert

$$U_y = V \cap \Big(\bigcap_{i=1}^{n} p(U_i)\Big)$$

est un voisinage ouvert de y qui satisfait à la définition d'un revêtement. Un tel revêtement est propre puisque sa fibre est finie.

Exercice X.3

1.a) Soit $\left(\dfrac{\partial}{\partial x_i}, \dfrac{\partial}{\partial u_i}\right)$ $(i = 1, \ldots, n)$ une base de $T_{(x,0)}TM$.

On a $\Phi(x, v) = (x, \gamma_v(t))$, par conséquent

$$T\Phi\Big(\frac{\partial}{\partial x_i}\Big) = \Big(\frac{\partial}{\partial x_i}, \frac{\partial}{\partial u_i}\Big) \qquad \text{et} \qquad T\Phi\Big(\frac{\partial}{\partial u_i}\Big) = \Big(0, \frac{\partial}{\partial u_i}\Big)$$

puisque $\Phi(x, 0) = (x, x)$. La matrice jacobienne de Φ s'écrivant $\begin{pmatrix} \mathrm{Id} & 0 \\ \mathrm{Id} & \mathrm{Id} \end{pmatrix}$ est inversible. L'application Φ est donc un difféomorphisme local.

1.b) Par conséquent, pour tout $x \in M$, il existe un voisinage ouvert U de x dans M, et $\varepsilon > 0$ tel que, pour tout $y \in U$, il existe un unique vecteur v de T_yM tel que $\|v\| < \varepsilon$ et $\exp_x v = y$; de plus, l'application $v \mapsto \exp_x v$ est un difféomorphisme de $B\big((x, 0), \varepsilon\big)$ dans U.

2) Soit $(e_1, \ldots, e_n)$ une base, orthonormée pour g_x, de T_xM ; grâce au difféomorphisme Φ, à tout point m de M suffisamment proche de x, il correspond un unique $v \in T_xM \simeq \mathbb{R}^n$ tel que $\Phi(x, v) = (m, m)$. On choisit comme coordonnées locales $(u_1, \ldots, u_n) : m \mapsto (v_1, \ldots, v_n)$ telles que $v = \sum_{i=1}^{n} v_i\, e_i$. On a donc $g_x\Big(\dfrac{\partial}{\partial u_i}, \dfrac{\partial}{\partial u_j}\Big) = g_x(e_i, e_j) = \delta_{ij}$, et l'équation de la géodésique $\gamma_v(t)$ issue du point x et de direction v est, dans ces coordonnées, $u_i(t) = t\, v_i$.

On a donc, pour tout indice i, $\sum_{j,k=1}^{n} \Gamma^i_{jk}(x)\, v_j v_k = 0$, et ceci pour tout vecteur v de T_xM. Les coefficients Γ^i_{jk} sont donc identiquement nuls au point x.

Exercice X.4

1) Soit i l'application $g \mapsto g^{-1}$ de G dans lui-même. Sa différentielle en g vérifie $d_g(i) = -g^{-1}\,v\,g^{-1}$, et comme la métrique est bi–invariante, il vient :

$$\big\langle d_g\big(i(v)\big), d_g\big(i(u)\big)\big\rangle = \langle u, v\rangle$$

ce qui montre que i est une isométrie de $\big(G, \langle\ ,\ \rangle\big)$ de différentielle en e : $d_e\, i = -\mathrm{Id}$. L'image par i d'une géodésique c issue de e avec le vecteur tangent u est donc l'unique géodésique γ vérifiant $\gamma(0) = e$, $\gamma'(0) = -u$. Comme $\gamma(t) = c(t)^{-1}$, on en déduit que $c(-t) = c(t)^{-1}$.

La translation à gauche par $c(t_0)$ étant une isométrie, la courbe $\Gamma(s)$ définie par $\Gamma(s) = c(t_0)\ \mathrm{c}(s)$ est aussi une géodésique vérifiant $\Gamma(-t_0) = e$ et $\Gamma(0) = c(t_0)$. De part l'unicité d'une géodésique de condition initiale donnée, on a :
$\Gamma(s) = c(t_0 + s) = c(t_0)\ \mathrm{c}(s)$. L'application $c : \big(\mathbb{R}, +\big) \to \big(G, \cdot\big)$ est donc un homomorphisme de groupe.

2) Soit une géodésique de condition initiale $c(0) = e$ et $c'(0) = u$, et X un champ de vecteurs invariant à gauche tel que $X(e) = u$. En différentiant la relation $c(t + s) = c(t)\ \mathrm{c}(s)$, on obtient

$$\frac{d}{ds}c(t+s)\ \Big|_{s=0} = c(t)^*\frac{d}{ds}\,\mathrm{c}(s)\ \Big|_{s=0} \qquad \text{soit} \qquad c'(t) = c(t)^*\,c'(0) = X\big(c(t)\big)\,.$$

La courbe c est donc la courbe intégrale de X vérifiant $c(0) = e$. Les géodésiques de G sont les images par translation à gauche de géodésiques passant par e. Par conséquent, toutes les géodésiques de G sont les courbes intégrales de champs invariants à gauche.

3) Si X est un champ invariant à gauche, sa courbe intégrale est une géoédsique et, par conséquent, $\nabla_X X = 0$.

Si X et Y sont deux champs de vecteurs invariants à gauche, on obtient en appliquant la linéarité des connexions :

$$0 = \nabla_{X+Y}\big(X+Y\big) = \nabla_X X + \nabla_Y X + \nabla_X Y + \nabla_Y Y = \nabla_X Y + \nabla_Y X$$

d'où $\nabla_X Y = \frac{1}{2}\big[X, Y\big]$.

4) L'expression du tenseur de courbure est :

$$R(X,Y,Z) = \nabla_{[X,Y]}Z + \nabla_Y\nabla_X Z - \nabla_X\nabla_Y Z\,.$$

Si les champs de vecteurs précédents sont invariants à gauche, il résulte de la question précédente que :

$$R(X,Y,Z) = \frac{1}{2}\Big[\big[X,Y\big],Z\Big] - \frac{1}{4}\Big[Y,\big[Z,X\big]\Big] - \frac{1}{4}\Big[X,\big[Y,Z\big]\Big]$$

et le résultat cherché découle de l'identité de Jacobi pour le crochet de champs de vecteurs :

$$\Big[\big[X,Y\big],Z\Big] + \Big[\big[Y,Z\big],X\Big] + \Big[\big[Z,X\big],Y\Big] = 0\,.$$

Exercice X.5

En utilisant l'expression du tenseur de courbure, on a :

$$R(X,Y,Z)+R(Y,Z,X)+R(Z,X,Y)=\Big(\nabla_{[X,Y]}Z+\nabla_Y\nabla_X Z-\nabla_X\nabla_Y Z\Big)+$$
$$\Big(\nabla_{[Y,Z]}X+\nabla_Z\nabla_Y Z-\nabla_Y\nabla_Z Z\Big)+\Big(\nabla_{[Z,X]}Y+\nabla_X\nabla_Z Z-\nabla_Z\nabla_X Z\Big)$$

puis, à l'aide de l'expression du crochet de champs de vecteurs en fonction des dérivées covariantes et de l'identité de Jacobi, il vient :

$$\Big(\nabla_{[X,Y]}Z-\nabla_Z[X,Y]\Big)+\Big(\nabla_{[Y,Z]}X-\nabla_X[Y,Z]\Big)+\Big(\nabla_{[Z,X]}Y-\nabla_Y[Z,X]\Big)=$$
$$\Big[[X,Y],Z\Big]+\Big[[Y,Z],X\Big]+\Big[[Z,X],Y\Big]=0\,.$$

BIBLIOGRAPHIE

R. Abraham, J. Marsden *Foundations of Mechanics* Addison-Wesley, (1978)

R. Abraham, J. Marsden, T. Ratiu *Manifolds, Tensor Analysis and Applications* Addison-Wesley, (1983)

V.I. Arnol'd *Mathematical Methods of Classical Mechanics* Graduate Texts in math. 60, Springer-Verlag (1989)

V.I. Arnol'd-A. Varchenko-S. Gussein-Zade *Singularités des applications différentiables* Editions Mir Moscou, (1986), tomes 1, 2

M. Berger *Géométrie, tomes 1, 2* Nathan, (1990)

M. Berger, B. Gostiaux *Géométrie différentielle, maîtrise de mathématiques* Collection U, Armand Colin, (1972)

J.P. Bourguignon *Cours de géométrie différentielle de l'École Polytechnique* Ellipse, (2000)

C.P. Bruter *Comprendre les mathématiques* Odile Jacob, Paris (1996)

H. Cartan *Formes différentielles* Hermann, Paris, (1967)

E. Cartan *Leçons sur les invariants intégraux* Hermann, Paris (1922-1958)

E. Cartan *Leçons sur la géométrie des espaces de Riemann* Gauthier-Villars, Paris, (1928-1946)

E. Cartan *Œuvres complètes* Gauthier-Villars, Paris, (1955)

R. Deheuvels *Tenseurs et spineurs* PUF, Paris (1993)

C. Delorme, A. Mezard *Cours de mathématiques supérieures I, II* PUF, Paris (1993)

M.P. Do Carmo *Differential Geometry of Curves and surfaces* Englewood Cliffs, Prentice-Hall, (1976)

B. Dubrovin, S. Novikov, A. Fomenko *Géométrie contemporaine* Editions Mir Moscou, (1982)

C. Ehresmann *Œuvres complètes, vol. I1 et I2, Cahiers de topologie et géométrie différentielle, vol. 24* Université d'Amiens (1984)

A. Fomenko *Visual Geometry and Topology* Springer, Berlin, (1994)

A. S. Fedenko, I. Belko *Recueil d'exercices de géométrie différentielle* Editions Mir Moscou, (1979)

C. Godbillon *Géométrie différentielle et mécanique analytique* Hermann, Paris, (1969)

David L. Goodstein and Judith R. Goodstein *Feynman's lost lecture.* Vintage (1997), U.K.

A. Gramain *Topologie des surfaces* PUF, Paris, (1971)

M.W. Hirsch *Differential Topology* Springer, N.Y. (1976)

Y. Kerbrat, J.M. Braemer *Géométrie des courbes et des surfaces* Hermann, Paris, (1976)

S. Kobayashi, K. Nomizu *Foundations of differential geometry* J. Wiley & sons (1963, 1969)

J.L. Koszul *Lectures on fibre bundles and differential geometry (Notes by S.Ramanan)* Tata Institute of fondamental research Bombay, (1960)

J. Lafontaine *Introduction aux variétés différentielles* PUG, Grenoble (1996)

D. Leborgne *Calcul différentiel et géométrie* PUF, Paris, (1982)

J. Lelong-Ferrand *Géométrie différentielle* Masson, Paris, (1963)

T. Levi–Civita *The absolute differential calculus* Dover, (1977)

D. Lehmann et C. Sacré *Géométrie et topologie des surfaces* PUF, Paris, (1982)

P. Libermann *Des courbe et surfaces aux variétés différentiables p.283-293 Géométrie complexe* Ed. F. Norguet, S. Ofman, J.J. Szczeciniarz Hermann, (1996)

P. Libermann - C.M. Marle *Géométrie symplectique, bases théoriques de la Mécanique.* Publications mathématiques de Paris VII

A. Lichnerowicz *Éléments de calcul tensoriel* Armand Colin, (1960)

P. Malliavin *Géométrie différentielle intrinsèque* Hermann, (1972)

J. Martinet *Singularities of smooth functions and maps* London Math. Soc. Lecture Notes Series 58, (1982)

J. Milnor *Morse theory* University Press, Princeton, (1963)

C.W. Misner, K.S. Thorne, J.A. Wheeler *Gravitation* Freemann, (1973)

J. Oprea *Differential geometry and its applications* Prentice-Hall, (1997)

M. Postnikov *Leçons de géométrie, variétés différentiables* Editions Mir Moscou, (1990)

B. Riemann *Gesammelte Werke* Teubner, Leipzig, (1982)

M. Spivak *Differential Geometry, vo. 1 à 5* Publish or Perish, Boston, (1970-1975)

R. Thom *Modèles mathématiques de la morphogenèse* 10-18, n°887, (1974)

P. Valéry *Introduction à la méthode de Léonard de Vinci, Œuvres.* Paris, Gallimard, (1957)

H. Weyl *Space, Time and Matter* Dover (1952)

T.J. Willmore *An Introduction of Differential Geometry* Oxford University Press, (1959)

NOTATIONS

$\langle X, Y \rangle$ est le produit scalaire, dans $\mathbb{R}^n$, des deux vecteurs X et Y.

Une **courbe** est notée, en général, Γ : c'est l'image d'un intervalle $[a, b]$ par une fonction γ suffisamment régulière, à valeurs dans $\mathbb{R}^2$ ou $\mathbb{R}^3$.

Une nappe paramétrée S (ou une surface avec ses cartes $(U, \boldsymbol{\sigma})$) est l'image d'un ouvert U de $\mathbb{R}^2$ par une application $\boldsymbol{\sigma}$.

Pour une fonction f de plusieurs variables $(u, v, w, \ldots)$, f'_u désigne $\dfrac{\partial f}{\partial u}\cdot$

c et τ sont utilisés pour les courbures et les torsions.

Le trièdre (orthonormé) de Frenet d'une courbe s'écrit (T, N, B), et celui de Darboux–Ribaucour (T, G, M).

INDEX

Une expression du type « théorème des fonctions implicites » est à chercher à « fonctions implicites (théorème des) » . De même, « formules de Frenet » se trouve à « Frenet (formules de) » .

I

J

K

L

M

N

O

P

Q

R

S

T

V

W

numérique
Impression & brochage - France
Numéro d'impression : N19367231218 - Achevé d'imprimer : janvier 2024
Dépôt légal : juin 2011
IMPRIM'VERT®
PEFC 10-31-3532